炼油装置仿真实训系列丛书

催化裂化装置仿真实训教程

杜 峰 编著

中国石化出版社

内 容 提 要

本书所介绍的仿真实训系统，是依托 Honeywell 公司的 UniSim Operations 运行套件。本书能较真实反映催化裂化装置的开工、运行、停工和故障处理过程的动态响应，模拟真实的生产过程。本书针对流化催化裂化模型装置进行了概述，详细讲解了装置开工流程和停工流程的操作方法；并对本装置在开、停工过程中的故障分析及处理方法进行了详细的阐述。

本书可用于装置操作人员的仿真培训，也可用于技术人员研究生产工艺的优化以及控制系统改进的研究。亦可推广至相关专业院校，配合专业软件和装置操作教学使用。

图书在版编目(CIP)数据

催化裂化装置仿真实训教程/杜峰编著．—北京：中国石化出版社，2014.11
(炼油装置仿真实训系列丛书)
ISBN 978-7-5114-2990-2

Ⅰ.①催… Ⅱ.①杜… Ⅲ.①催化裂化-裂化装置-计算机仿真-教材 Ⅳ.①TE966-39

中国版本图书馆 CIP 数据核字(2014)第 241909 号

中国石化出版社出版发行

地址：北京市东城区安定门外大街 58 号
邮编：100011　电话：(010)84271850
读者服务部电话：(010)84289974
http://www.sinopec-press.com
E-mail：press@sinopec.com
北京富泰印刷有限责任公司印刷
全国各地新华书店经销

*

787×1092 毫米 16 开本 8.5 印张
2015 年 1 月第 1 版　2015 年 1 月第 1 次印刷
定价：30.00 元

前言

本书是为化学工程专业本科生和研究生仿真实训而编写的教材，也可以作为石油化工企业技术人员和操作人员的催化裂化操作仿真培训教材。本书主要介绍了 Honeywell 公司 UniSim Operations 运行套件中 Shadow Plant 系统的功能和使用方法，图文并茂地按步骤详细介绍了该系统催化裂化装置的开工、运行、停工和故障处理过程，可以指导读者快速掌握 Shadow Plant 系统使用以及催化裂化生产过程仿真模拟操作。

因该软件为英文原版软件，软件中单位表示方法与我国标准和习惯有较大差异，在软件介绍时虽尽量做了转换，但在实际操作过程中，为了便于理解和使用，仍使用了与软件界面类似的单位表示方法，但做了部分修改。例如图中单位 RPM 是指每分钟的转数，即正文所标注的 r/min；图中单位 KPAG 是指用 kPa 为单位的表压，即正文所标注的 kPa(g)；图中单位 SM3/HR，文中 Sm^3/h 是指在英制标准状况(101. 3kPa，15. 6℃)下的体积流量，即正文所标注的 Sm^3/h；图中单位 T/HR，即正文所标注的 t/h；图中单位 KPA，即正文所标注的 kPa；图中单位 KG/HR，即正文所标注的 kg/h；图中单位 PA，即正文所标注的 Pa；图中单位 M3/HR，即正文所标注的 m^3/h 等。由此给读者带来的不便，请广大读者见谅。

本书中操作过程的全部插图是由编者 2011 级研究生纪文平同学协助截图并为印刷出版方便进行了必要的格式转换。在编写过程中参阅了 Honeywell 公司部分培训材料和 UniSim Operations 软件说明书等内容，在此对相关作者一并表示感谢。

因作者水平有限，书中错误和不妥之处，欢迎广大读者批评指正。

目录

第1章　模 型 介 绍

1.1　模型功能

Shadow Plant 是 Honeywell 公司全面解决方案系列的软件，用来管理和保护工业资产。Shadow Plant 拥有多种适用于工厂运营管理的功能。

Shadow Plant 系统是新一代的基于 TRAINER 流程模拟系统的仿真工具。Shadow Plant 系统的功能和特性与原来的 TRAINER 系统类似；然而，现在 Shadow Plant 拥有 Windows 平台提供的增强功能，能够在任何给定的时间点预测装置未来的状态。因此，Shadow Plant 仍然是专为流程工业设计的可靠而非常先进的动态过程模拟器。

该模拟器是一个用来构建和运行仿真模型专有程序的集合。对于一个给定的流程，这些模型能够表示出其状态流程特点、控制信息和逻辑配置。安装在个人计算机上的软件和模型可以与任何分布式控制系统(DCS)或者其他计算机终端交互数据。

Shadow Plant 可以用于流程设计、工艺方案开发、过程故障诊断和控制方案测试。在添加了相关的培训练习内容之后，Shadow Plant 系统会成为培训操作人员和维修人员的重要工具。

Honeywell 公司收购了 Aspen 的 HYSYS 建模软件知识产权和操作员培训仿真业务后，在整合了自己原来的 Shadow Plant 和 Hyprotech 公司的 HYSYS 2004 技术的基础上推出了新技术——UniSim Solution。UniSim Operations 属于其中的运行套件，用于生产过程的动态分析和控制系统检查，也可以训练操作员和工程师处理事故的能力。

催化裂化是炼油厂中最重要的二次加工工艺，是液化石油气、汽油和柴油的主要生产手段。催化裂化一般以重油为原料，在有催化剂存在的条件下，使重质原料发生裂化、异构化、芳构化和氢转移等反应，来生产轻质油品。

催化裂化标准模型可用来模拟一套流化催化裂化装置的实时动态仿真。模型包括同轴式反应再生系统、分馏系统、烟气能量回收系统和机组，不包括吸收稳定系统。利用该模型能够进行催化裂化装置开工、停工、事故处理及典型操作变化的训练。

流化催化裂化装置(FCCU)标准模型的总体目标是为操作人员提供仿真的培训内容，包括：

(1) 装置从无蒸汽、所有容器排空的状态实现冷启动；

(2) 装置停车，直到蒸汽排出，容器排空；

(3) 正常操作，包括典型操作条件改变；

(4) 故障和操作恢复。

1.2 软件介绍

1.2.1 安装要求

UniSim Operations 需要的最低系统配置要求如下：

（1）奔腾Ⅳ/2.8 GHz 或更高配置处理器的个人电脑；

（2）1 GB RAM；

（3）1 GB 硬盘空间；

（4）8×DVD-ROM 驱动器；

（5）VGA 或能以 800×600 分辨率显示至少 256 色的更高分辨率显示器（推荐 1024×768 分辨率）；

（6）鼠标或类似的指向装置；

（7）微软 Windows 2003 操作系统（Service Pack 2）或微软 Windows XP 专业版（Service Pack 2 或 3）操作系统；

（8）Internet Explorer 6.0。

1.2.2 软件安装

按下列步骤在 Windows XP 或 Windows 2003 系统的计算上安装 UniSim Operations。

（1）确认拥有管理员权限；

（2）将 UniSim Operations DVD 安装光盘插入 DVD 光驱；

（3）在 windows 资源管理器中，打开光盘内容，双击“UniSim Operation Suite R320. exe”，按照屏幕上的提示完成软件的安装，如图 1-2-1 所示。

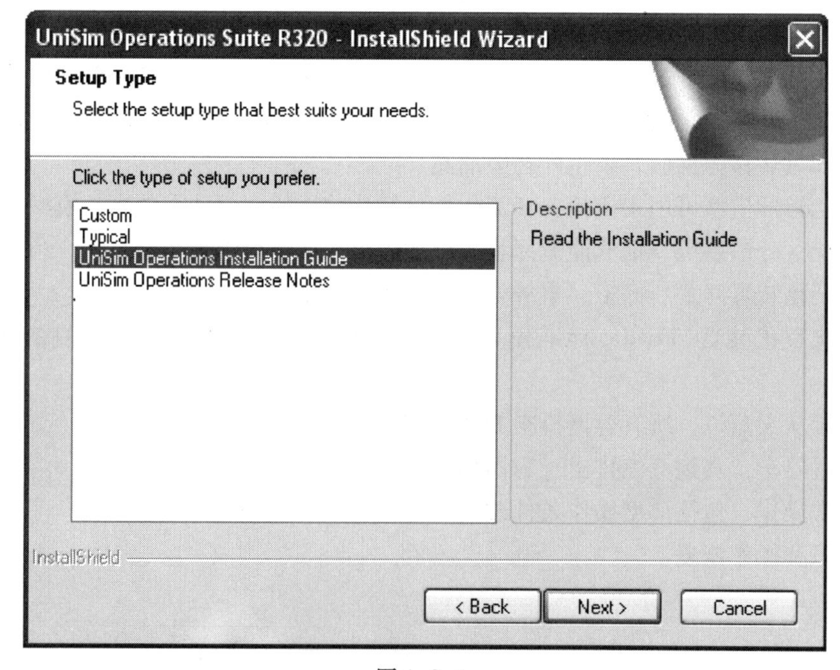

图 1-2-1

1.2.3 软件注册

UniSim Operations 每次启动都会自动检测证书，如图 1-2-2 所示为授权对话框。

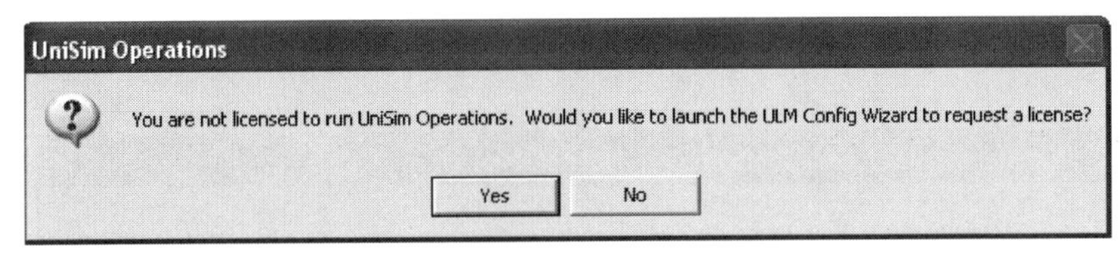

图 1-2-2

有三种注册方式：

(1) Standalone License 脱机注册

从“开始”—“程序”—“Honeywell”中点击“ULM Configuration Wizard”启动 ULM 配置向导，如图 1-2-3 所示。

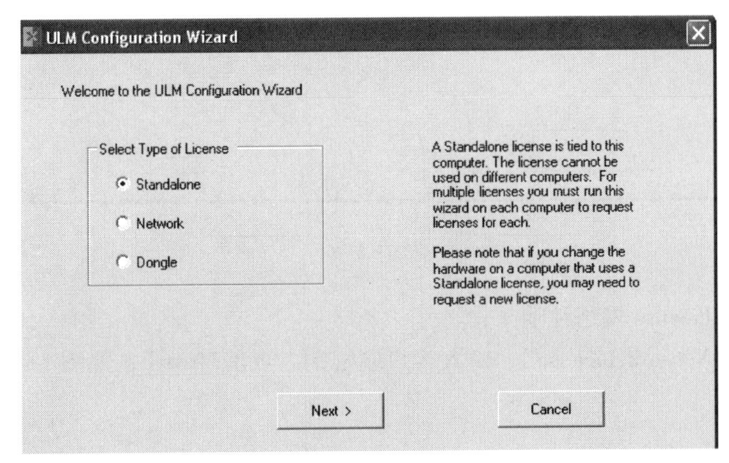

图 1-2-3

点击“Standalone”，弹出窗口，如图 1-2-4 所示。

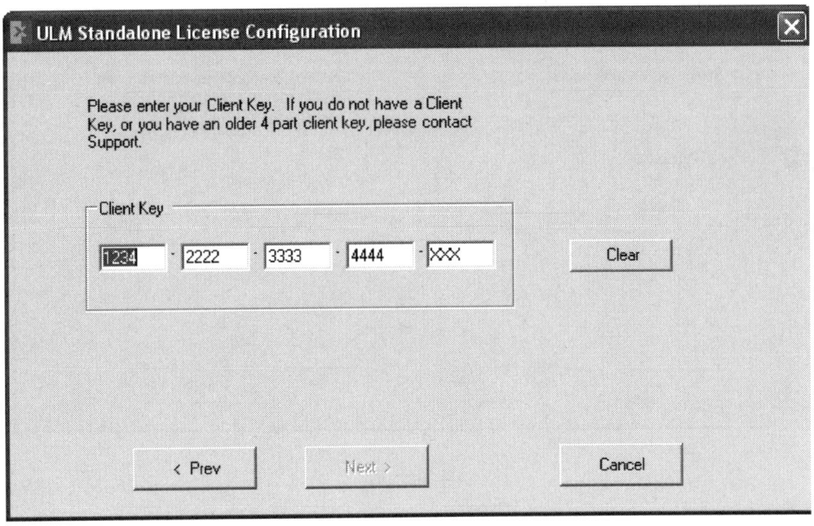

图 1-2-4

输入客户端密钥，点击“Next”。

自动通过邮件提交注册请求，点击“Next”，如图 1-2-5 所示。将通过邮件收到注册文件，双击该文件完成注册。

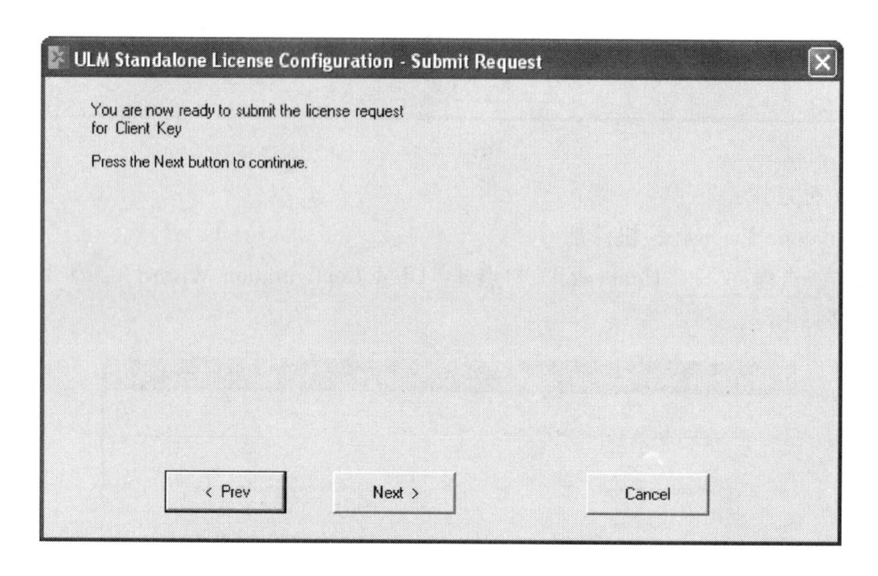

图 1-2-5

（2）Network License 网络注册

同上，选择“Network License”，输入客户端密钥，点击“Next”，如图 1-2-6 所示。

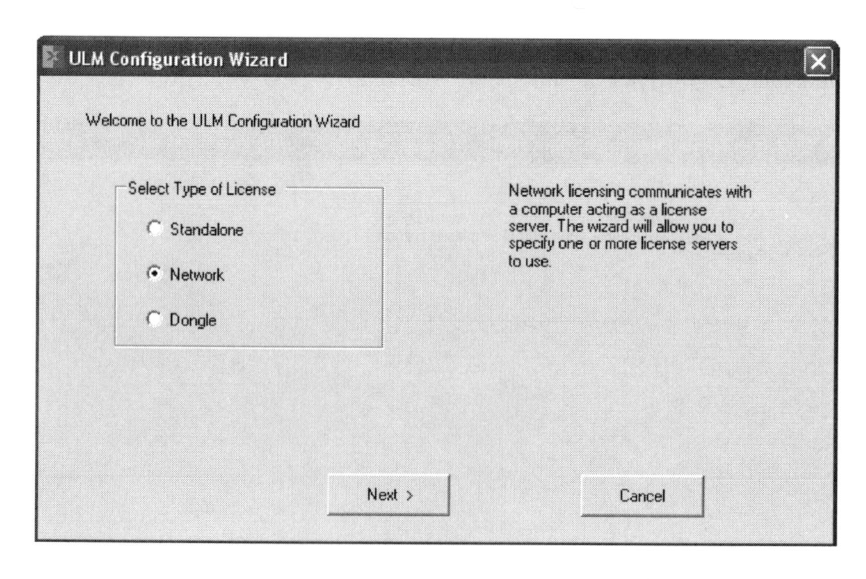

图 1-2-6

自动通过邮件提交注册请求，点击“Finish”，如图 1-2-7 所示。

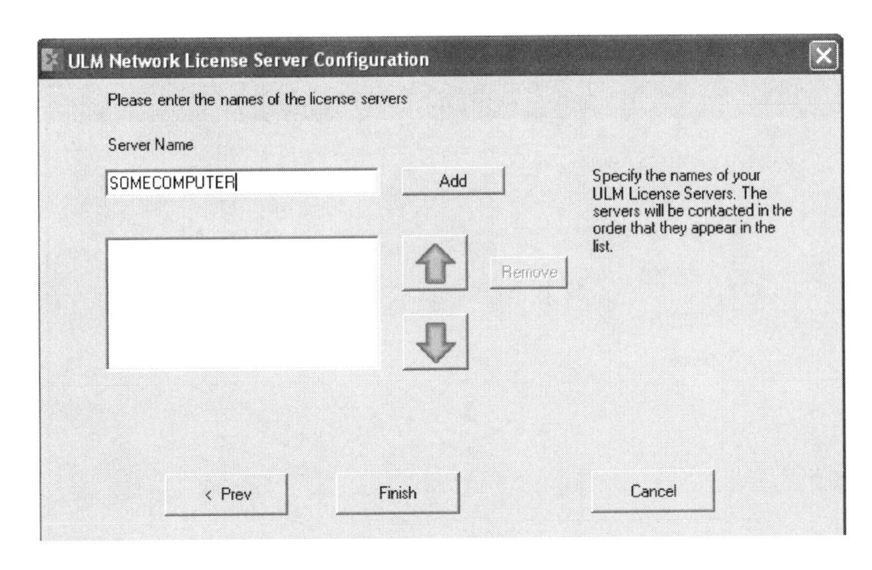

图 1-2-7

如果网络上存在已获得授权的服务器，你将能够运行 UniSim Operations，如图 1-2-8 所示。

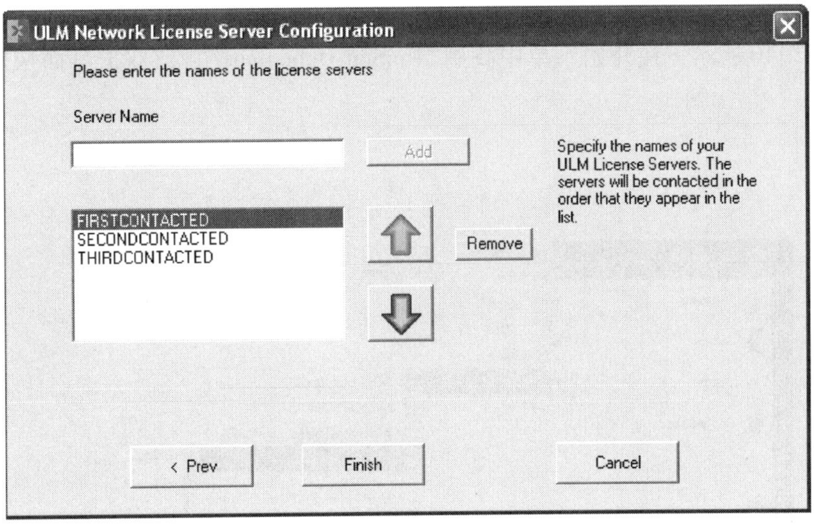

图 1-2-8

（3）Dongle License 软件狗加密

同上，选择“Dongle”，如图 1-2-9 所示。

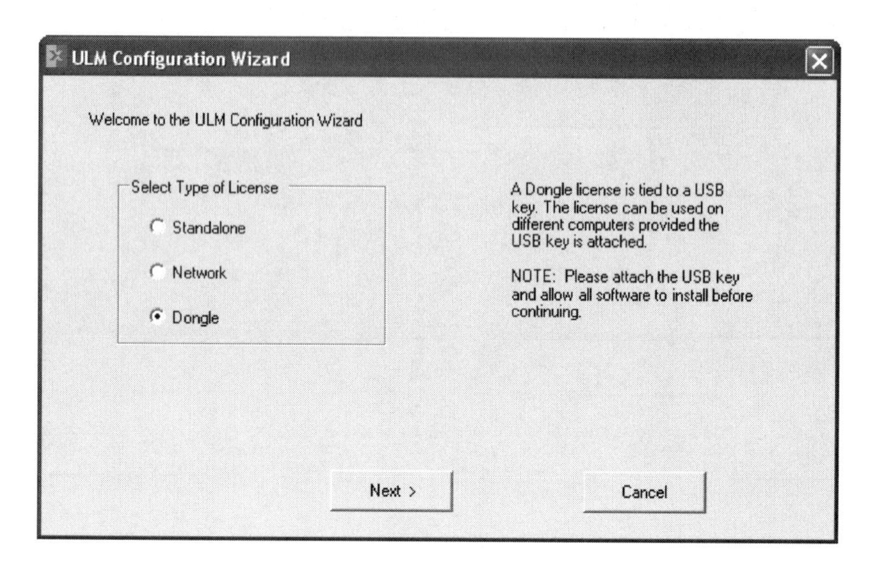

图 1-2-9

输入客户端密钥，点击“Next”，自动通过邮件提交注册请求。将通过邮件收到注册文件，双击该文件完成注册。

1.2.4 软件启动

如图 1-2-10 所示，在开始菜单中找到“UniSim Operations”，或双击桌面快捷方式启动软件。

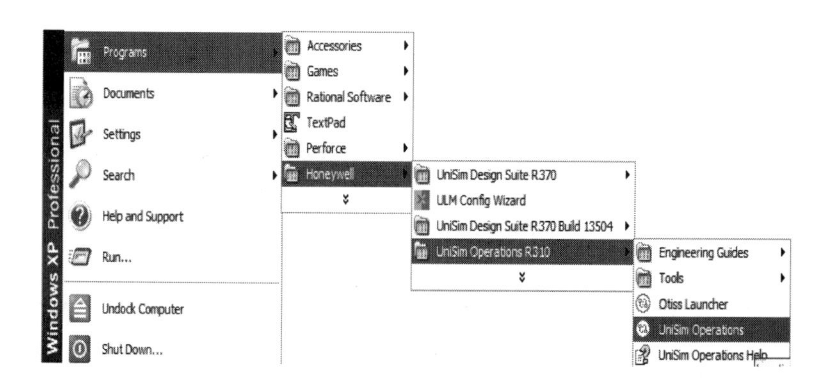

图 1-2-10

启动软件后，打开用户窗口，如图 1-2-11 所示。

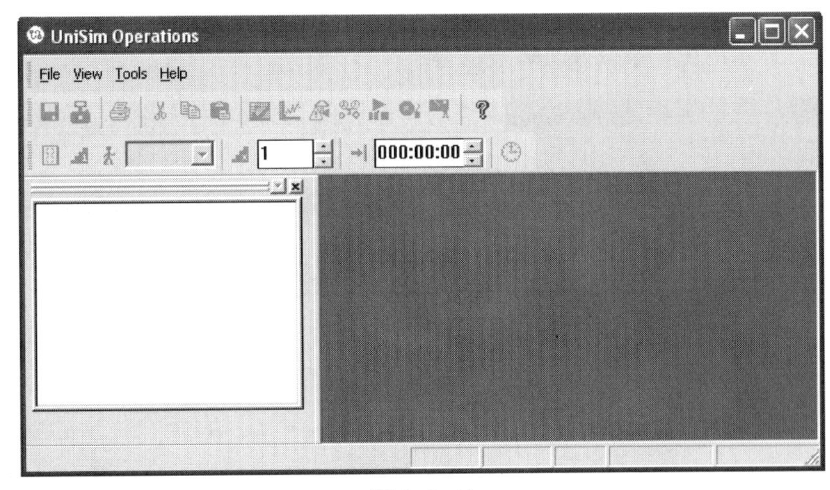

图 1-2-11

点击“File”—“Open”，载入模型。

1.2.5 软件界面简介

此标准模型有两个用户界面可供选择。一个是可以在个人电脑上运行的 Shadow Plant 面板及 RTG(运行时间图)，另一个是在 Honeywell TDC3000 通用工作站运行的 DCS(集散控制系统)过程图。软件打开后主界面如图 1-2-12 所示。

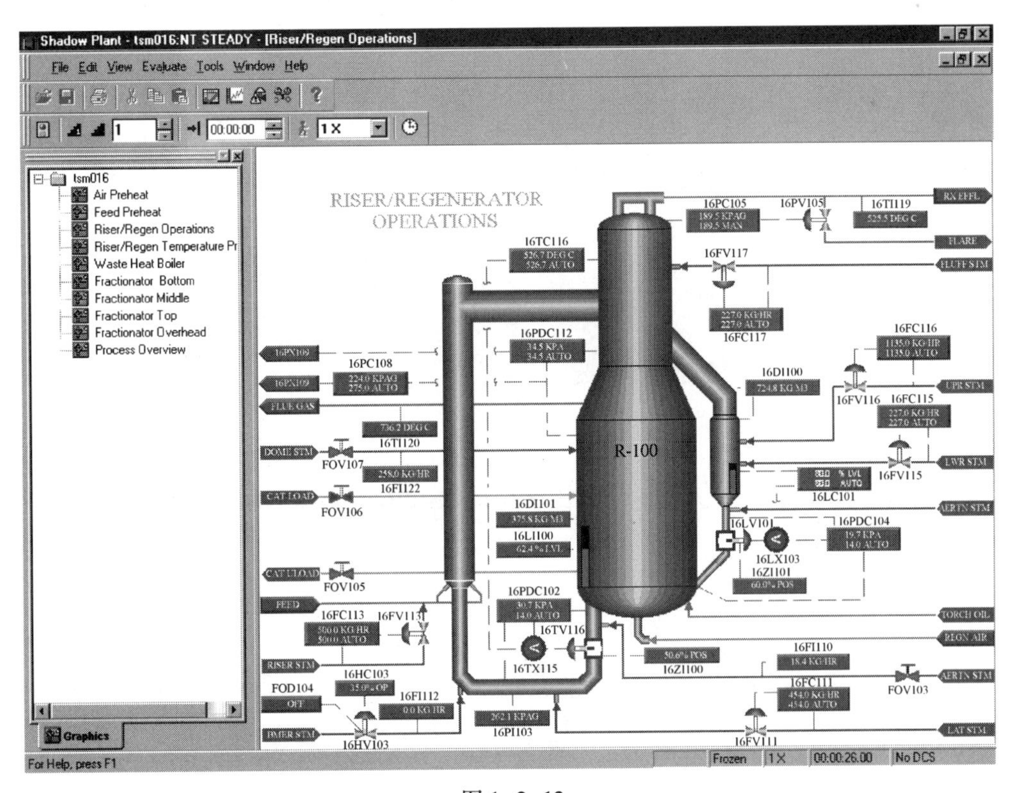

图 1-2-12

界面包括：

主体部位为工作区，如图 1-2-12 所示，可以图形化显示过程和控制信息，也可以如图 1-2-13 所示，显示历史记录以及具体数据等。

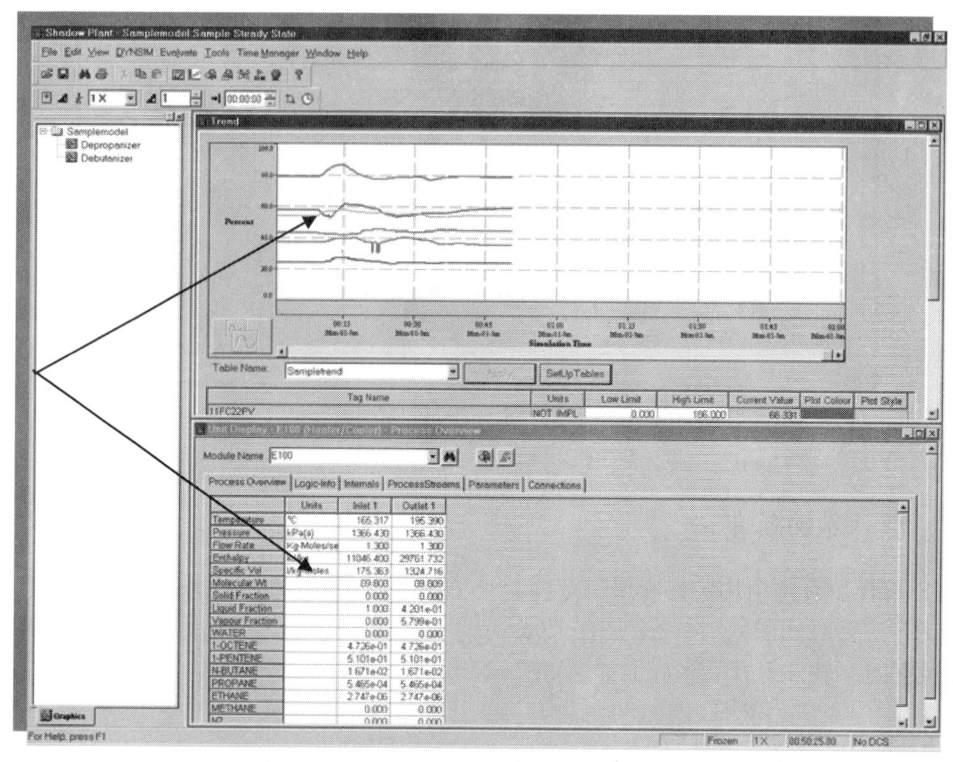

图 1-2-13

界面第一行为菜单栏，可以按如图 1-2-14 所示展开。

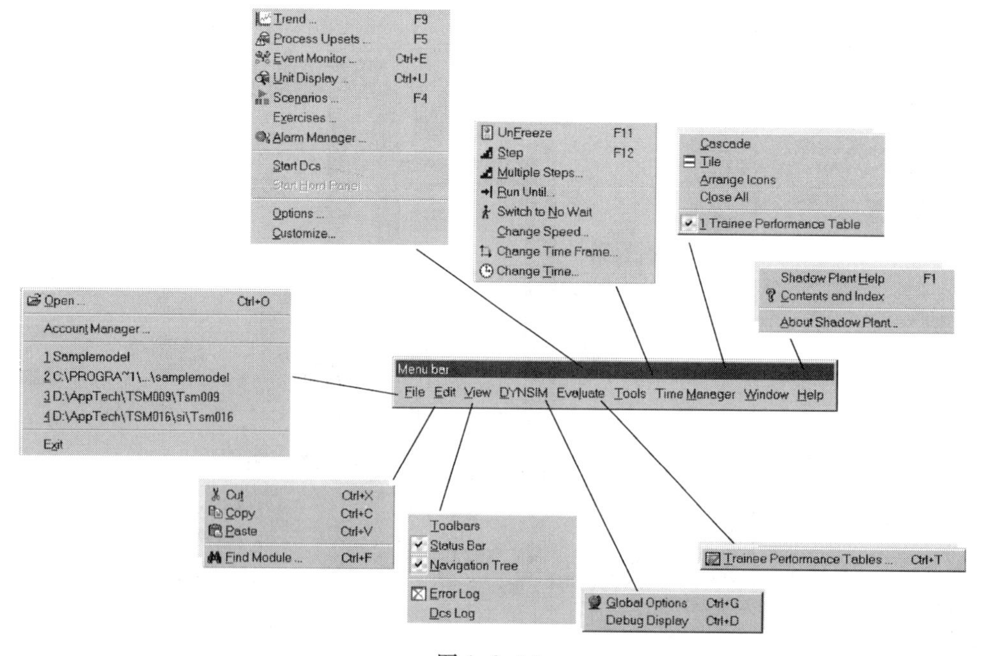

图 1-2-14

菜单栏主要命令如表1-2-1所示。

表　1-2-1

菜单项	命　　令	功　　能
File	Open	打开一个仿真模型
	Save	保存当前的仿真模型状态
	Snapshot	读取/创建/删除一个快照
	Print	打印当前文档
	Print Setup	更换打印机或更改打印选项
	Account Manager	显示用户账户名称和访问级别
	Exit	退出该应用程序，提示保存快照
Edit	Cut	将所选内容剪切至剪贴板
	Copy	将所选内容拷贝至剪贴板
	Paste	粘贴剪贴板中的内容
	Find Module	按类型或文件名查找模块
View	Toolbars	个性化工具栏
	Status Bar	显示或隐藏状态栏
	Navigation Tree	显示或隐藏导航树
	Error Log	显示错误信息窗口
DYNSIM	Global Options	显示 IVALUE 列表
	Debug Display	调试选中的 DYNSIM 子程序
Evaluate	Trainee Performance Tables	显示学员培训成绩列表
Tools	Trend	显示选中模块值的趋势
	Process Upsets	显示/编辑流程扰动(故障)
	Event Monitor	记录当前运行模型的操作动作（事件记录）
	Unit Display	显示模块数据
	Scenarios	显示情景编辑器
	Exercises	显示练习编辑器
	Alarm Manager	显示所有报警
	Start DCS	开始/停止 DCS 连接
	Options	激活/禁用快照、回溯追踪和事件监控器
	Customize	个性化设置工具栏
Time Manager	UnFreeze	运行或停止模拟操作
	Step	运行模拟操作一步(仿真时间)
	Multiple Steps	运行模拟操作多步(可自行设定仿真步数)
	Run Until	某个特定时间仿真模型停止运行
	Switch To No Wait	以 CPU 可提供的最快速率运行仿真模型
	Change Speed	通过选择固定倍数，来进行仿真模型的加速或减速
	Change Time Frame	改变仿真时间步的持续时间(推荐缺省值)
	Change Time	重置模拟计时

续表

菜单项	命　令	功　能
Window	Cascade	重新排列，使打开的窗口平整叠加
	Tile	重新排列打开的窗口，但不使之叠加
	Arrange Icons	排列窗口底部的图标
	Close All	关闭所有打开的窗口
Help	Shadow Plant Help	使用 Shadow Plant 过程中打开 Help 信息
	Contents and Index	帮助目录和索引
	About Shadow Plant	显示程序信息、版本号以及版权等

界面第二行为工具栏，可用于直接切换到菜单项中所提供的常用应用、培训和工程画面，如图 1-2-15 所示。

图 1-2-15

每个图标具体含义如图 1-2-16 所示。

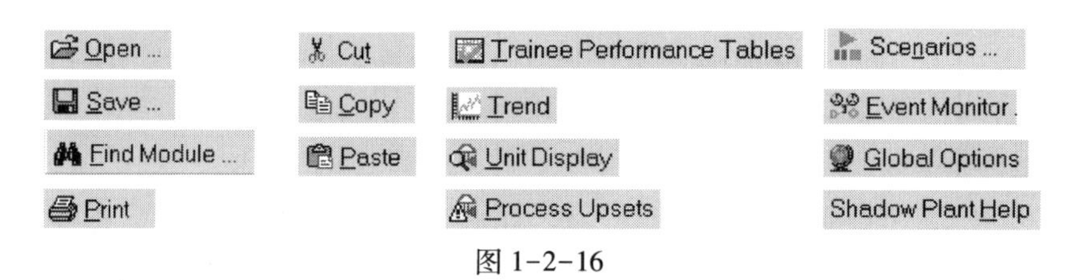

图 1-2-16

界面第三行为时间管理栏对应了菜单中 TimeManager 的各项功能。

主体部位旁边为目录树，在此窗口可以完成：创建一个新的画面窗口；增加或移去画面；增加或移去画面文件夹；重命名画面或其文件夹名字；发送画面到远程联网计算机等功能。

界面最下端为关于当前运行的仿真模型状态的状态栏，包括了帮助信息；错误记录信息；仿真时间管理状态；仿真时间以及 DCS 连接状态等信息。

1.2.6 相关缩写

CAS：Cascade　级联控制

BFW：Boiler Feed water　汽包给水

CWS：Cooling Water Supply　冷却水上水

CWR：Cooling Water Return　冷却水回水

PDC：Pressure Differential Control　差压控制器

AUTO：Automatic　自动控制

EMER STM：Emergency Steam　事故蒸汽/紧急蒸汽

OVHD VAP：Overhead Vapour　　塔底蒸汽

其他：

P——压力　T——温度　F——流量　L——液位　D——密度

H——手动　S——转速　V——阀门　X——低选控制

A——报警　C——控制　I——指示　Z——位置

1.3 流化催化裂化模型装置流程说明

流化催化裂化装置的设计进料速率是 132.5m^3/h(20000bbl/d，1bbl = 158.987dm^3)瓦斯油。装置包括：原料预热、空气预热、提升管/再生器、废热锅炉、主分馏塔等五个部分。装置采用合成催化剂提升管催化裂化，同轴式再生器/沉降器。原料油为瓦斯油，产品为：湿气、石脑油、轻循环油、重循环油(可选)和澄清油。

装置反应-再生系统采用同轴式提升管催化裂化，再生器在底部，于较高的压力下操作。外部有提升管立管和单级蒸汽汽提立管。一个蒸汽涡轮离心风机提供再生空气，废热锅炉利用烟气余热产生蒸汽，下游装置有一个带轻循环油侧线汽提塔的主分馏塔，利用循环油浆与原料换热生产蒸汽回收热量。

工艺流程如下：

新鲜进料或瓦斯油通过原料加热炉预热，有 6 个火嘴的原料加热炉是一个以燃料气为燃料的自然通风炉。操作人员必须通过使用空气调节器和烟道挡板来保持适当过量的氧气通入。从再生器出来的约 700℃的高温催化剂，通过再生滑阀进入 J 形弯头，到达提升管入口。催化剂与油品混合并使之气化。催化剂和油品蒸汽向上通过提升管，在此过程中，重瓦斯油裂解，生成轻质油品。在提升管顶部必须将催化剂与油分离，防止催化剂被带进入主分馏塔。催化剂携带会增加催化剂损失，使油浆和澄清油变稠密。提升管顶部出口有两个粗选分离器，用来完成油气与催化剂的分离。催化剂沿着旋分器内壁滑落，通过料腿下落到沉降器底部，油品蒸汽流出旋分器顶部进入沉降器。

沉降器顶部有更多的旋分器，油品蒸汽经过这些旋分器来尽可能多的移除其携带的催化剂，被移除的催化剂通过料腿回到催化剂床层。

在沉降器底部形成的催化剂床，通过一块挡板进入沉降器汽提段。待生催化剂经过汽提后进入再生器再生。汽提蒸汽通过两个蒸汽环注入汽提段。一个在汽提段底部，另一个在中部。在催化剂进入再生器之前，汽提蒸汽移除催化剂吸附的大部分油气，被脱除的油气和汽提蒸汽一起上升进入主蒸汽流中。

依然处于密相的待生催化剂在重力作用下下沉，通过立管进入再生器床层。通过待生滑阀控制催化剂速率和控制汽提段催化剂床层。

离心式鼓风机给再生器提供再生空气。由汽提段来的待生催化剂由于提升管中的裂解反应，吸附了一定的焦炭，在再生器中，催化剂与空气混合，烧掉附着的焦炭。再生空气进入再生器之前，经过辅助加热炉预热。焦炭燃烧使得催化剂温度上升到大约 700℃。为了承受此高温，再生器中暴露的部分由不锈钢制作。

焦炭燃烧过程中生成的烟气，通过催化剂床层进入再生器顶部的两个二级旋分器。在这里，烟气中痕量催化剂被分离出来，通过料腿，落入再生器底部的催化剂床层。

离开再生器旋分器的烟气经过废热锅炉的管侧、一个控制再生器压力的滑阀、一个单腔孔板流量计和一个 60m 的烟囱，进入大气。废热锅炉从烟气中回收余热来产生大约 23t/h（50000 lb/h），1200kPa[175 psi(g)]压力的蒸汽。

在提升管进口处催化剂与进料油和蒸汽混合。进料油和蒸汽组成的流股充当催化剂输送介质。提升管中发生的裂解反应是吸热反应，高温催化剂提供此部分热量。处于反应-再生循环的循环催化剂因此就起到了热转移媒介的作用。催化剂循环速率由再生滑阀控制，进入反应区域的高温催化剂的量，受需要保持的反应温度限制。裂解油气、蒸汽和随再生催化剂一起进入提升管的惰性气体，从沉降器流进主分馏塔底部。在此处，蒸汽被冷却，通过使用油浆循环，在主分馏塔洗涤段洗掉催化剂。

主分馏塔底部的油浆，被泵抽出，流经两个油浆/进料换热器和一个油浆锅炉。油浆蒸汽发生器的流出物返回主分馏塔底部附近挡板区的顶部。在这里，流出物冷却，冷凝的部分形成油浆，并帮助移除洗涤段上升蒸汽中携带的催化剂。从油浆锅炉中流出的大约 $15m^3/h$（2300bbl/d）的油浆回流进入主分馏塔底部，用来冷却，防止生成焦炭。主分馏塔底部流出的油浆其中一部分被称作澄清油。澄清油流经两个换热器来预热锅炉给水，然后经过一个水冷器送入存储区。

位于洗涤段顶部和重循环油抽出塔盘之间的第 11 块塔板，用来移除从下方塔板上来的物流携带的油浆或催化剂。此塔板上方是一个全抽空受液盘，用来收集要从塔中抽出的重循环油。从此受液盘抽取循环油的重循环油泵，释放 $100m^3/h$（15000bbl/d）的重循环油。这部分油在蒸汽回收单元中用来作为加热媒介(未模拟)，之后作为回流返回第 10 块塔盘上。

被称为轻循环油的较轻质的或沸点较低的油品，从主分馏塔第 9 块塔盘抽出。大约 $23.2m^3/h$（3500bbl/d）的轻循环油流进轻循环油侧线汽提塔。此汽提塔很小，蒸汽从底部注入，与油对流。蒸汽从轻循环油中脱除较轻的组分，使之符合柴油的闪蒸参数要求。蒸汽和被脱除的轻组分从汽提塔顶流出，进入主分馏塔中。从汽提塔塔底离开的产品被泵入一个换热器，来预热油浆蒸汽发生器的给水。产品再经过一个空冷器进行冷却，送去存储区。

从第 9 块塔板抽出的轻循环油的其余部分被泵入蒸汽回收单元，来作为加热媒介(未模拟)。大约 $43.1m^3/h$（6500bbl/d）被冷却后的轻循环油返回主分馏塔的第 8 块塔板。

主分馏塔塔顶附近，重石脑油流股被从第 3 块塔板抽出，被泵入一个冷水换热器。冷却后的重石脑油返回主分馏塔第 3 块塔板之上，作为塔内回流。

塔顶所有的蒸汽从主分馏塔塔顶流出，经过一个具有 8 个风扇的空冷器和两个冷水换热器到达塔顶回流罐。气相与液相分离，进入湿气气液分离罐。塔顶回流罐中的油品被泵入主分馏塔顶部塔盘。冷凝水与油品分离，被收集在塔顶回流罐下部的集水箱中，并被作为酸性污水抽出。

湿气气液分离罐中的液体被泵抽出，进入下游进行进一步处理(未模拟)。其中的气体进入湿气压缩机，被压缩之后，送入下游的蒸汽回收单元(未模拟)。

装置工艺流程如图 1-2-17 所示。

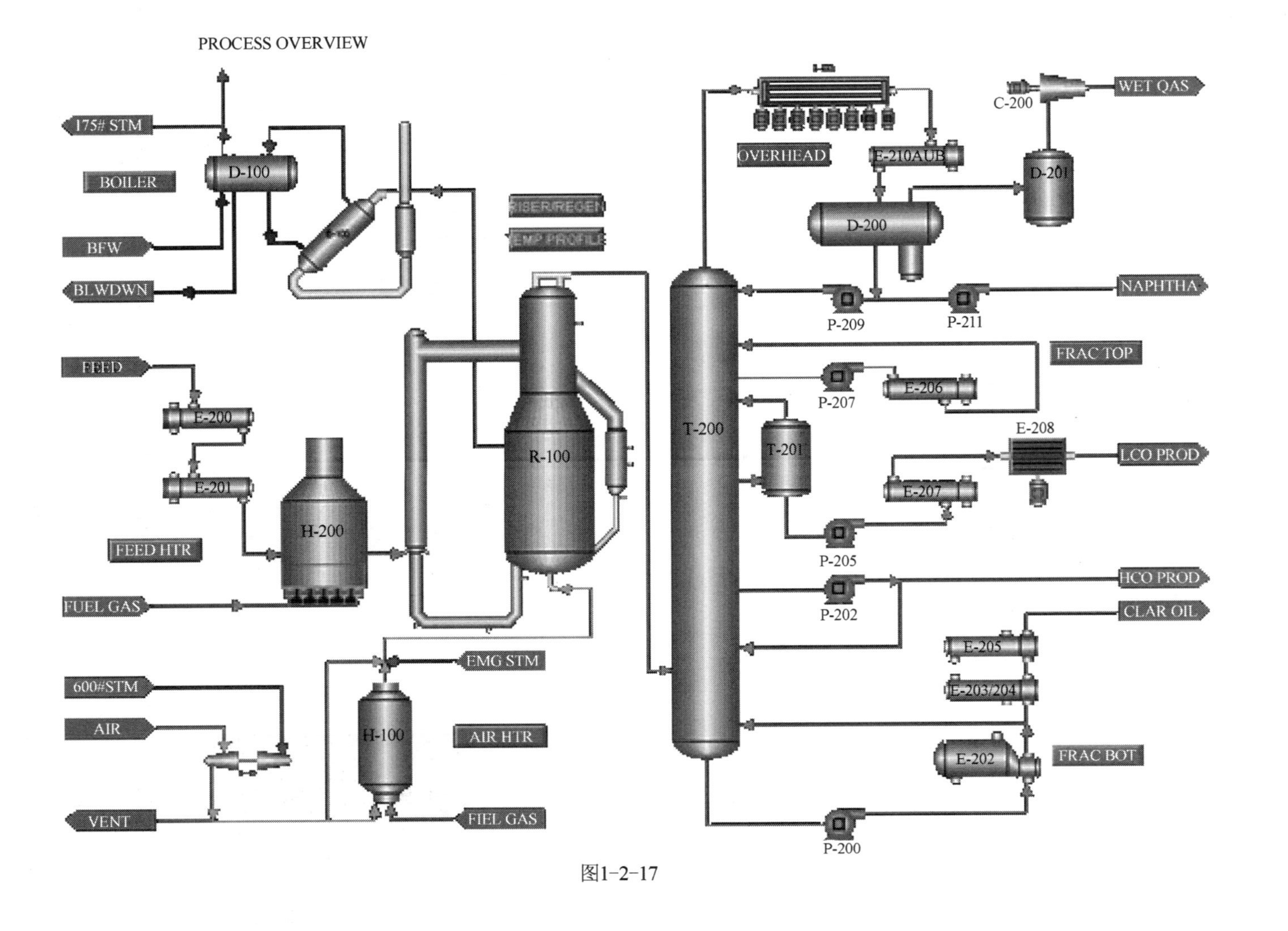
PROCESS OVERVIEW
175# STM
BOILER
D-100
BFW
BLWDWN
FEED
E-200
E-201
H-200
FEED HTR
FUEL GAS
R-100
EMG STM
600#STM
AIR
H-100
AIR HTR
VENT
FIEL GAS
OVERHEAD
E-210AUB
C-200
WET QAS
D-201
D-200
T-200
P-209
P-211
NAPHTHA
FRAC TOP
P-207
E-206
E-208
T-201
LCO PROD
E-207
P-205
P-202
HCO PROD
CLAR OIL
E-205
E-203/204
E-202
FRAC BOT
P-200

图1-2-17

第 2 章　装 置 开 工

本章各插图为实时界面主体窗口截图，椭圆形标出需要操作的仪表，为了印刷方便做了反色处理

2.1　废热锅炉 E-100 和汽包 D-100 开启

（1）开启汽包给水阀门（16FC118，手动，输出 100%，液位开始上升改为级联模式），如图 2-1-1 所示。

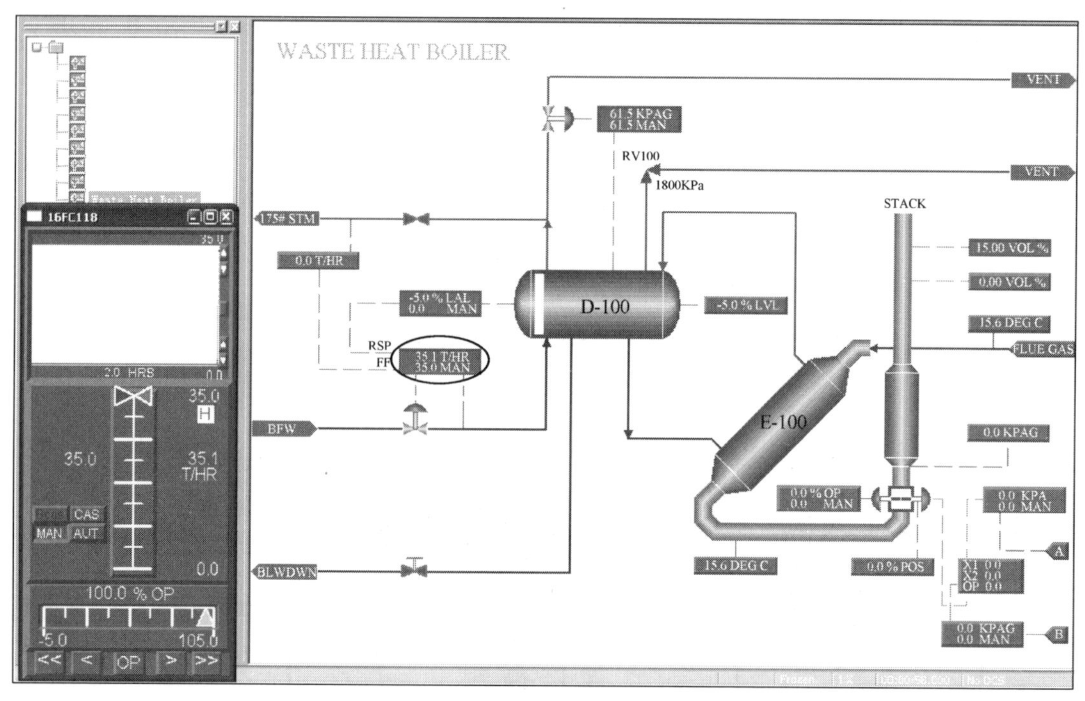

图 2-1-1

（2）在汽包中建立 50%的液位，并使液位控制器置于自动模式（16LC102），如图 2-1-2 所示。

（3）打开汽包顶部放空阀[16PC111，自动，设定值 276kPa(g)]，当再生器 R-100 开始产生热量时，缓慢增加汽包压力控制器的设定值，如图 2-1-3 所示。

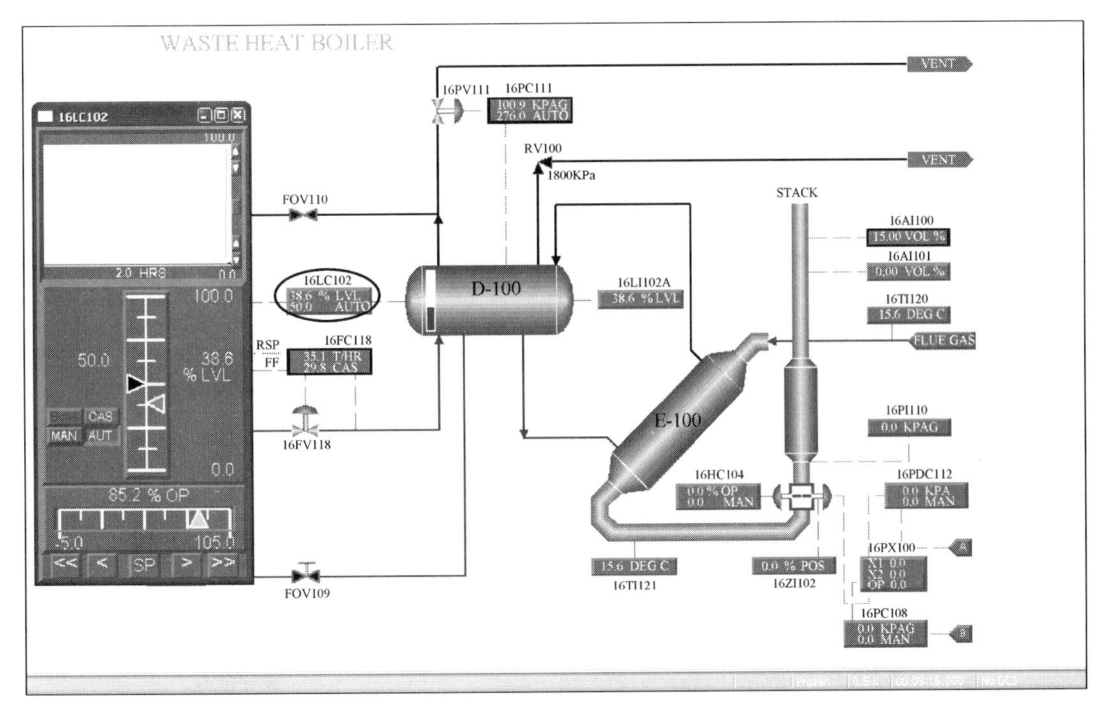
WASTE HEAT BOILER
16LC102
100.0
2.0 HRS
0.0
100.0
50.0
38.6
% LVL
CAS
MAN
AUT
0.0
85.2 % OP
-5.0
105.0
<<
<
SP
>
>>
FOV110
16PV111
16PC111
100.9 KPAG
276.0 AUTO
RV100
1800KPa
VENT
VENT
STACK
16LC102
38.6 % LVL
50.0 AUTO
RSP
FF
16FC118
35.1 T/HR
29.8 CAS
16FV118
FOV109
D-100
16LI102A
38.6 % LVL
16AI100
15.00 VOL %
16AI101
0.00 VOL %
16TI120
15.6 DEG C
FLUE GAS
E-100
16PI110
0.0 KPAG
16HC104
0.0 % OP
0.0 MAN
16PDC112
0.0 KPA
0.0 MAN
15.6 DEG C
16TI121
0.0 % POS
16ZI102
16PX100
X1 0.0
X2 0.0
OP 0.0
A
16PC108
0.0 KPAG
0.0 MAN
B

图 2-1-2

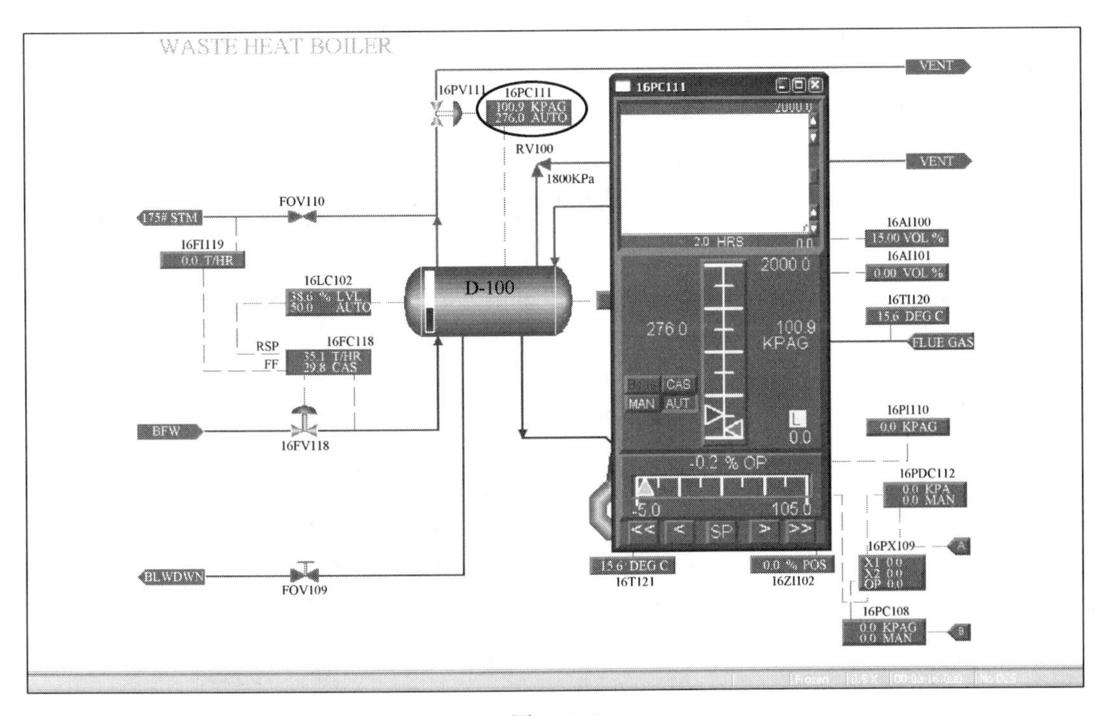
WASTE HEAT BOILER
16PV111
16PC111
100.9 KPAG
276.0 AUTO
RV100
1800KPa
16PC111
2000.0
2.0 HRS
0.0
2000.0
276.0
100.9
KPAG
CAS
MAN
AUT
L
0.0
-0.2 % OP
-5.0
105.0
<<
<
SP
>
>>
VENT
VENT
FOV110
175# STM
16FI119
0.0 T/HR
16LC102
38.6 % LVL
50.0 AUTO
D-100
RSP
FF
16FC118
35.1 T/HR
29.8 CAS
BFW
16FV118
BLWDWN
FOV109
16AI100
15.00 VOL %
16AI101
0.00 VOL %
16TI120
15.6 DEG C
FLUE GAS
16PI110
0.0 KPAG
16PDC112
0.0 KPA
0.0 MAN
15.6 DEG C
16TI121
0.0 % POS
16ZI102
16PX109
X1 0.0
X2 0.0
OP 0.0
A
16PC108
0.0 KPAG
0.0 MAN
B

图 2-1-3

（4）当汽包压力增至 1100～1035kPa(g)之间时，打开 1200kPa 顶部隔断阀(FOD110)，如图 2-1-4 所示。

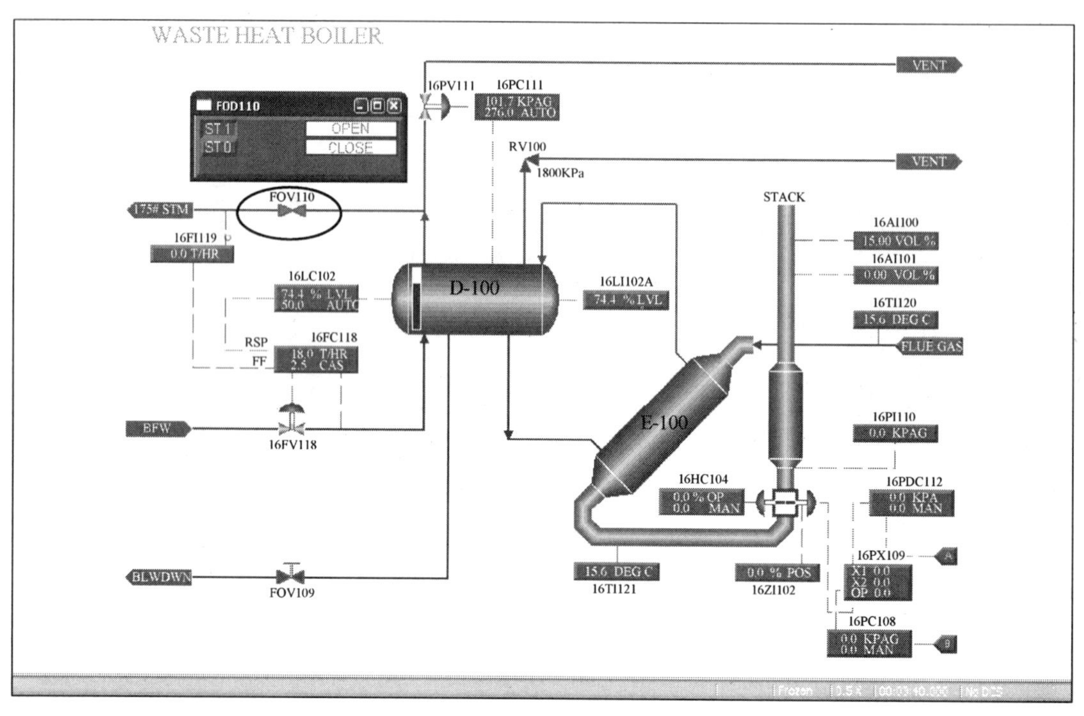

图 2-1-4

（5）增加压力控制器(16PC111)设定值为 1275kPa，汽包压力继续上升，产生蒸汽进入 1200kPa 蒸汽系统，如图 2-1-5 所示。

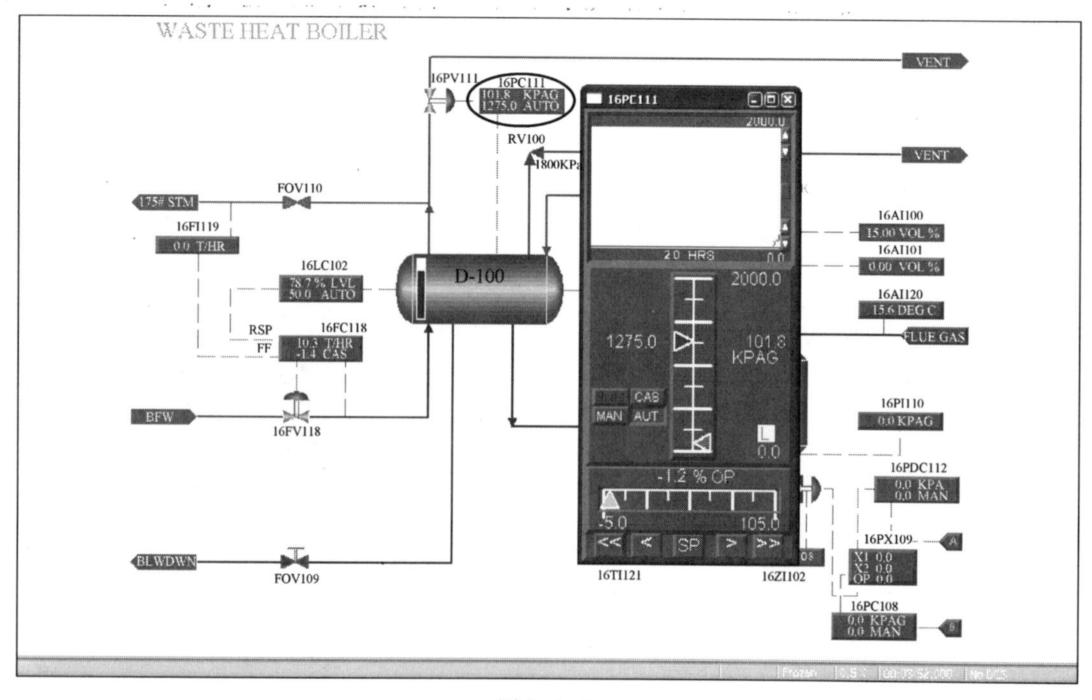

图 2-1-5

2.2 鼓风机 C-100 启动

(1) 打开 R-100 顶部产物排出阀(16PC105，100%)，如图 2-2-1 所示。

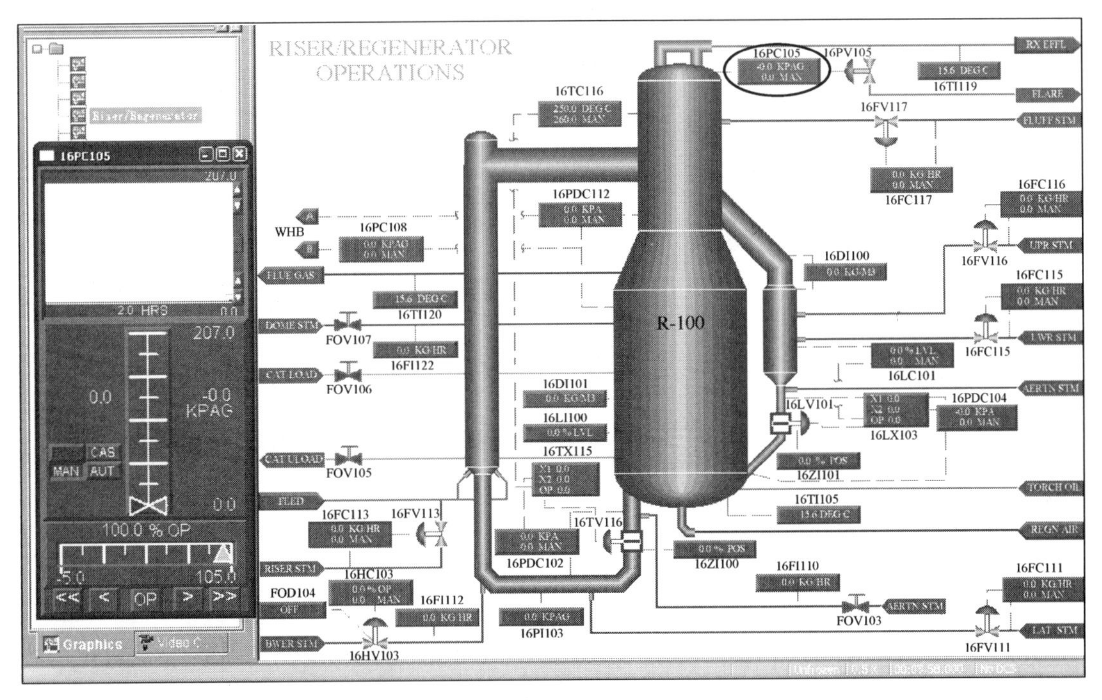

图 2-2-1

(2) 打开再生滑阀(16TX115，手动，输出 75%)，如图 2-2-2 所示。

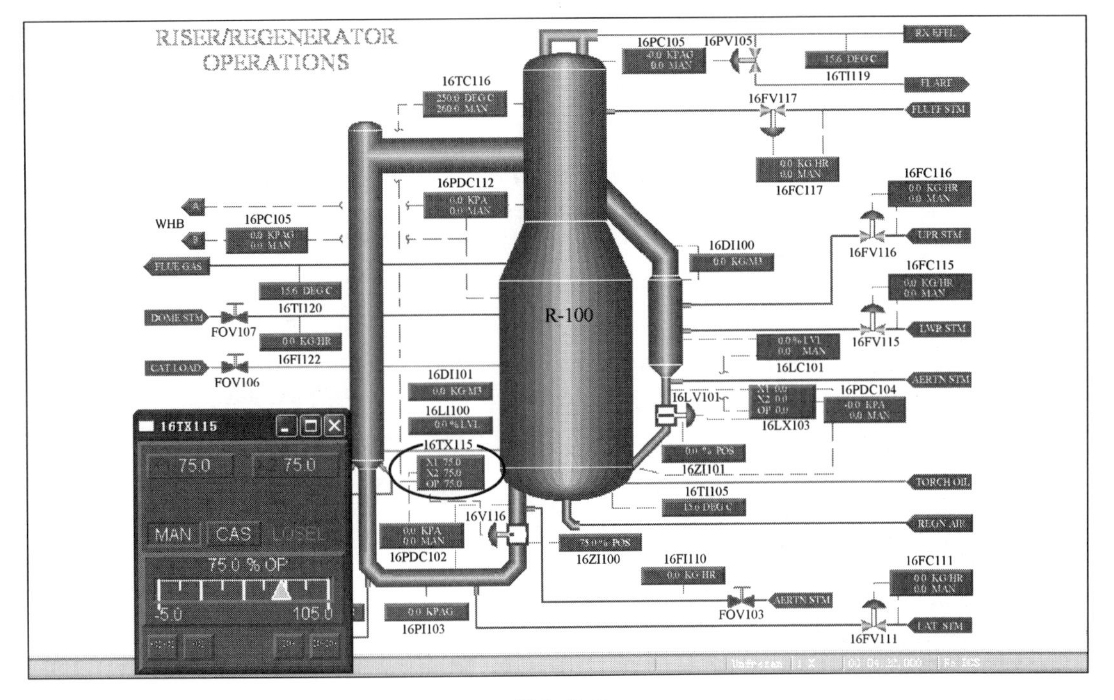

图 2-2-2

（3）打开再生滑阀(16LX103，手动，输出 50%)，如图 2-2-3 所示。

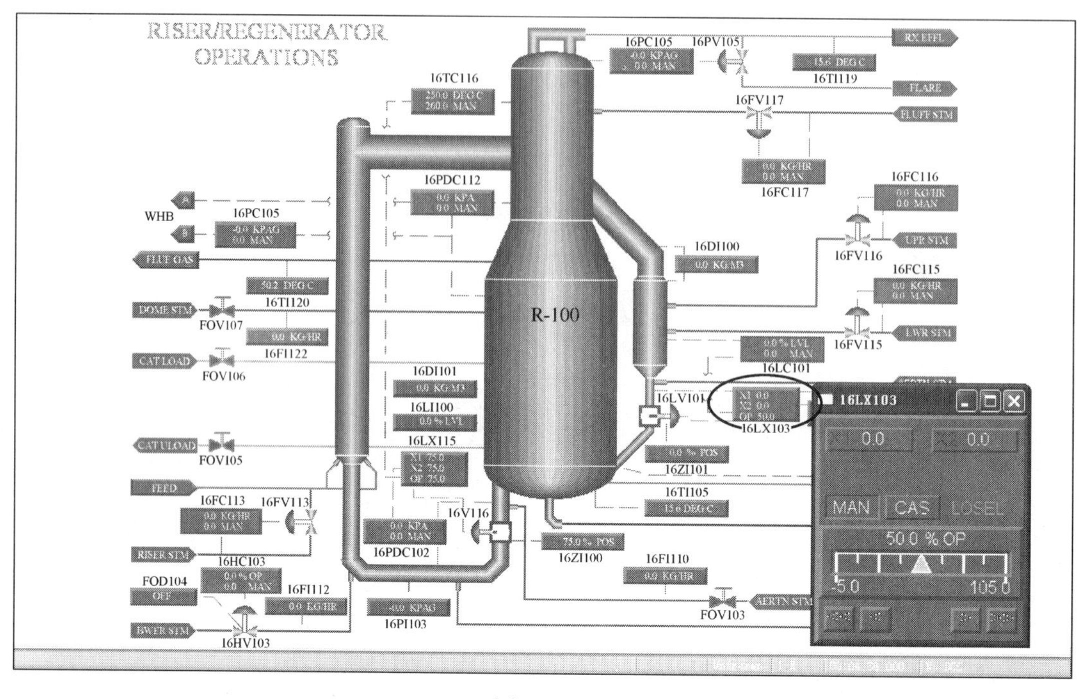

图 2-2-3

（4）将再生器和沉降器压差设定为 34. 5kPa(g)[使用差压控制器 16PDC112，设定值为 34. 5kPa(g)]，如图 2-2-4 所示。

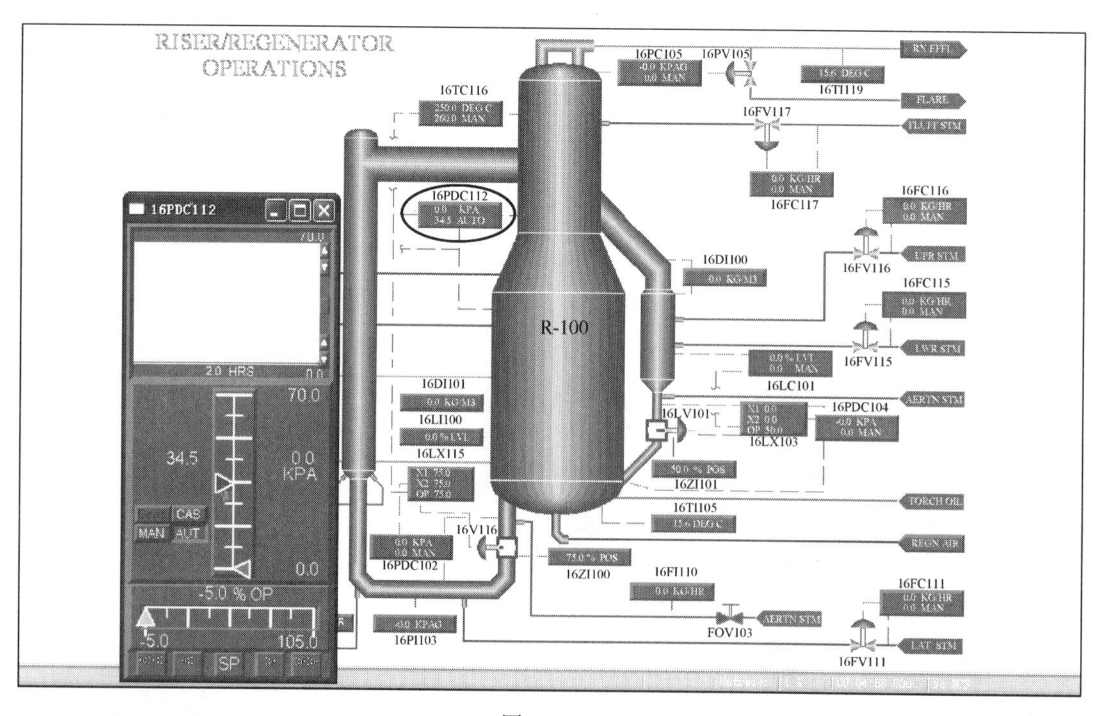

图 2-2-4

（5）打开再生器烟气滑阀(16PC108，手动，输出 10%)，如图 2-2-5 所示。

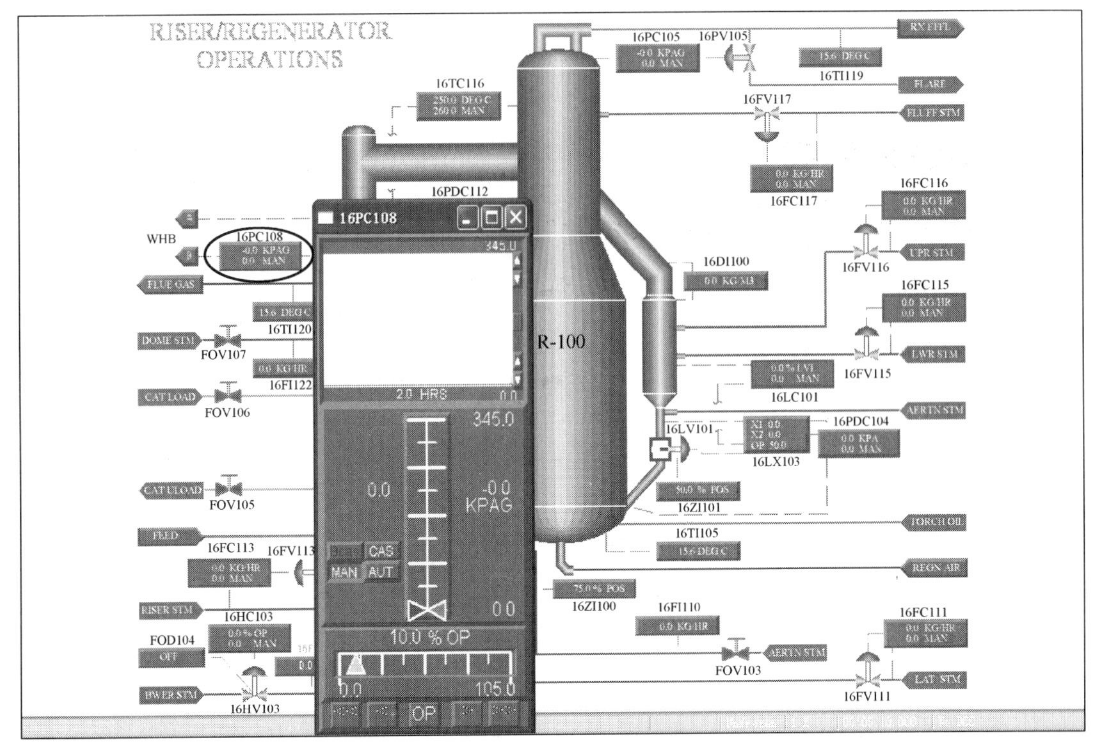

图 2-2-5

（6）打开 C-100 放空阀(16HC100，手动，输出 100%)，如图 2-2-6 所示。

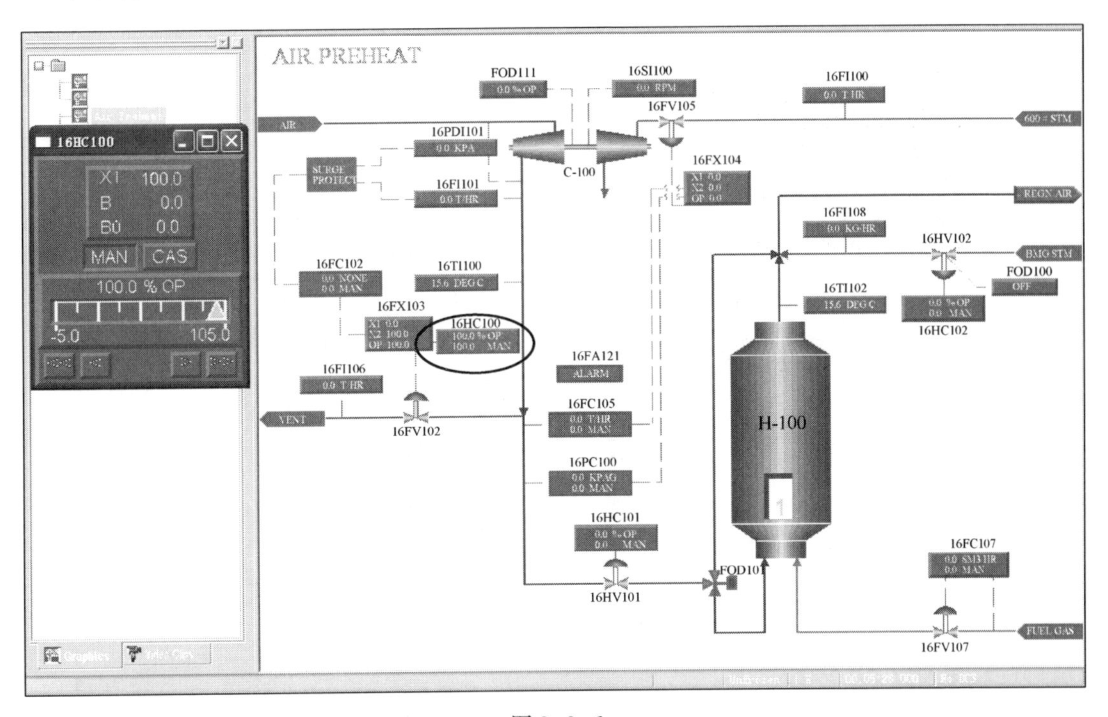

图 2-2-6

（7）开动 C-100 并使之加速至 2000r/min（FOD111，先设置输出 12.5%，使鼓风机增速至 500r/min，再增加至 50%，增速至 2000r/min），如图 2-2-7 和图 2-2-8 所示。

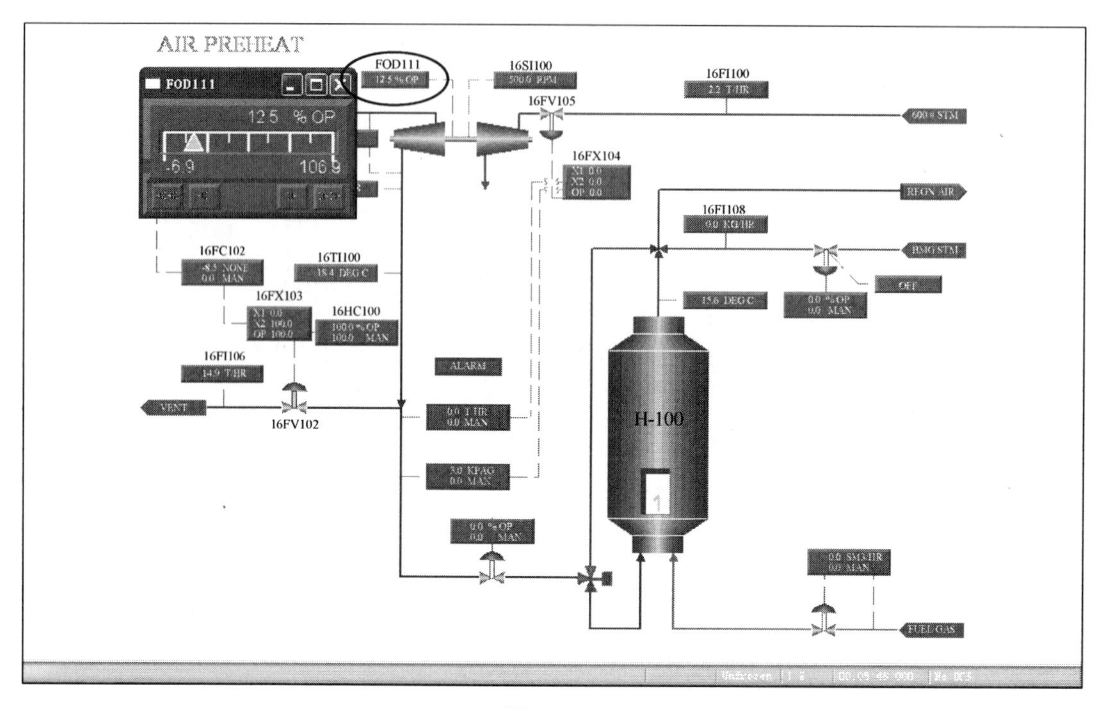

图 2-2-7

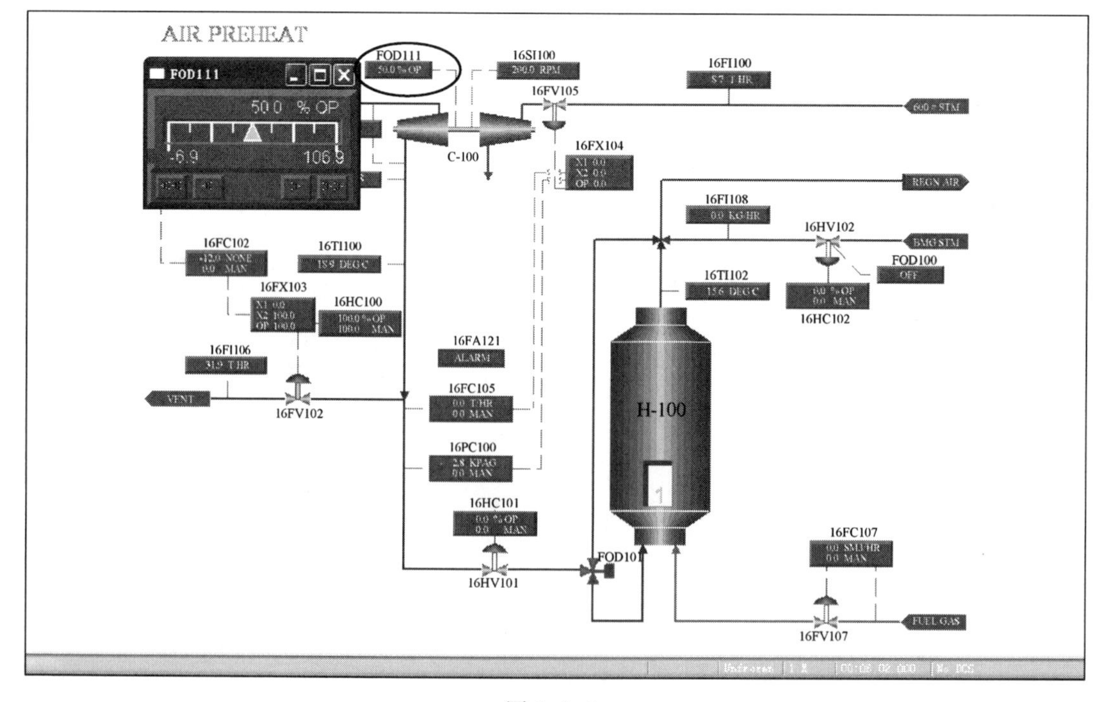

图 2-2-8

（8）开启到 R-100 的空气控制阀（16HC101，输出 10%），如图 2-2-9 所示。

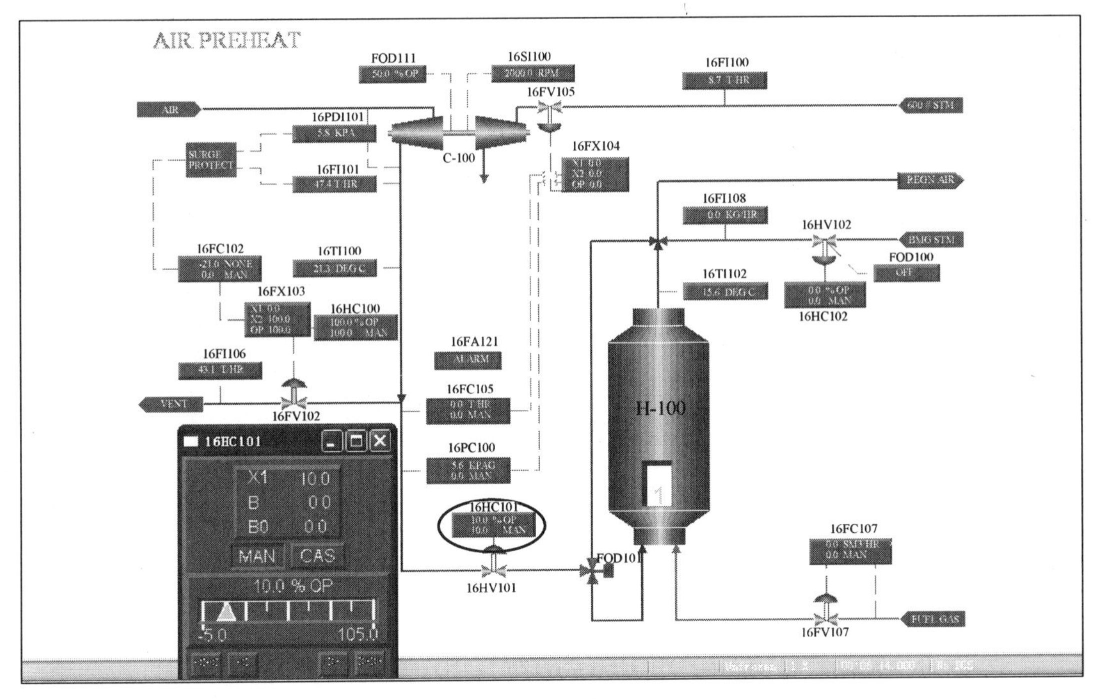

图 2-2-9

（9）鼓风机增速至 4000r/min（FOD111，输出 100%），如图 2-2-10 所示。

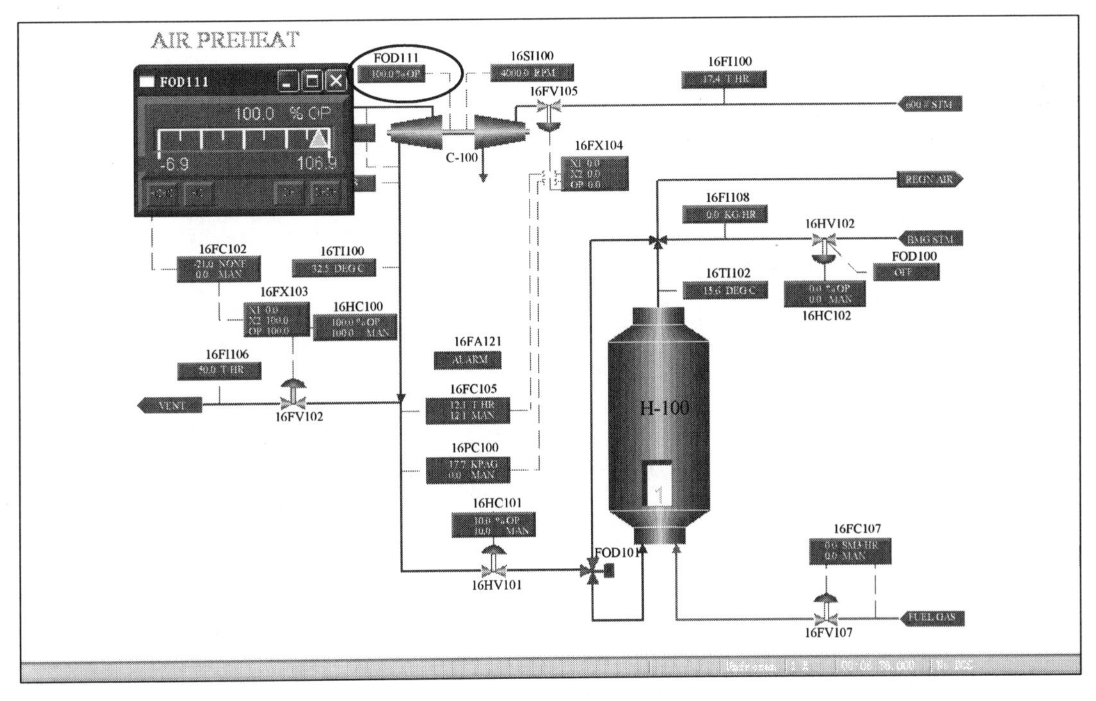

图 2-2-10

（10）设定鼓风机出口压力最大值为 207kPa(g)[16PC100，自动，设定值 207kPa(g)]，在气流加速时保护风机，如图 2-2-11 所示。

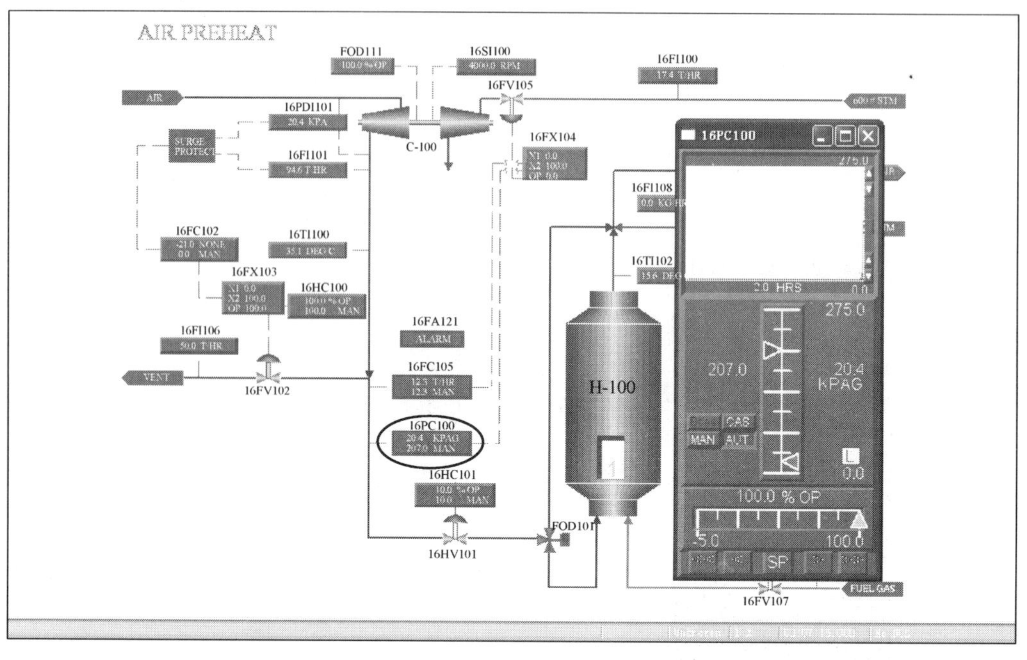

图 2-2-11

（11）将去转换器气流质量流量设定为 20t/h(16FC105，自动，设定值 20t/h)，如图 2-2-12所示。

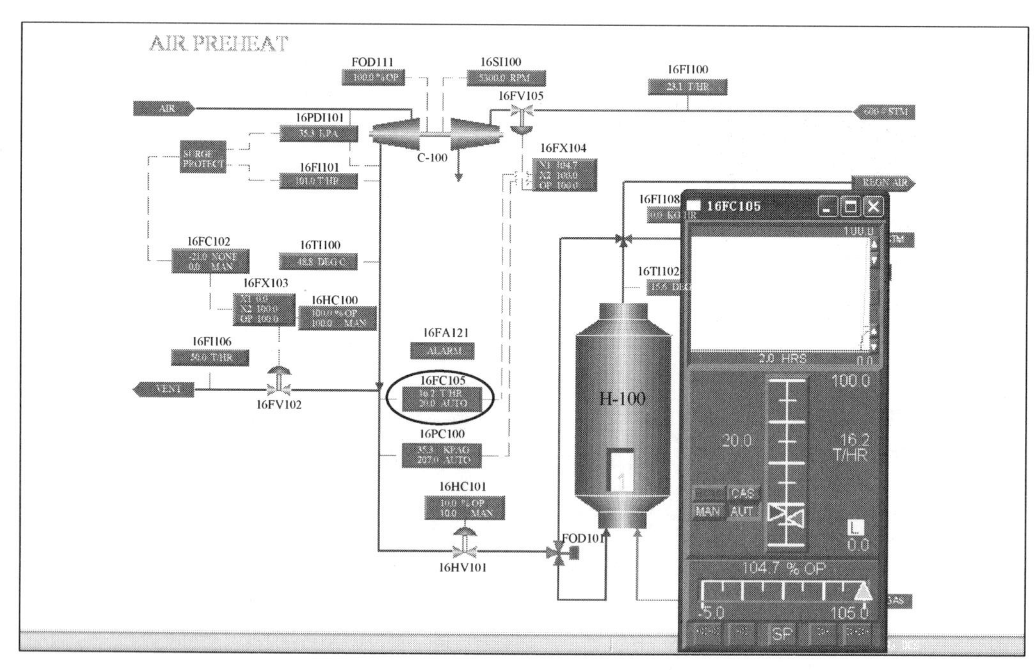

图 2-2-12

（12）以最大通风量向 R-100 通风(16HC101，输出 100%)，如图 2-2-13 所示。

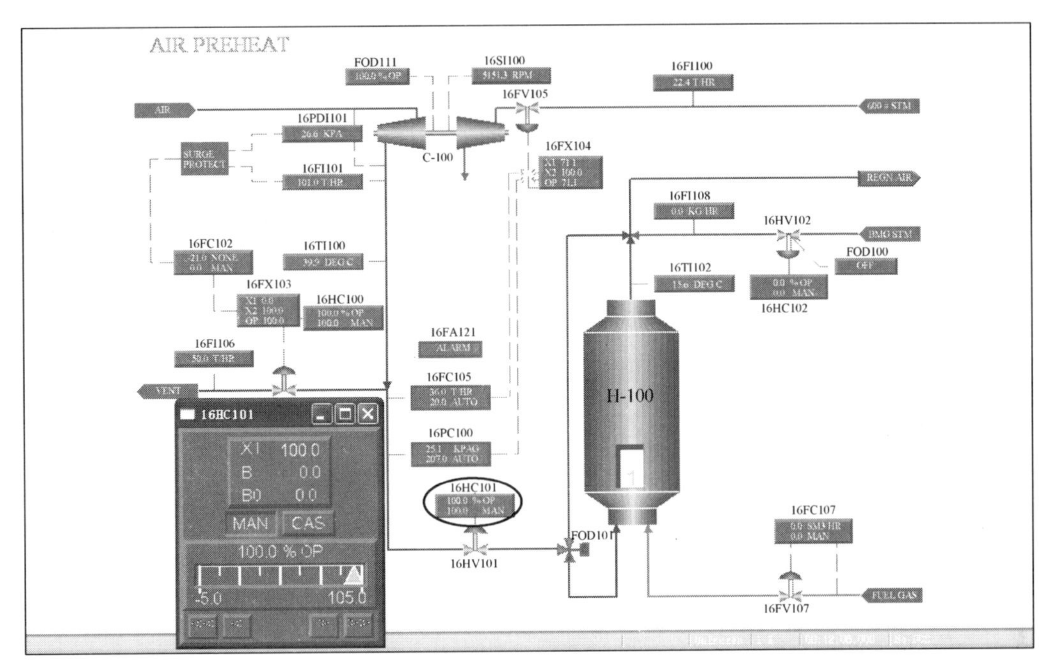

图 2-2-13

（13）通过调节鼓风机出口气流流量，减小沉降器启动阀开度[以 10%的幅度减小 16PC105 的输出，至鼓风机出口压力达到 175～210kPa(g)]，保持鼓风机出口压力处于 175～210kPa(g)之间，如图 2-2-14 所示。

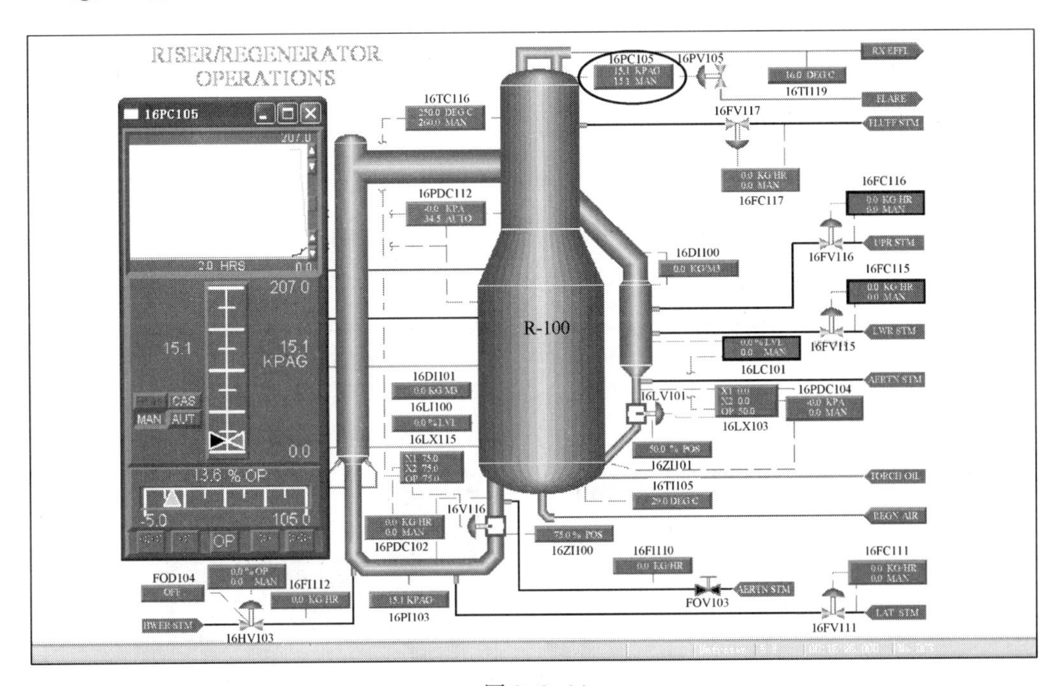

图 2-2-14

（14）设置鼓风机出口放空阀(16FC102，自动，设定值-5)，避免风机发生喘振现象，如图 2-2-15 所示。

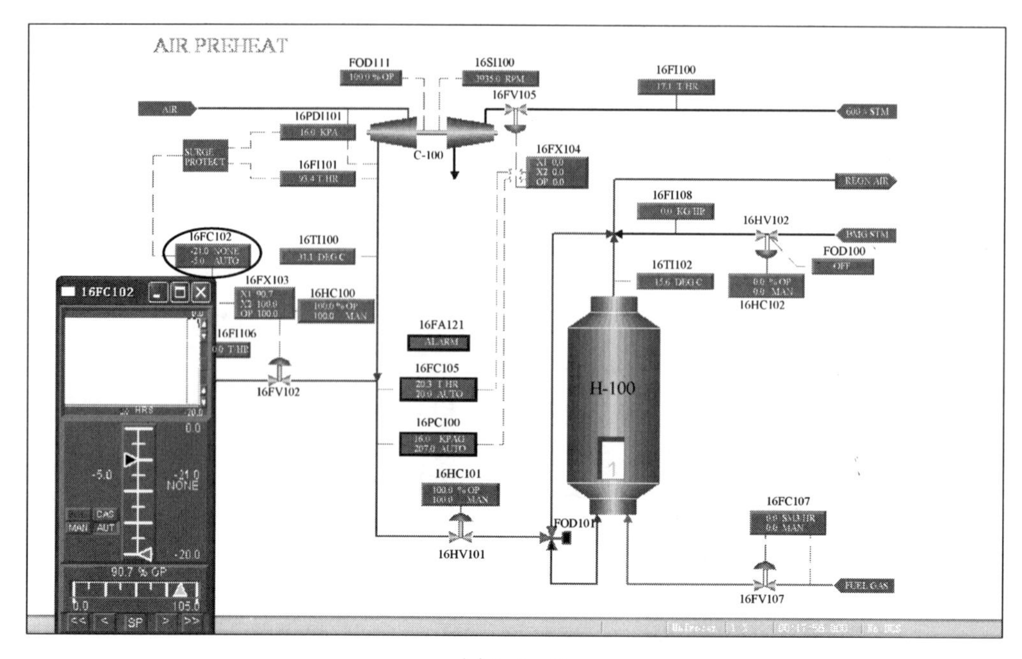

图 2-2-15

注：通过控制鼓风机出口放空阀(16FC102)，为风机提供安全的喘振控制。如果鼓风机不能保证通往再生器的空气量，风机很有可能发生喘振，16FC102 将启动超弛控制避免喘振发生。

2.3　空气预热炉 H-100 点火

(1) 开启去 H-100 的空气控制阀，同时关闭去 R-100 的侧线(FOD101，打开预热炉线，关闭旁路)，如图 2-3-1 所示。

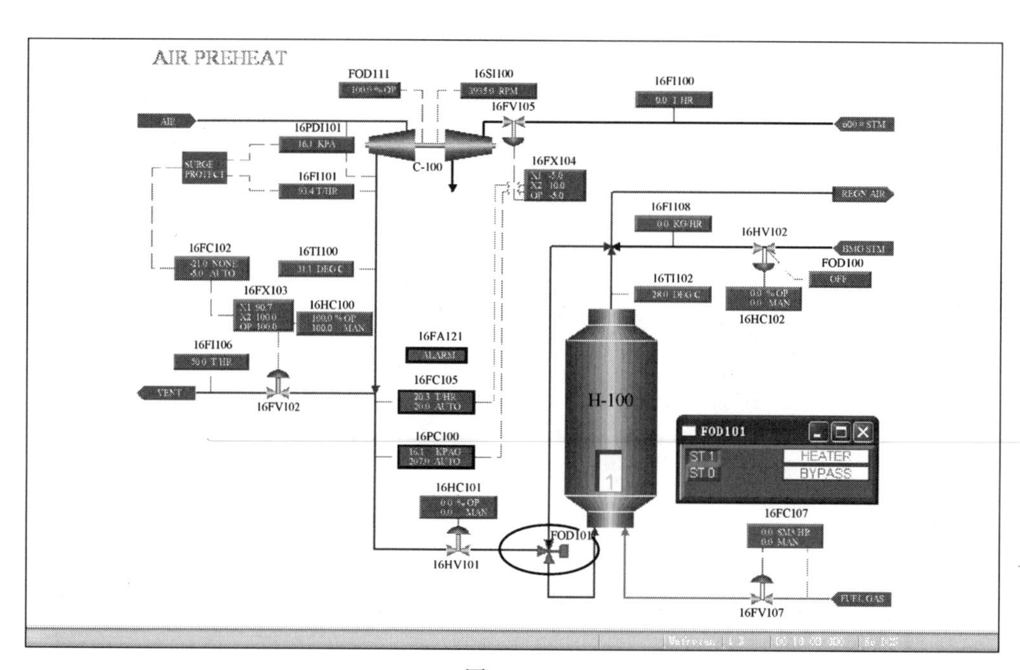

图 2-3-1

（2）向 H-100 通入燃料气（16FC107，输出 2%，手动），观察预热炉出口温度的升高（16TI102），如图 2-3-2 所示。

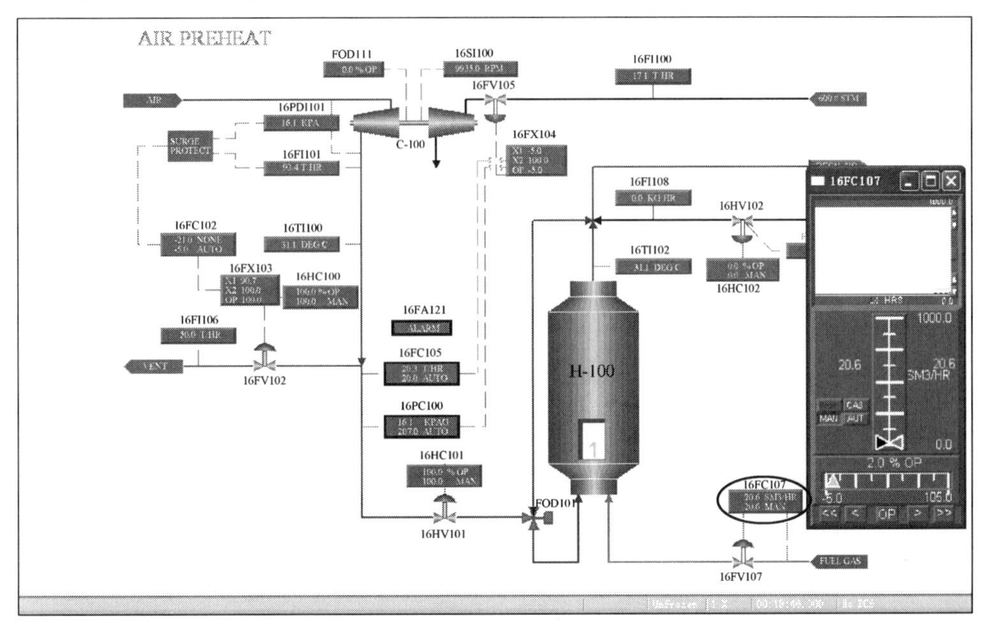

图 2-3-2

（3）当进入 H-100 的气流流量大于 10t/h 时，点燃 H-100 主火嘴（FOD102），如图 2-3-3 所示。

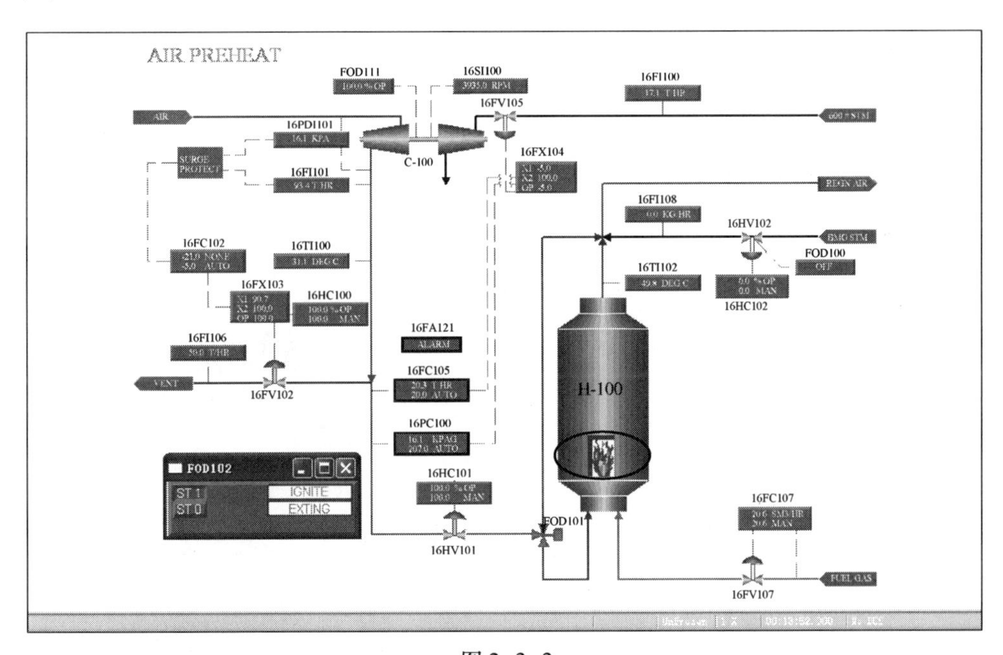

图 2-3-3

注：再生器开始加热前，D-100 和 E-100 必须已建立液位。

2.4　再生器 R-100 预热与催化剂添加

（1）增加风机出口流量，使再生空气流量升至 59t/h（16FC105，自动，设定值 59t/h）。

调节风机出口放空阀、H-100 空气进口阀，使风机出口压力保持为 207kPa(g)，风机转速为 4500r/min，如图 2-4-1 所示。

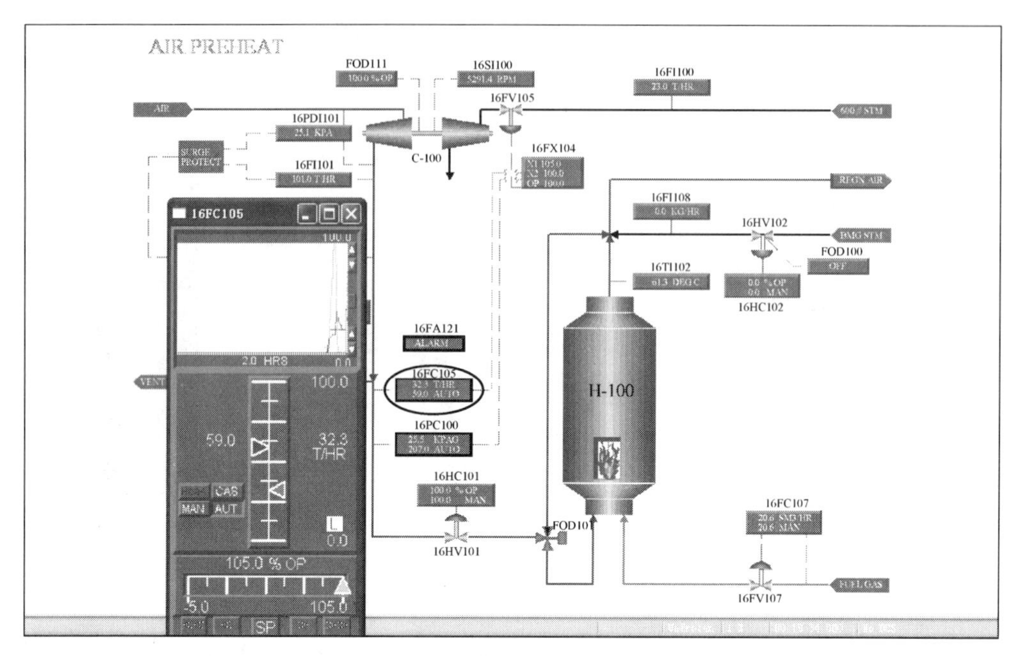

图 2-4-1

注：通过调节再生滑阀、待生滑阀、烟气滑阀和沉降器放空阀引导空气流动，帮助再生器、提升管和沉降器整体预热。

(2) 增加 H-100 的燃料气量(16FC107，自动，设定值大约为 55Sm^3/h)，使炉出口温度达到 150~204℃，如图 2-4-2 所示。

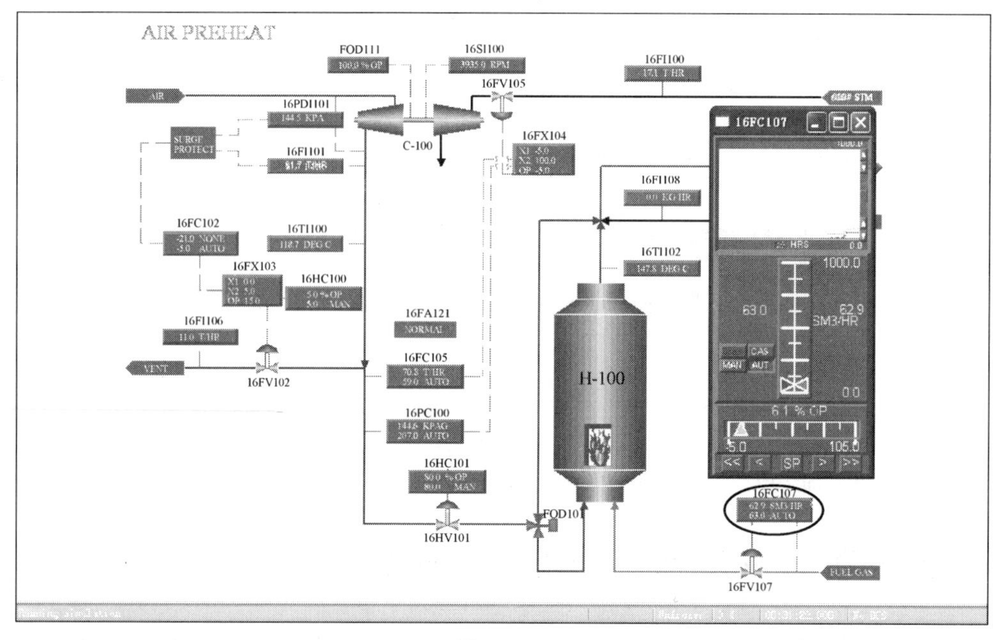

图 2-4-2

（3）减小沉降器阀开度，这会引起再生器压力升高（16PC105，减少输出至大约 5%），如图 2-4-3 所示。

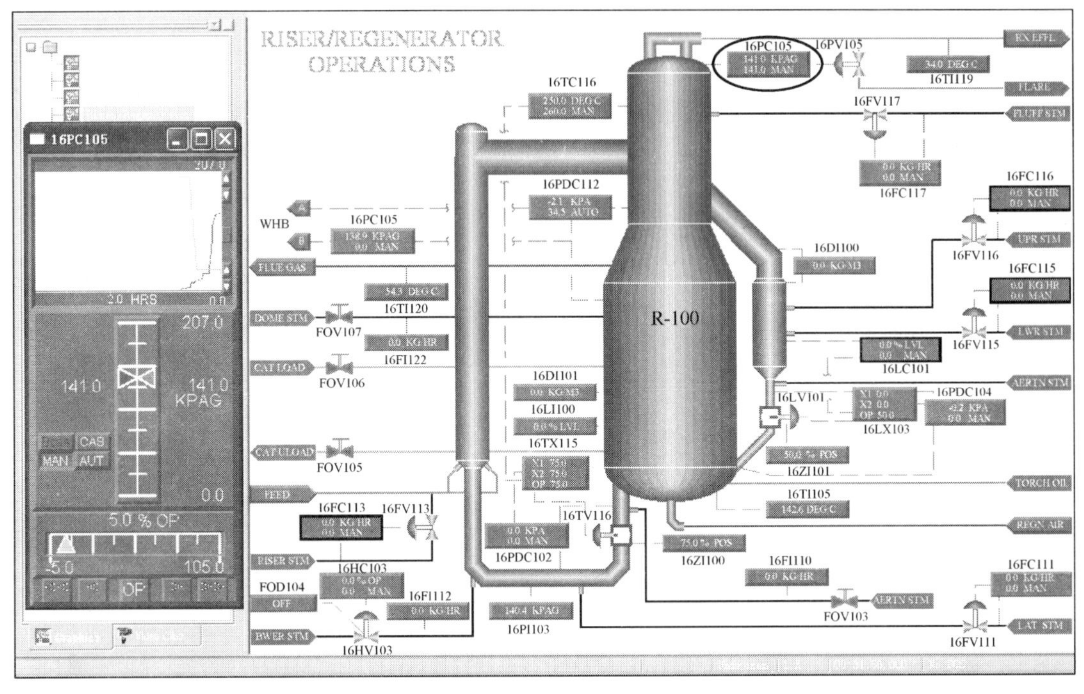

图 2-4-3

（4）通过控制离开再生器烟气的压力，达到控制再生器压力的目的。将烟气压力设定为 35kPa(g)[16PC108，自动，设定值 35kPa(g)]，如图 2-4-4 所示。

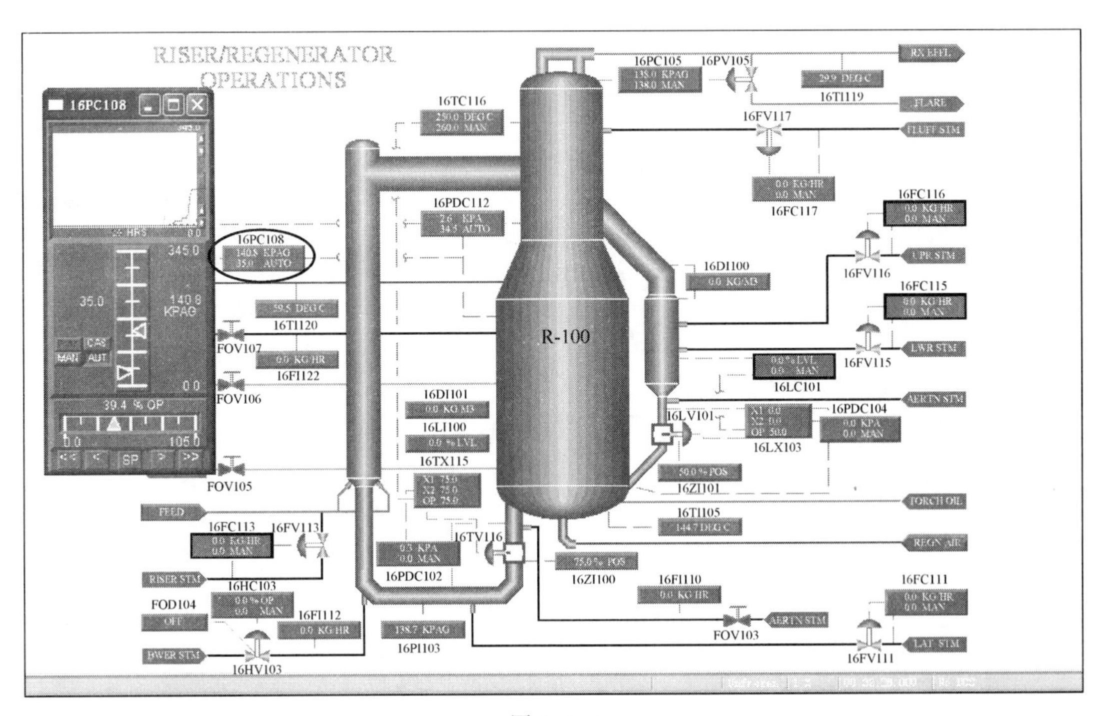

图 2-4-4

(5) 增大烟道挡板开度(16HC104)，并调节 H-100 燃料气流量，使出口温度以 150℃/h 的幅度升温，至 600℃(调节 16FC107 输出)，如图 2-4-5 和图 2-4-6 所示。

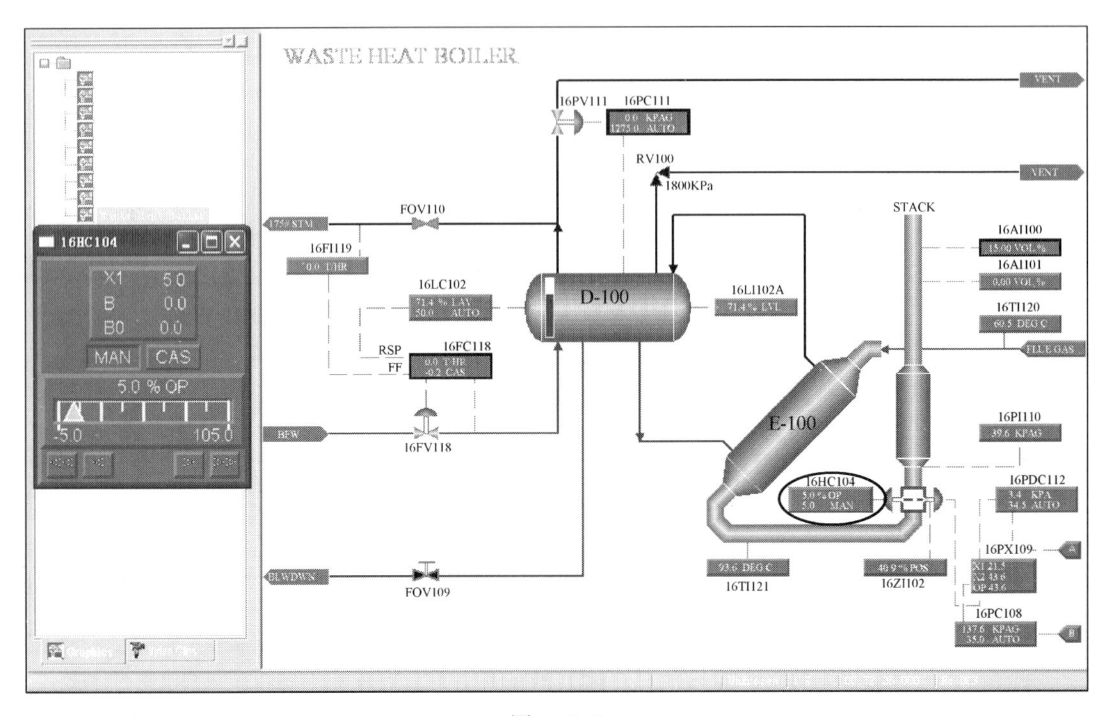

图 2-4-5

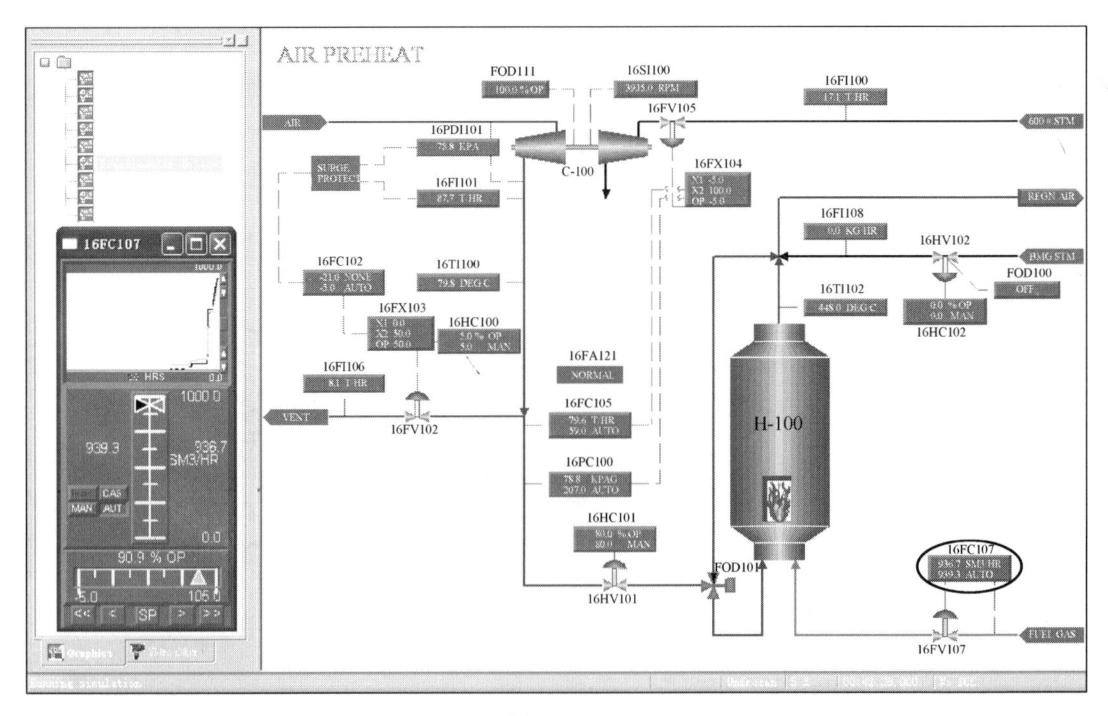

图 2-4-6

（6）随着再生器温度（16TI105）的升高，提高离开再生器的烟气压力［16PC108，设定值增加至70kPa(g)］，缓慢增加再生器压力。当再生器温度达到315℃时，关闭再生滑阀（16TX115）和待生滑阀（16LX103），如图2-4-7~图2-4-9所示。

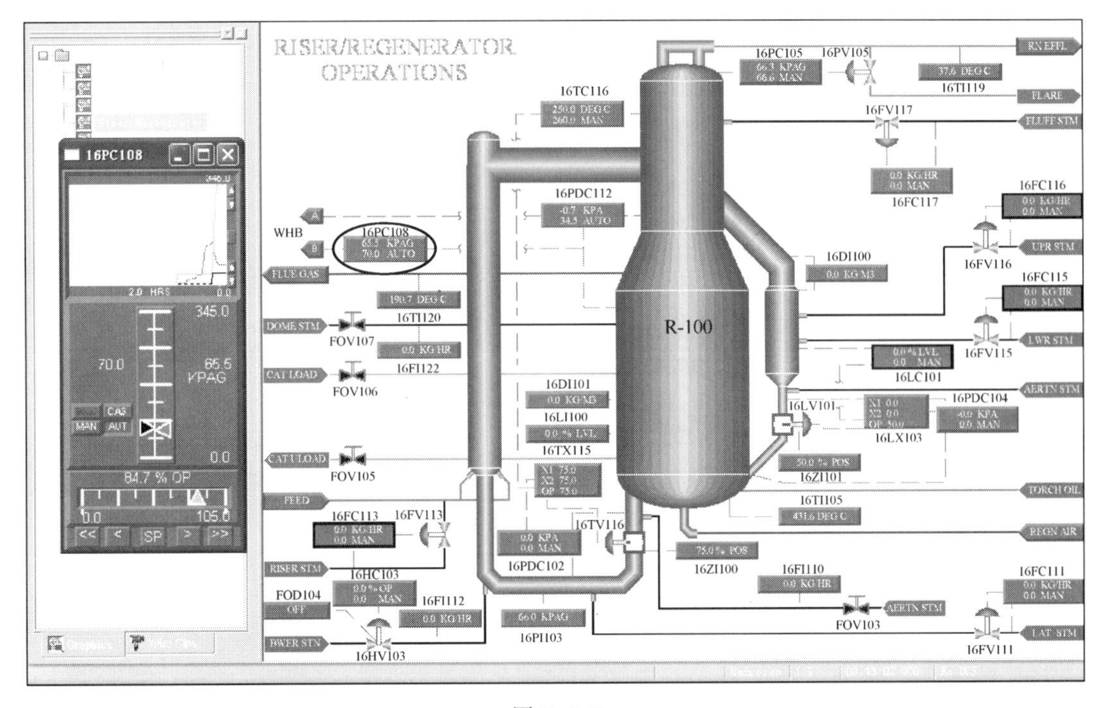

图2-4-7

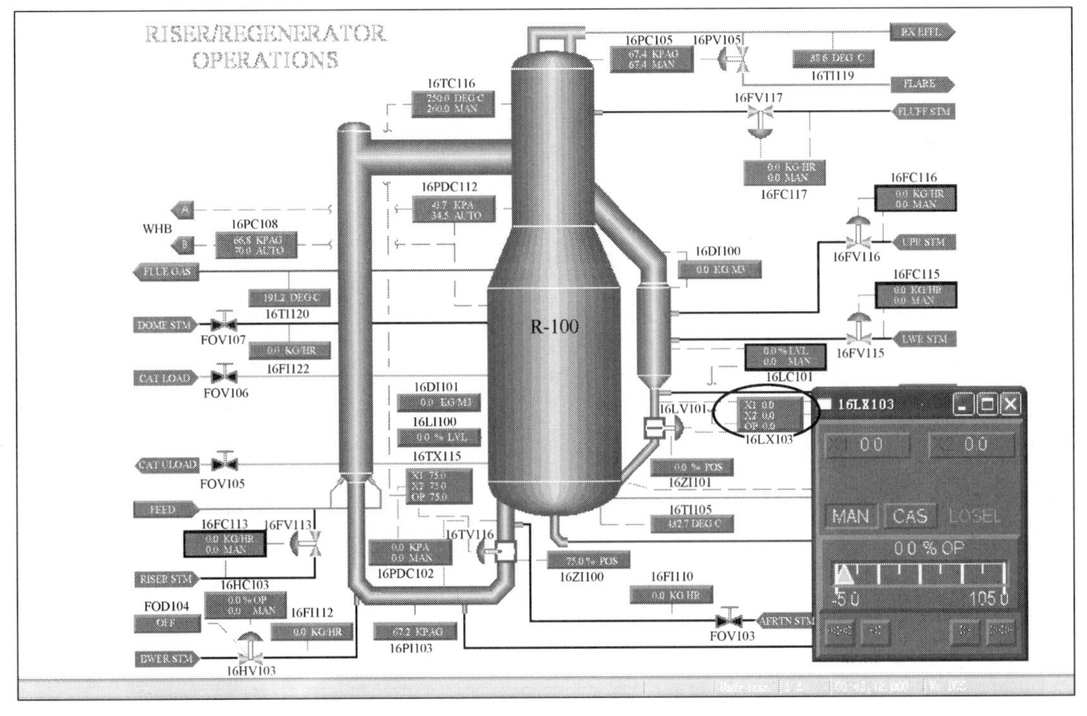

图2-4-8

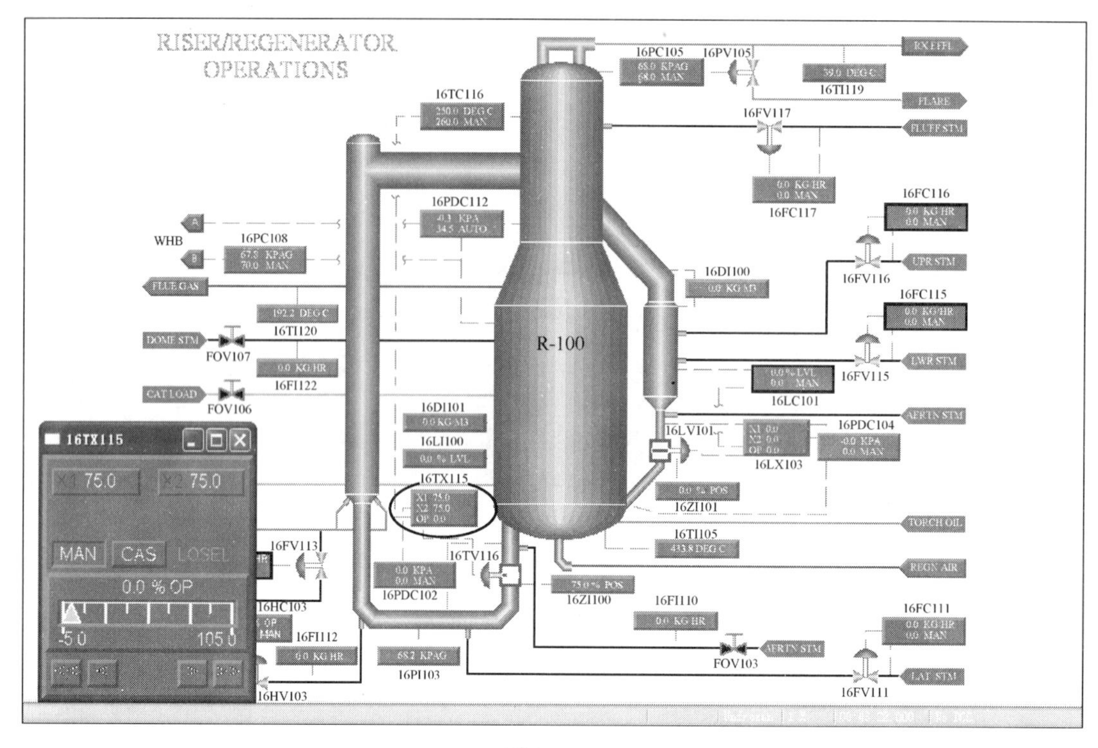

图 2-4-9

（7）向沉降器汽提段通入上部汽提蒸汽，设定流量为 1135kg/h（16FC116，自动，设定值 1135 kg/h），如图 2-4-10 所示。

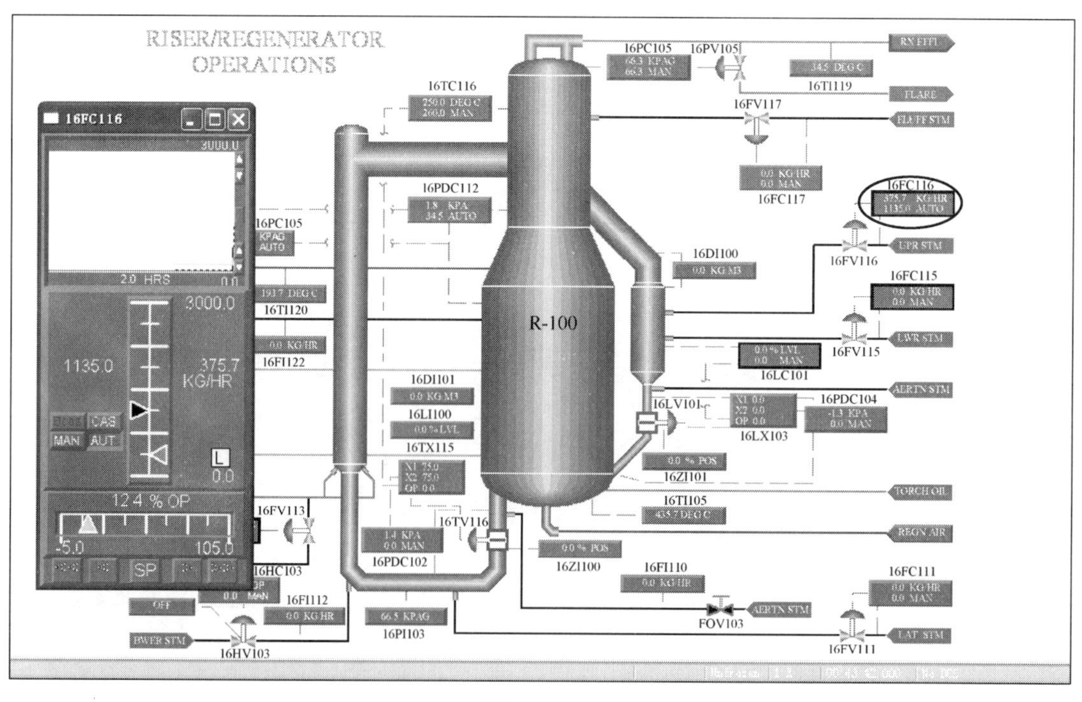

图 2-4-10

（8）向提升管底部通入分散蒸汽，设定流量为500kg/h(16FC113，自动，设定值500kg/h)，如图2-4-11所示。

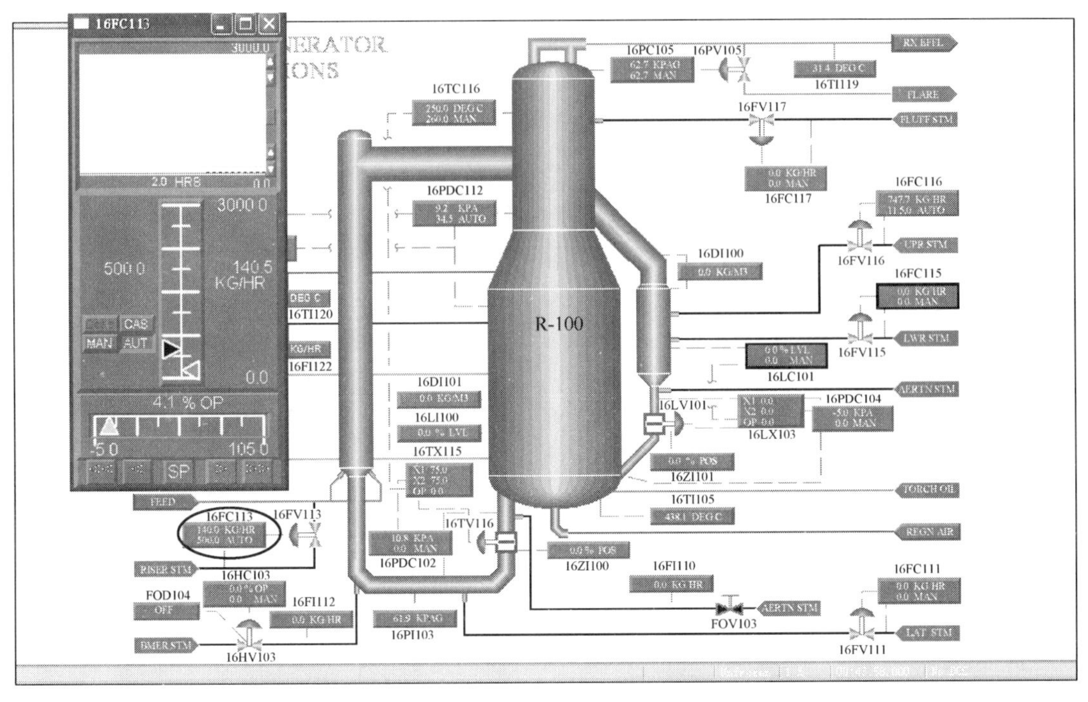

图2-4-11

（9）向沉降器通入分散蒸汽，设定流量为227kg/h(16FC117，自动，设定值227kg/h)，如图2-4-12所示。

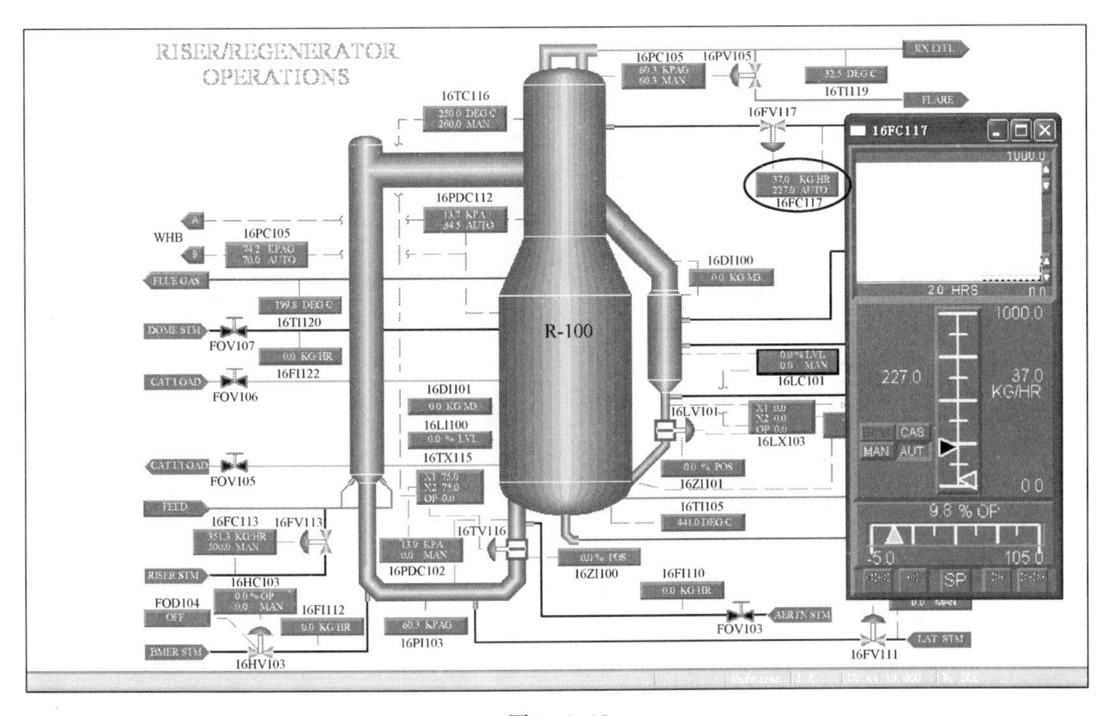

图2-4-12

（10）向沉降器汽提段通入下部汽提蒸汽，设定流量为 227kg/h（16FC115，自动，设定值 227kg/h），如图 2-4-13 所示。

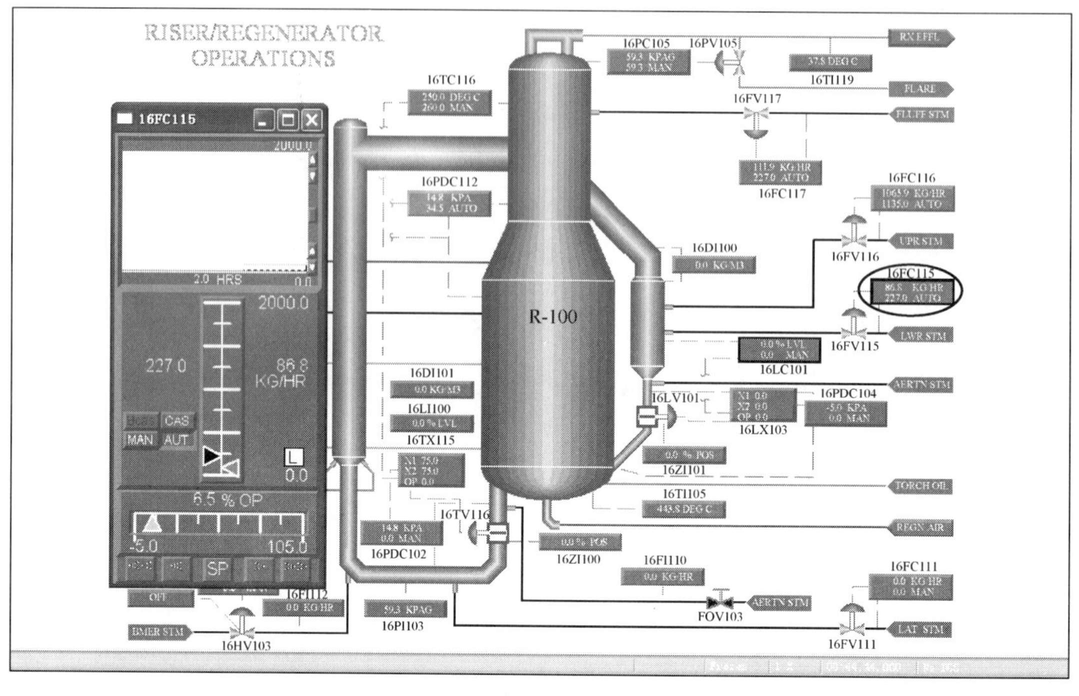

图 2-4-13

（11）向提升管底部通入事故蒸汽（16HC103，输出 10%）。主要在开工阶段没有进料时使用，以协助提升催化剂的作用，如图 2-4-14 所示。

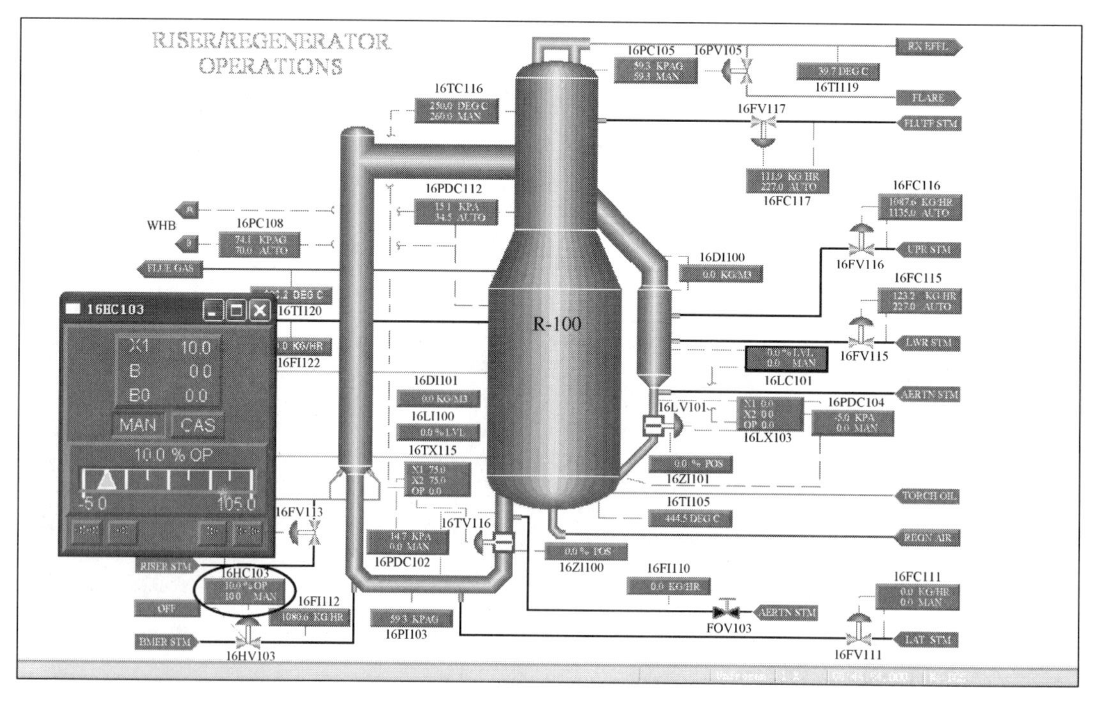

图 2-4-14

（12）向提升管下部的J形弯头通入立管通风蒸汽（16FC111，自动，设定值454kg/h），如图2-4-15所示。

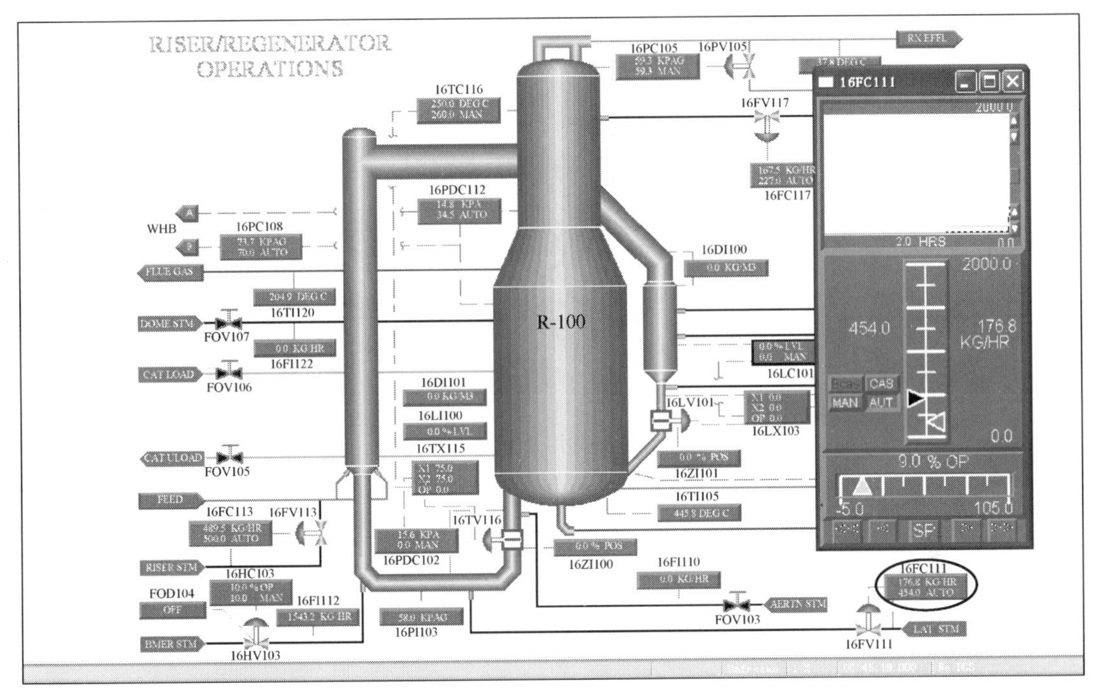

图2-4-15

（13）调节阀门FOD103开度（约为13%），使再生滑阀上部去再生器的立管通风蒸汽流量达到18kg/h，如图2-4-16所示。

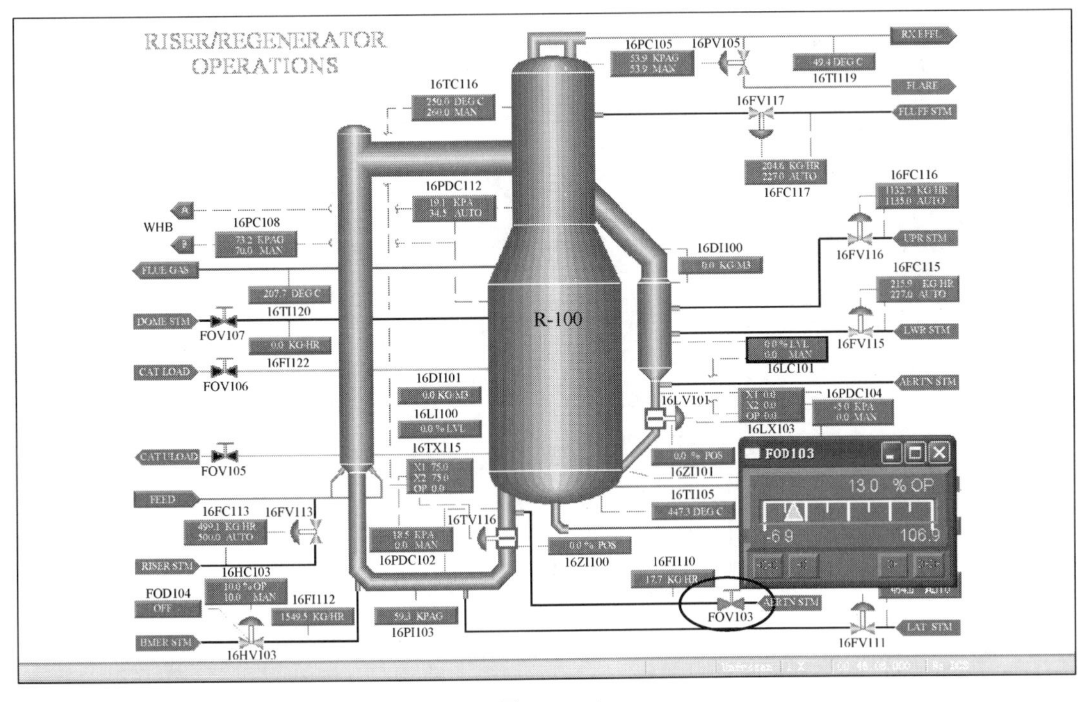

图2-4-16

（14）调节阀门 FOD108 开度（约为 15%），使沉降器汽提段立管通风蒸汽流量达到 41kg/h，如图 2-4-17 所示。

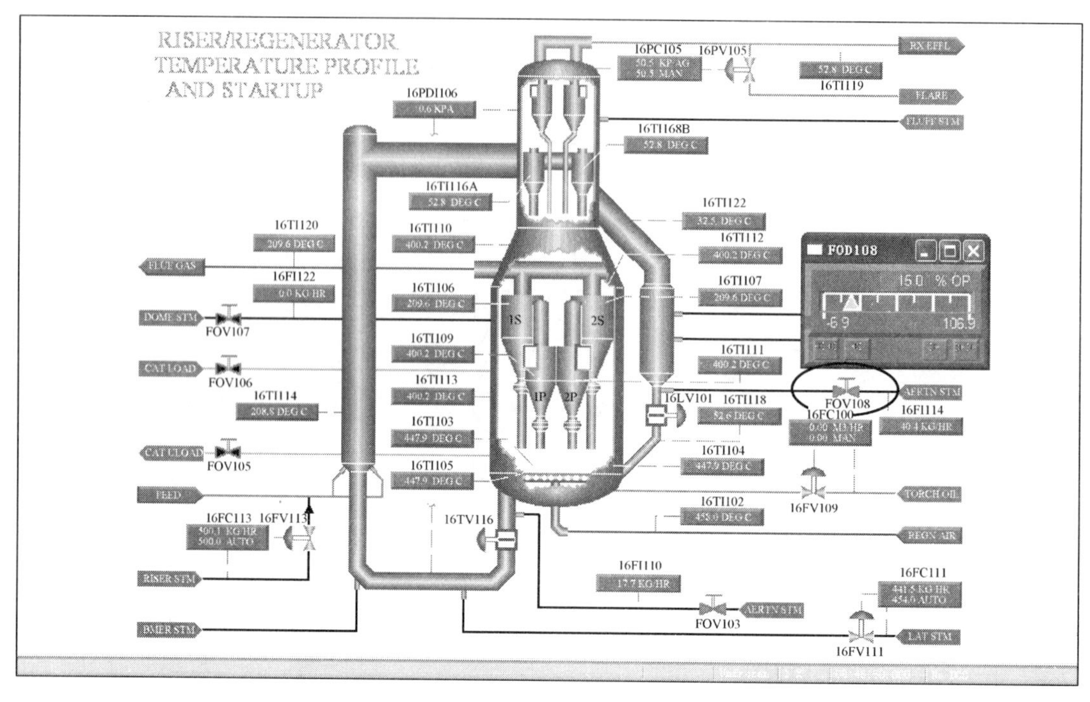

图 2-4-17

（15）调节阀门 FOD107 开度（约为 21%），使再生器圆顶蒸汽流量达到 272kg/h，如图 2-4-18所示。

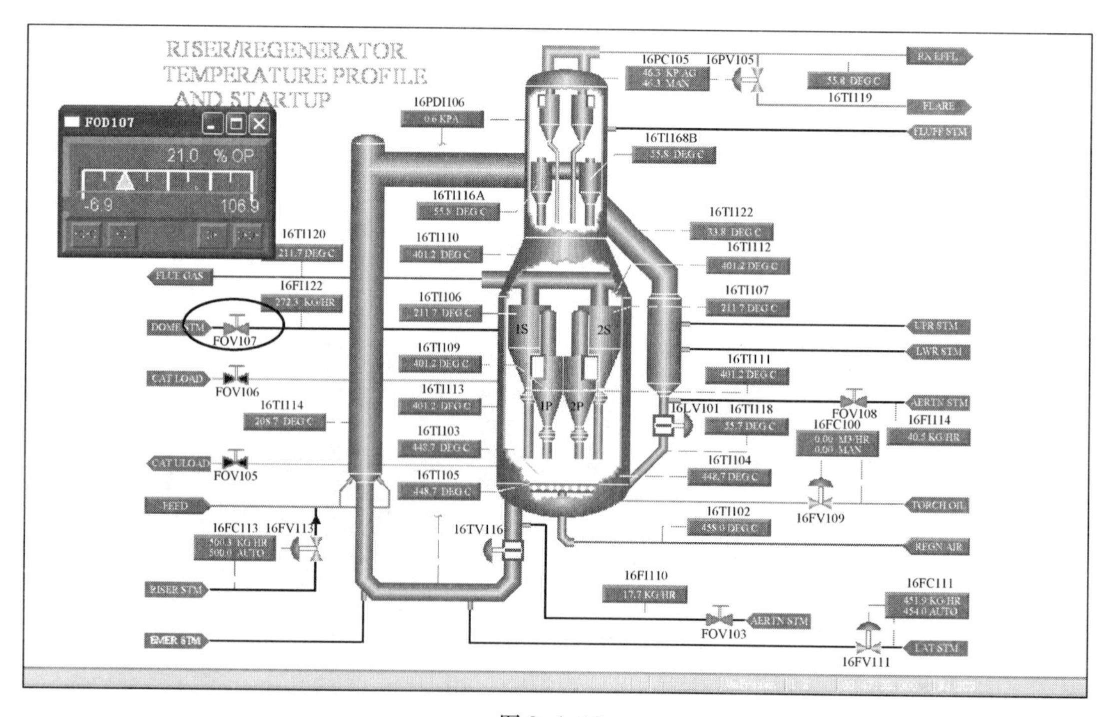

图 2-4-18

（16）设置沉降器放空压力为 90kPa(g)［16PC105，自动，设定值 90kPa(g)］，使在加载催化剂时，沉降器压力比再生器压力高 7~35kPa，如图 2-4-19 所示。

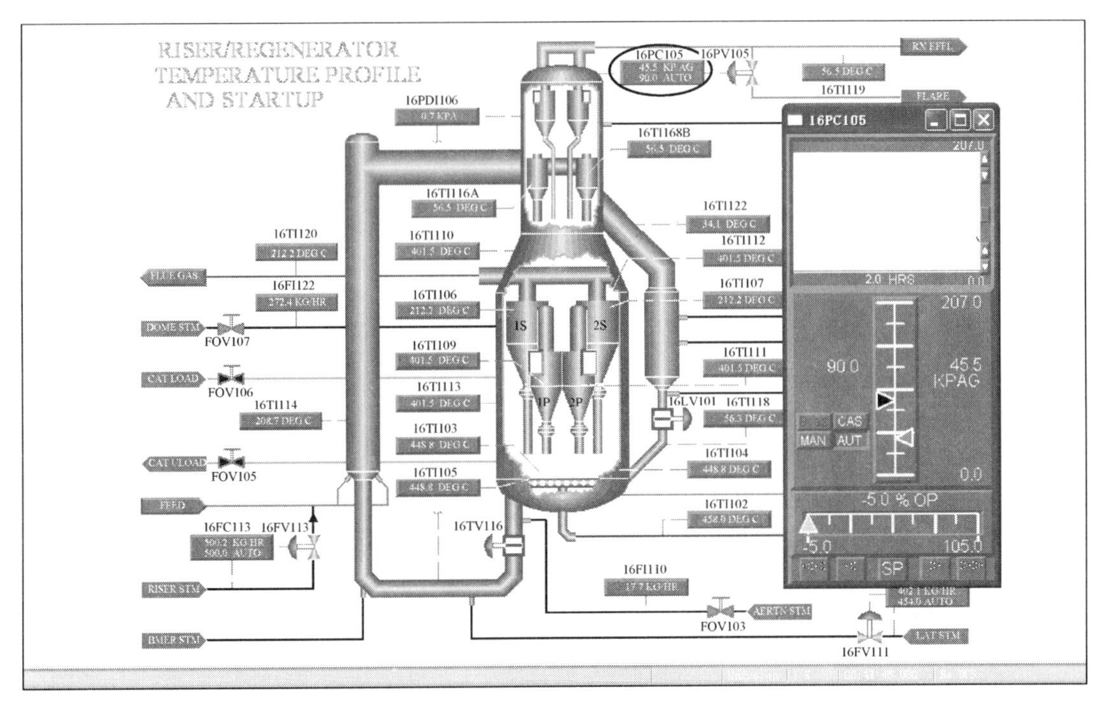

图 2-4-19

（17）开启催化剂加载阀门(FOD106，自动，设定值 10t/h)，以 10t/h 的速率向再生器中加载催化剂，在此过程中，调节加载速率，使再生器温度不低于 315℃，如图 2-4-20 所示。

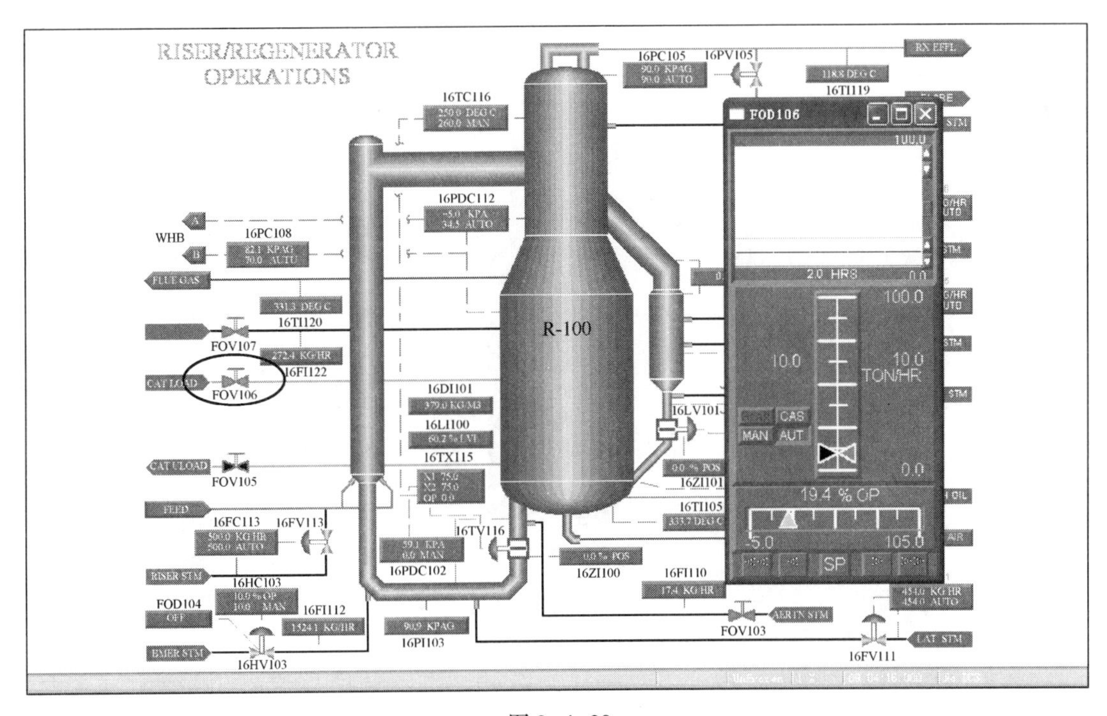

图 2-4-20

（18）当再生器内催化剂料位达到60%时(16LI100)，关闭催化剂加载阀FOD106(料位上升至60%所需时间较长，建议时间速率设置较小的值，例如速率“×1”，耐心等待料位达到设定值)，如图2-4-21所示。

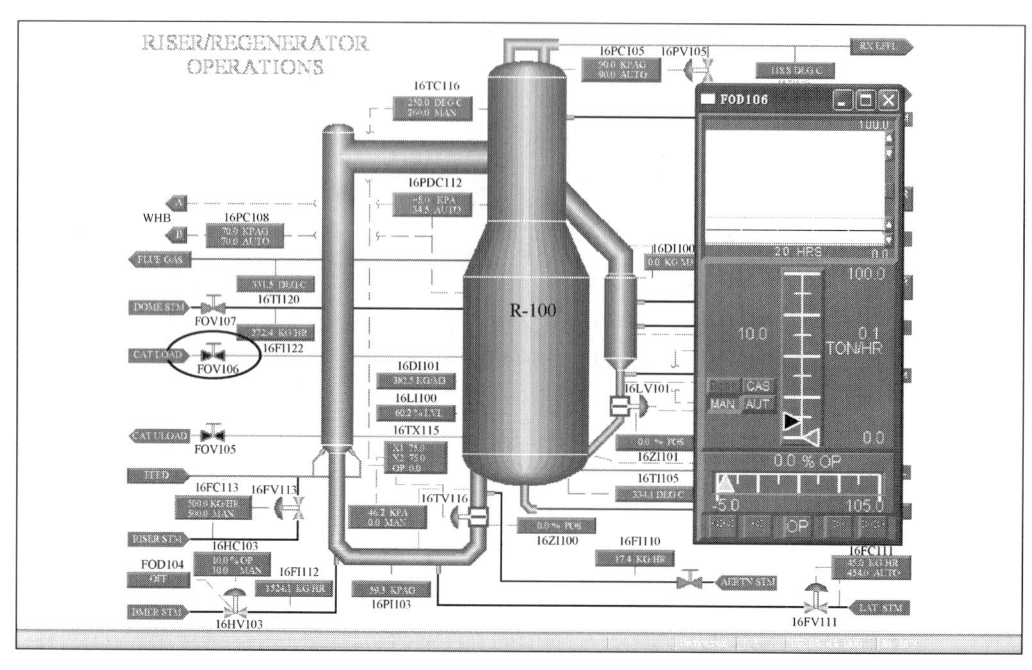

图2-4-21

（19）再生器温度达到370℃时，开启R-100底部的燃烧油控制阀[16TX115，级联；16PDC102，自动，设定值14kPa(g)，防止回流；16FC109，手动，输出5%]，如图2-4-22~图2-4-24所示。

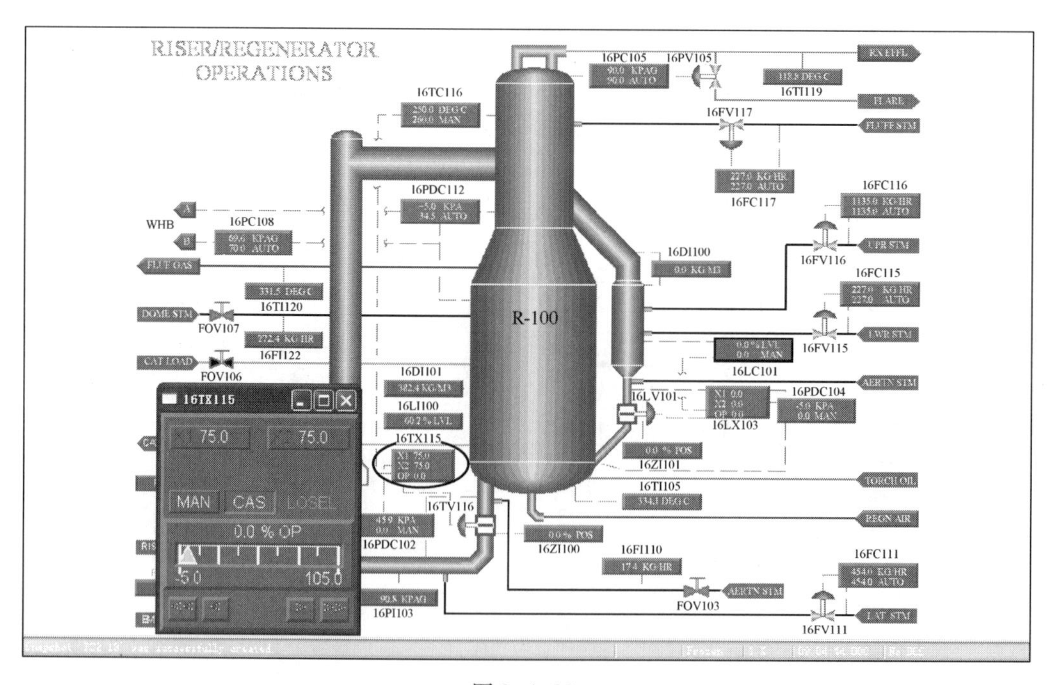

图2-4-22

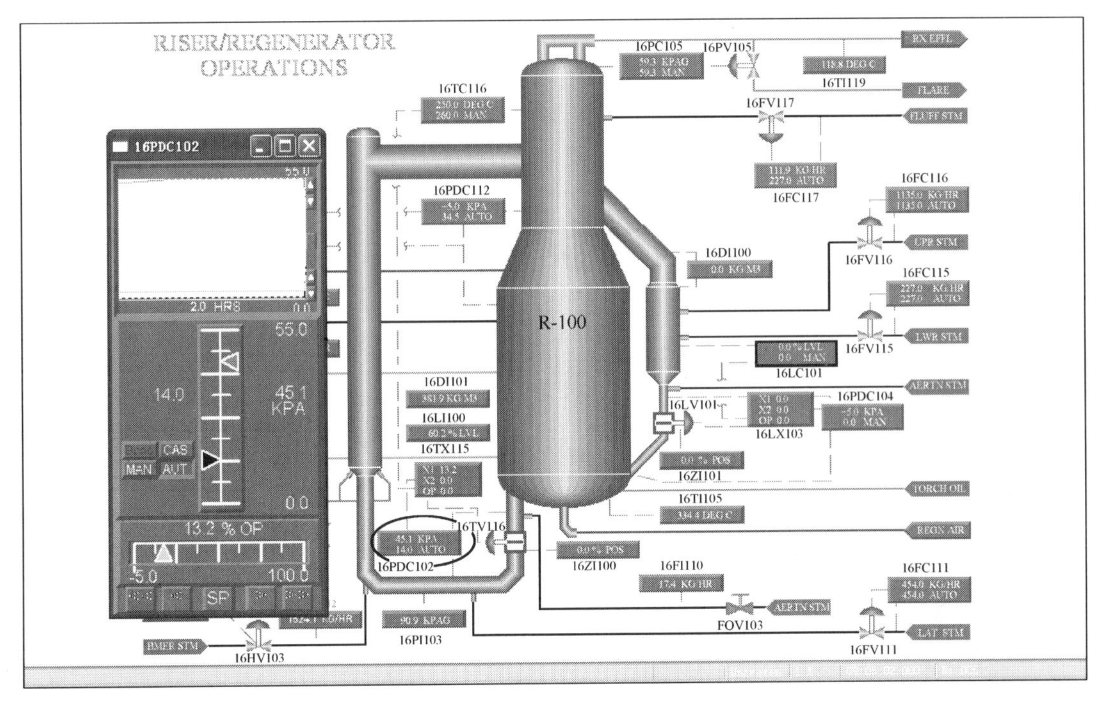

图 2-4-23

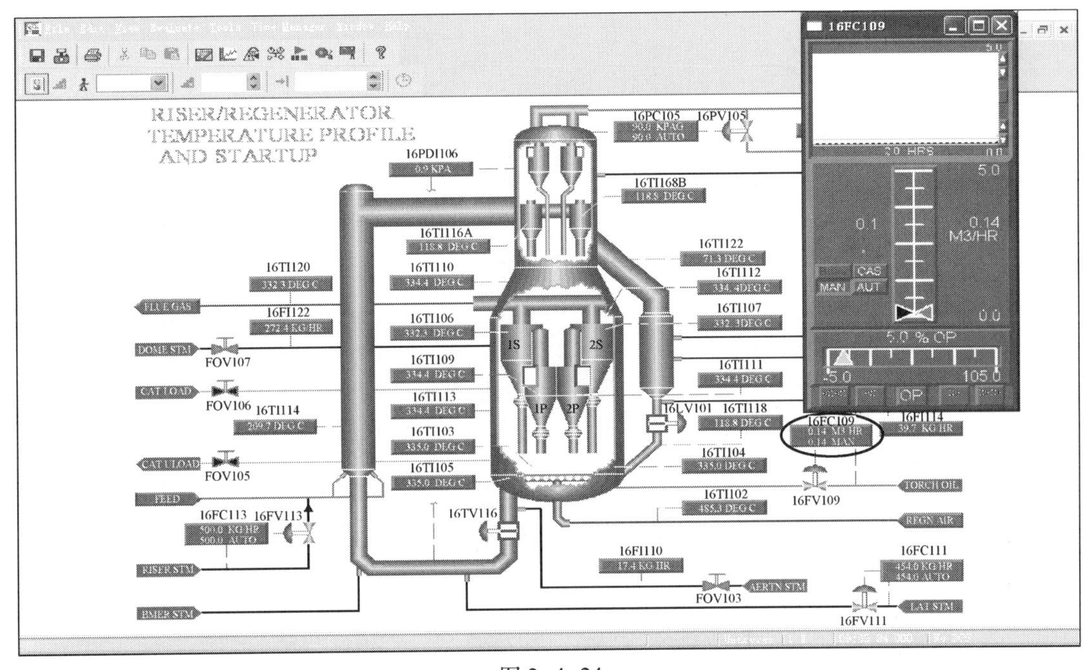

图 2-4-24

（20）使用燃烧油对再生器进行加热，使其温度升至 540℃（16FC109，自动，设定值 $1m^3/h$），如图 2-4-25 所示。

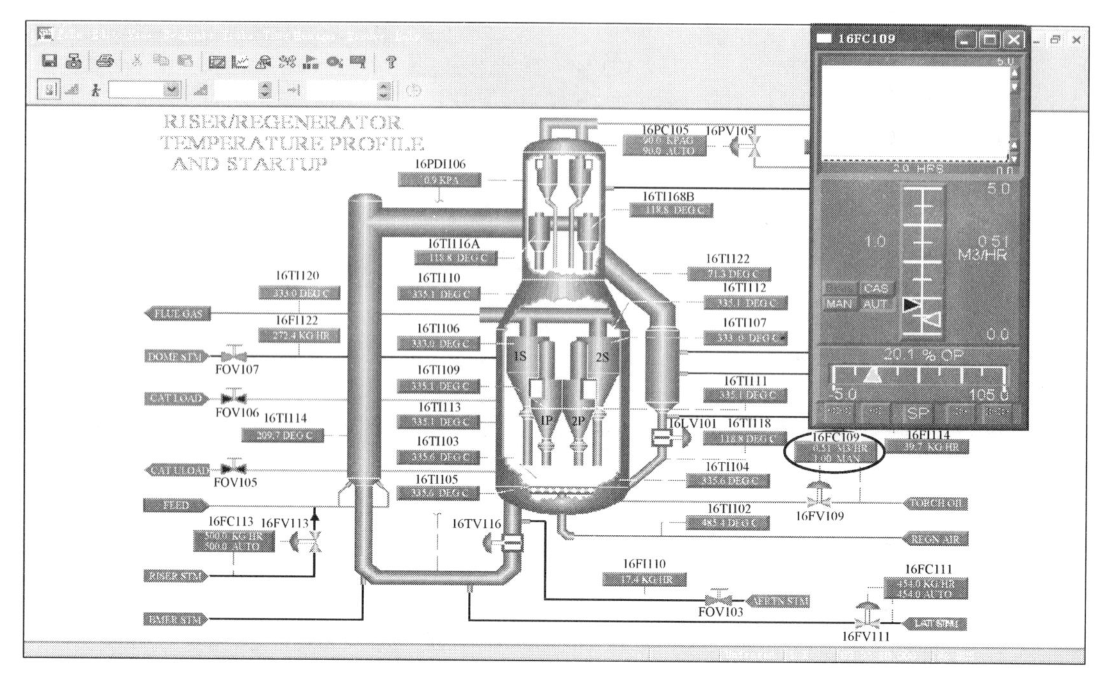

图 2-4-25

（21）设置 16PC108，使再生器压力升至 125kPa(g)，再将设定值增加到 275kPa(g)，如图 2-4-26 所示。

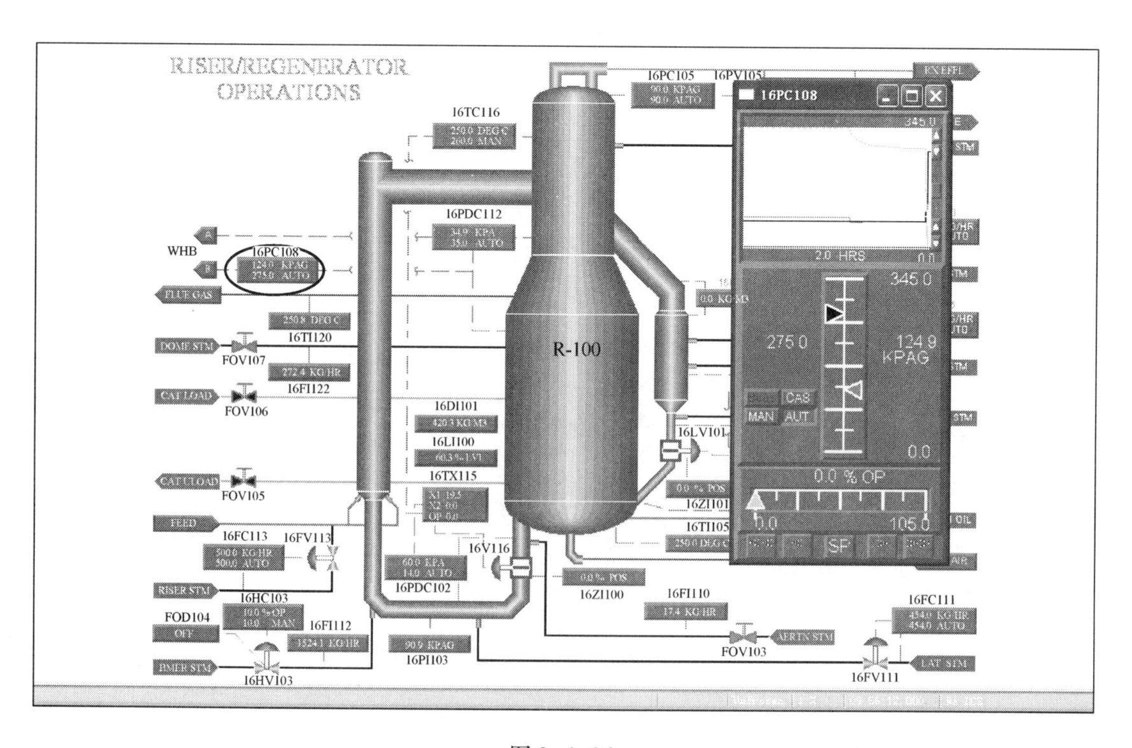

图 2-4-26

（22）将提升管底部事故蒸汽量提高到 5900kg/h（16HC103，增加输出量至大约 38.8%），如图 2-4-27 所示。

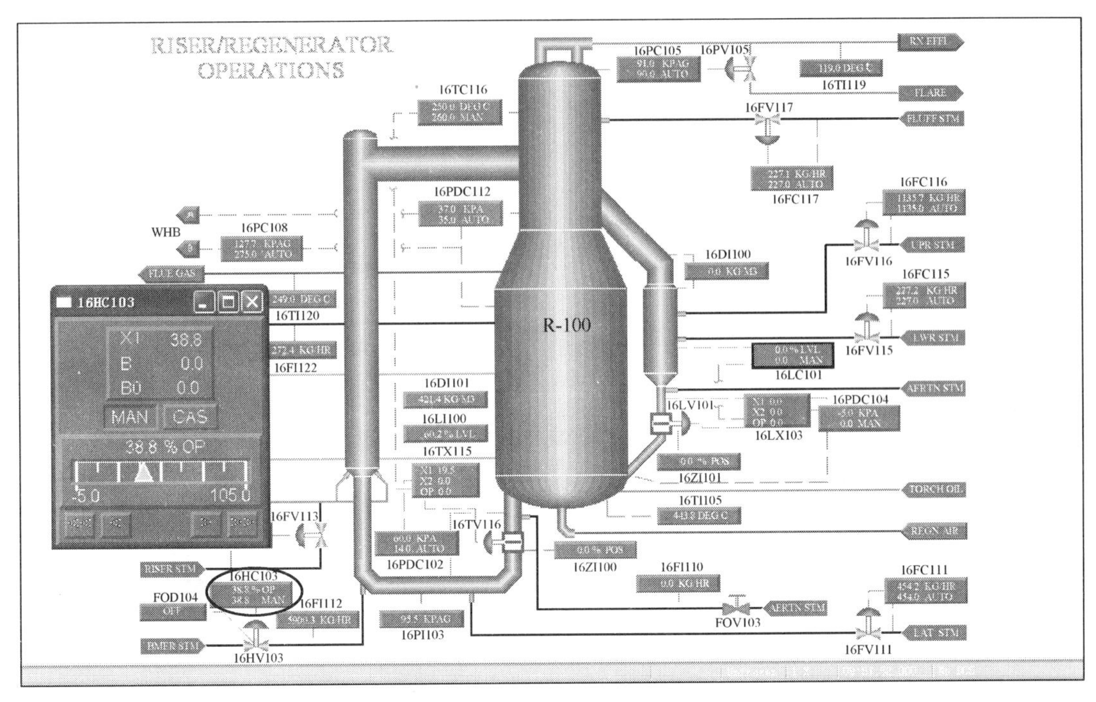

图 2-4-27

（23）打开再生滑阀，使催化剂流往 J 型弯头、提升管、沉降器和汽提段，使汽提段料位达到 80%（见 16LC101）（16TC116，手动，输出 5%），如图 2-4-28 所示。

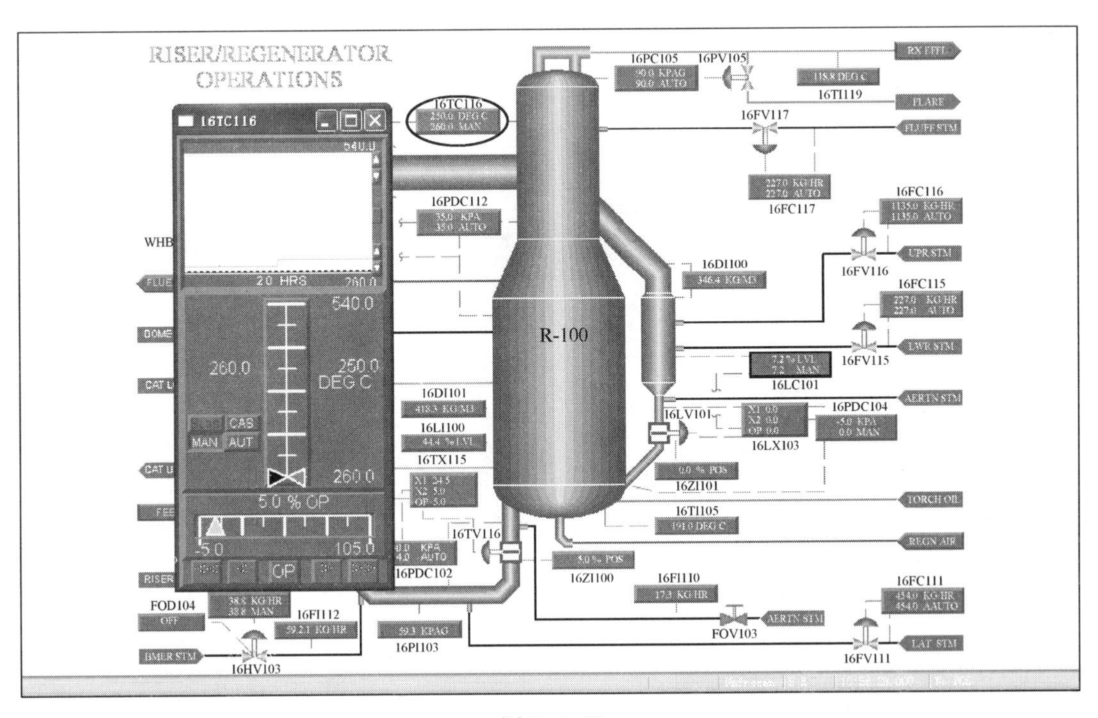

图 2-4-28

（24）关闭再生滑阀(16TC116，输出 0)，如图 2-4-29 所示。

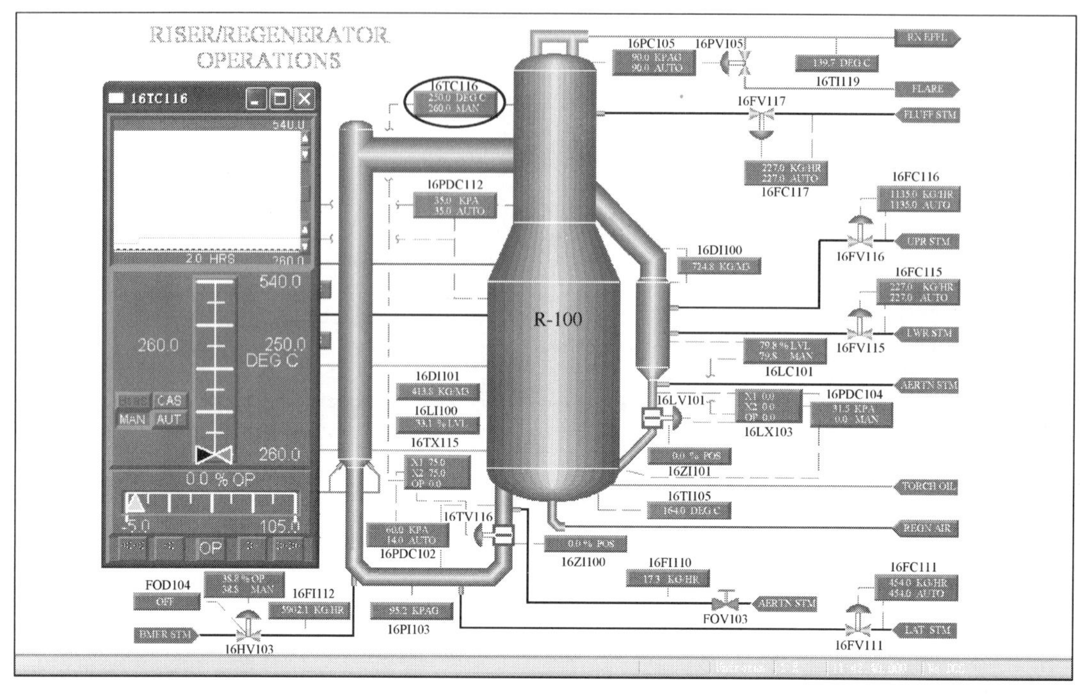

图 2-4-29

（25）设置气提滑阀差压，防止空气回流(16PDC104，自动，设定值 14kPa)，如图 2-4-30 所示。

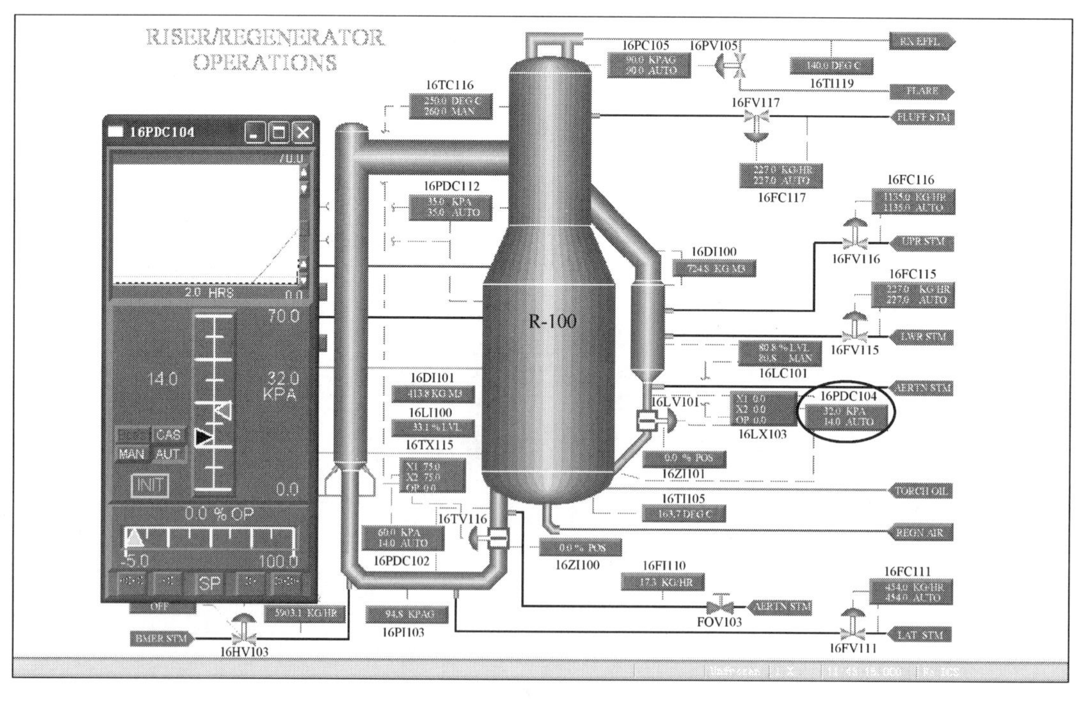

图 2-4-30

2.5　主分馏塔 T-200 启动

(1) 开启去塔顶回流罐 D-200 的精炼燃料气流动控制阀(FOD228，输出 30%)，如图 2-5-1所示。

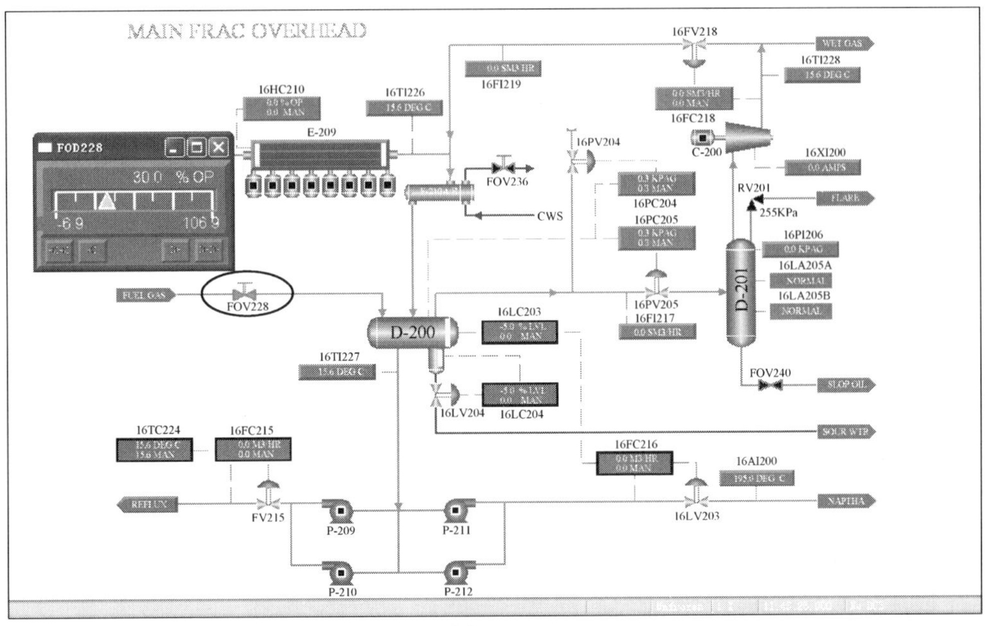

图 2-5-1

(2) 通过控制回流罐顶部通往火炬的放空阀开度，控制回流罐内压力为 35kPa(g)，即主分馏塔、LCO(轻循环油)汽提塔和回流罐加压[16PC204，自动，设定值 35kPa(g)]，如图 2-5-2 所示。

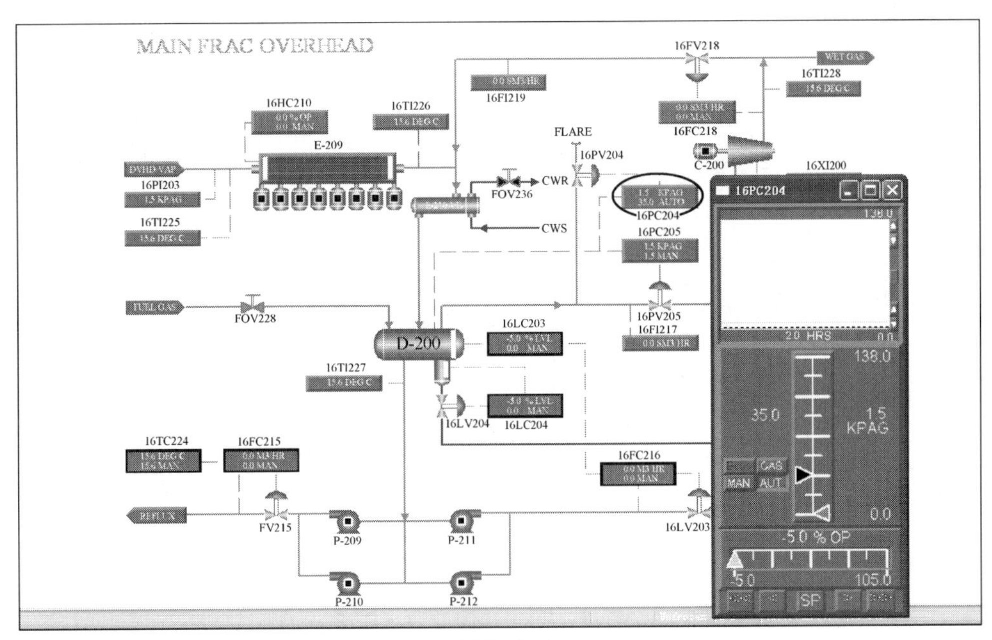

图 2-5-2

（3）待回流罐内压力达到 35kPa(g)后，切断进入回流罐的燃料气(FOD228，输出 0)。为保持主分馏塔压力为 35kPa(g)，可再次开启燃料气控制阀，如图 2-5-3 所示。

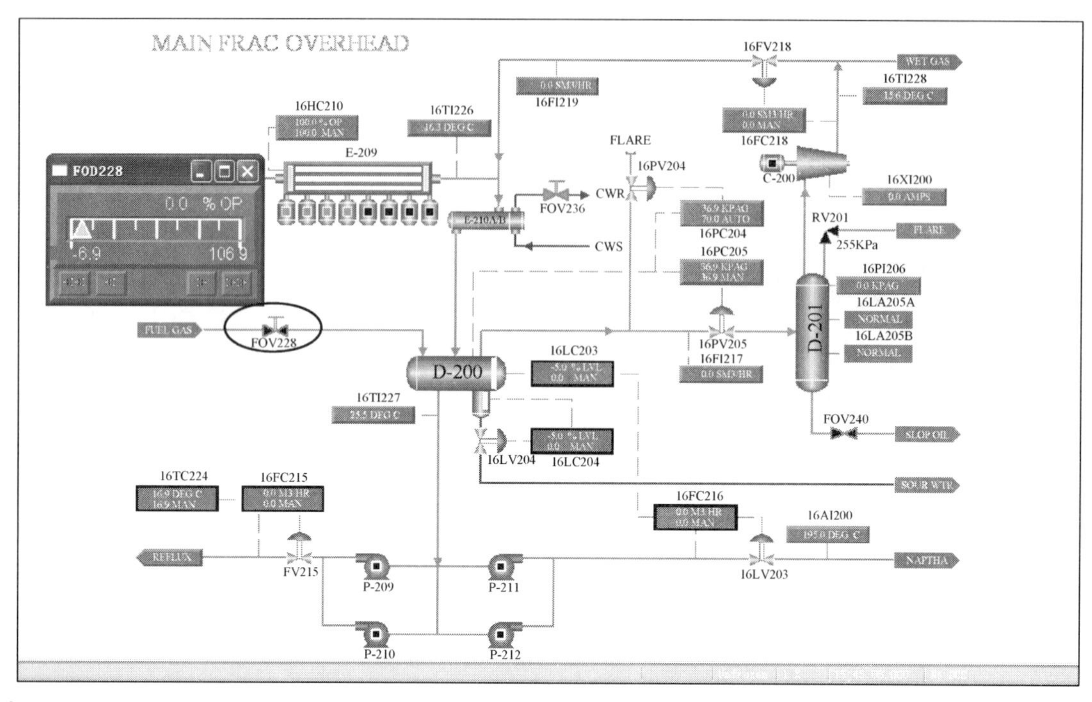

图 2-5-3

（4）开启 T-200 顶部煤油控制阀，使之返塔，代替重石脑油循环。煤油的作用是开工时在主分馏塔塔盘上建立液位(FOD226，输出 10%)，如图 2-5-4 所示。

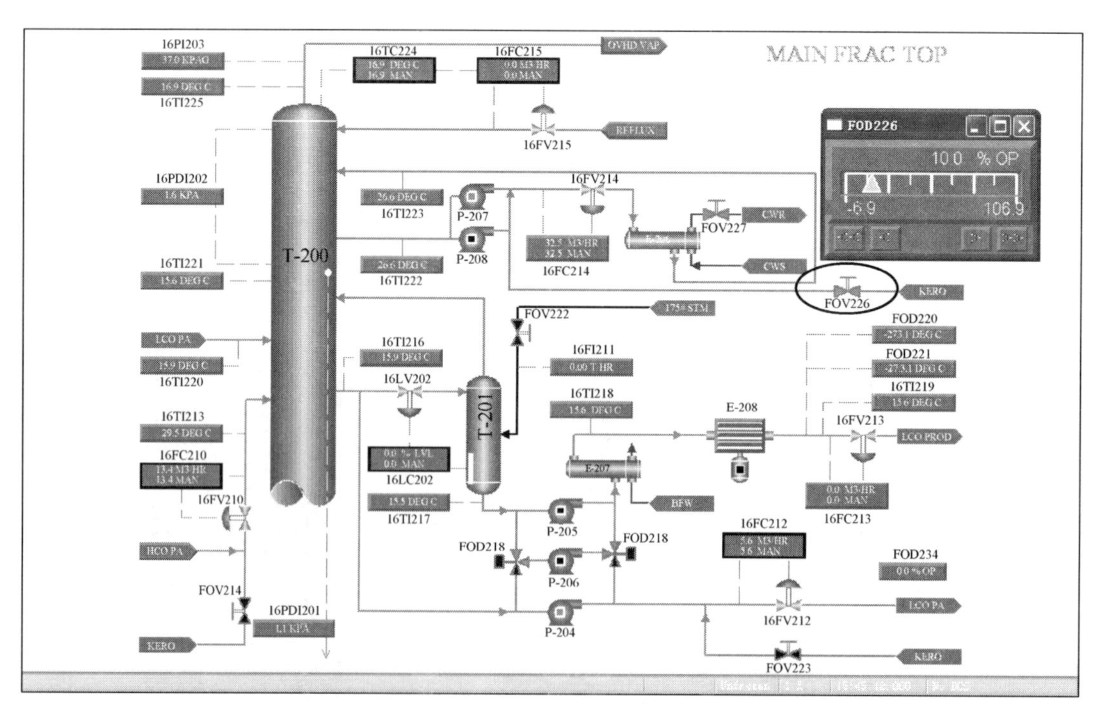

图 2-5-4

（5）开启 T-200 两侧的中部煤油控制阀，使之返塔，代替轻循环油、重循环油循环（16FC214，手动，输出 10%；FOD223，输出 10%；16FC212，手动，输出 10%；FOD214，输出 20%；16FC210，手动，输出 10%），如图 2-5-5~图 2-5-9 所示。

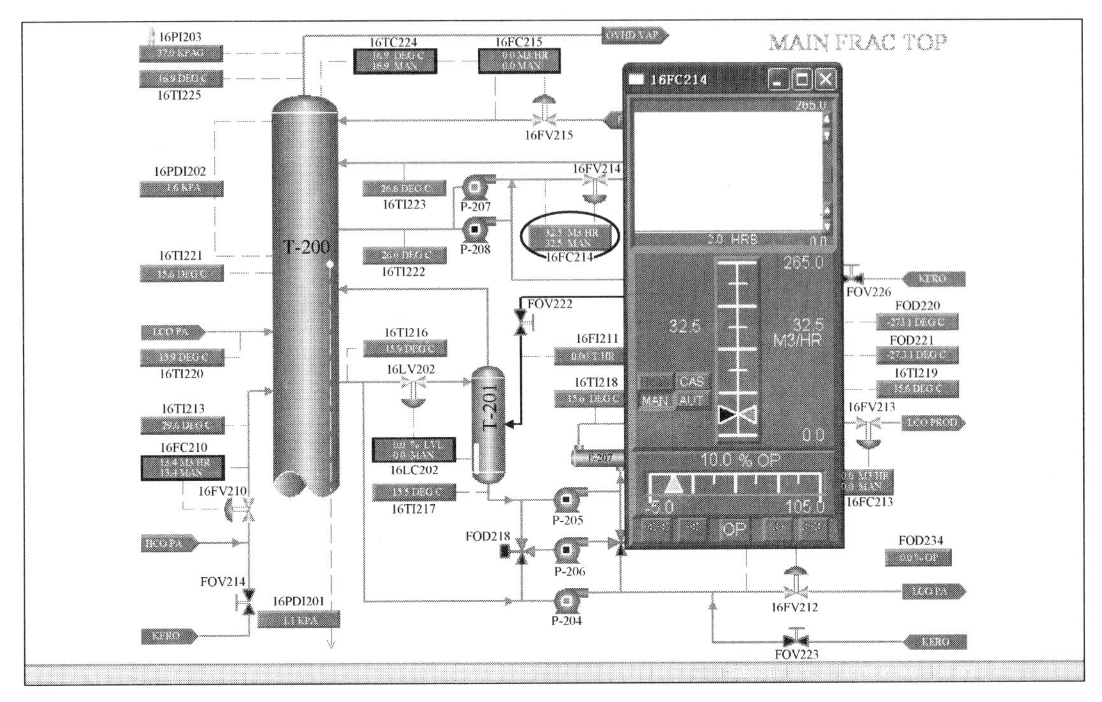

图 2-5-5

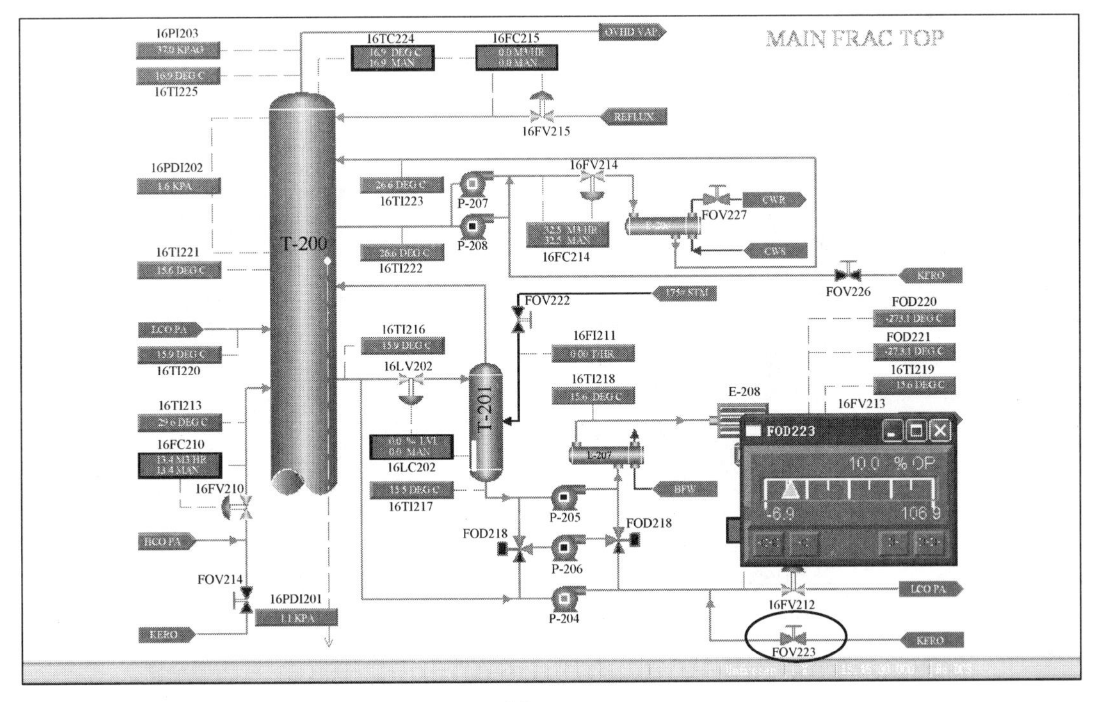

图 2-5-6

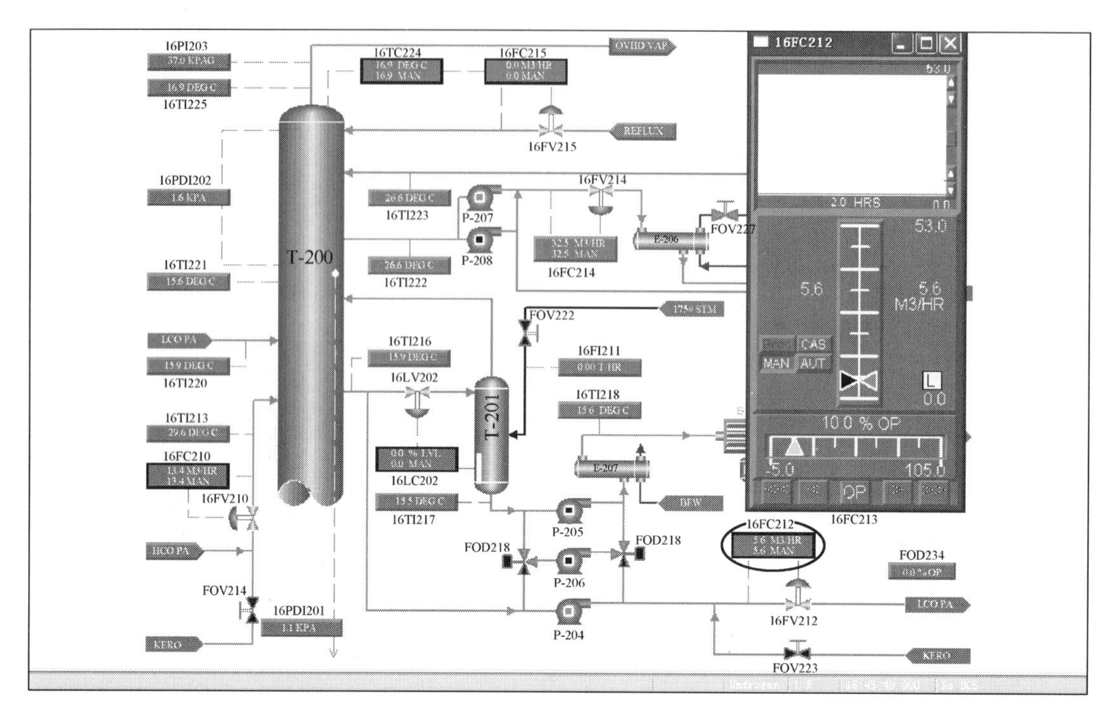
16PI203
37.0 KPAG
16.9 DEG C
16TI225
16TC224
16.9 DEG C
16.9 MAN
16FC215
0.0 M3/HR
0.0 MAN
OVHD VAP
REFLUX
16FV215
16PDI202
1.6 KPA
26.6 DEG C
16TI223
P-207
16FV214
P-208
32.5 M3/HR
32.5 MAN
16FC214
E-206
FOV227
T-200
16TI221
15.6 DEG C
26.6 DEG C
16TI222
FOV222
175# STM
LCO PA
16TI216
15.9 DEG C
16FI211
0.00 T/HR
15.9 DEG C
16TI220
16LV202
16TI218
15.6 DEG C
T-201
16TI213
29.6 DEG C
16FC210
13.4 M3/HR
13.4 MAN
0.0 % LVL
0.0 MAN
16LC202
E-207
16FV210
15.5 DEG C
16TI217
BFW
P-205
HCO PA
FOD218
P-206
FOD218
16FC212
5.6 M3/HR
5.6 MAN
16FC213
FOD234
0.0 % OP
FOV214
16PDI201
1.1 KPA
P-204
16FV212
LCO PA
KERO
FOV223
KERO
16FC212
53.0
2.0 HRS
0.0
53.0
5.6
5.6
M3/HR
CAS
MAN
AUT
L
0.0
10.0 % OP
-5.0
105.0
OP

图 2-5-7

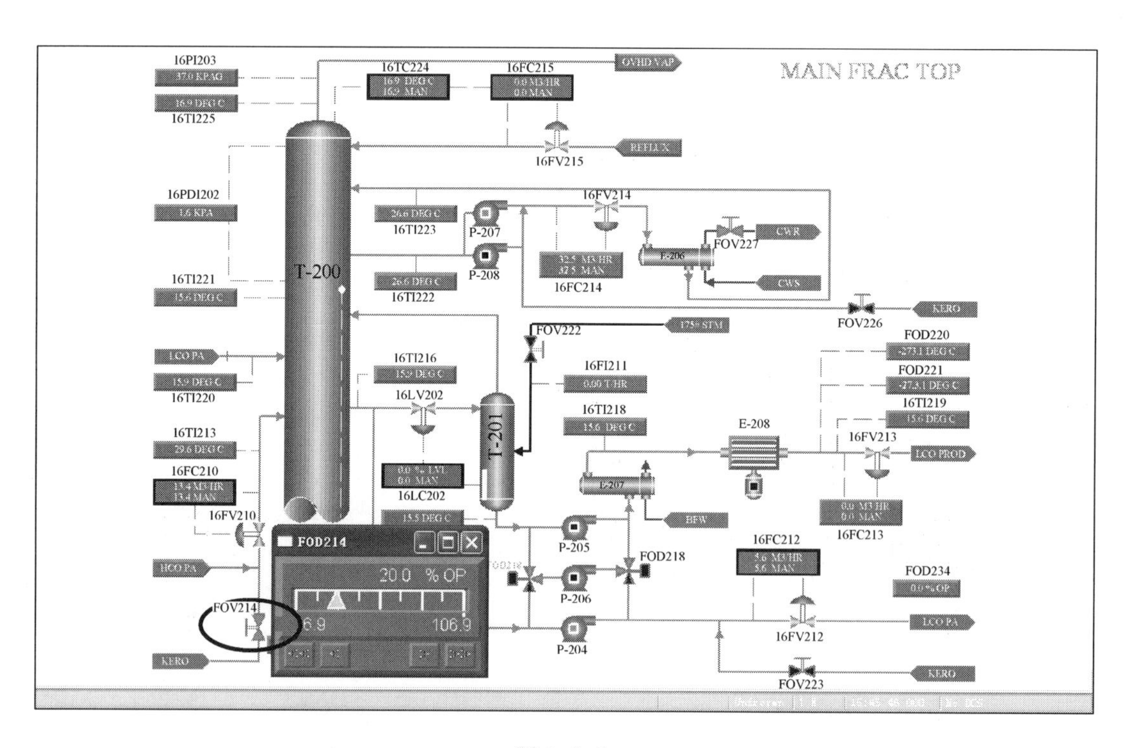
MAIN FRAC TOP
16PI203
37.0 KPAG
16.9 DEG C
16TI225
16TC224
16.9 DEG C
16.9 MAN
16FC215
0.0 M3/HR
0.0 MAN
OVHD VAP
REFLUX
16FV215
16PDI202
1.6 KPA
26.6 DEG C
16TI223
P-207
16FV214
P-208
32.5 M3/HR
32.5 MAN
16FC214
E-206
FOV227
CWR
CWS
T-200
16TI221
15.6 DEG C
26.6 DEG C
16TI222
KERO
FOV226
FOV222
175# STM
FOD220
-273.1 DEG C
FOD221
-273.1 DEG C
16TI219
15.6 DEG C
LCO PA
16TI216
15.9 DEG C
16FI211
0.00 T/HR
15.9 DEG C
16TI220
16LV202
16TI218
15.6 DEG C
E-208
16FV213
LCO PROD
T-201
16TI213
29.6 DEG C
16FC210
13.4 M3/HR
13.4 MAN
0.0 % LVL
0.0 MAN
16LC202
E-207
0.0 M3/HR
0.0 MAN
16FC213
16FV210
15.5 DEG C
BFW
P-205
HCO PA
FOD214
20.0 % OP
6.9
106.9
FOV214
FOD218
P-206
16FC212
5.6 M3/HR
5.6 MAN
FOD234
0.0 % OP
P-204
16FV212
LCO PA
KERO
FOV223
KERO

图 2-5-8

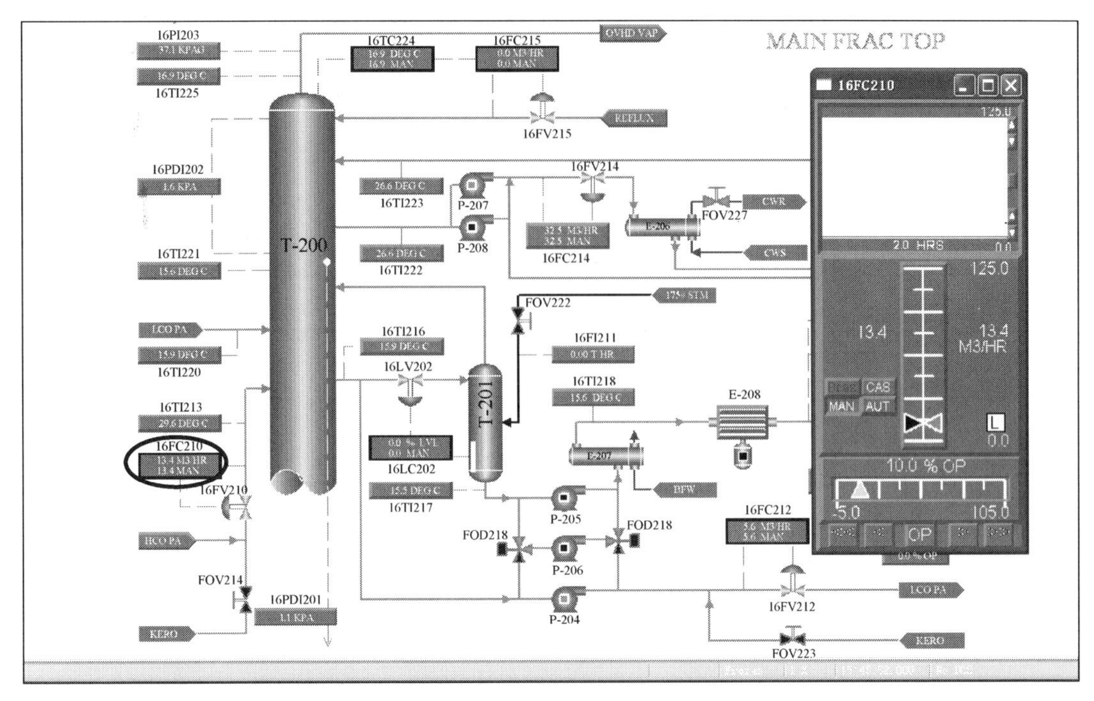

图 2-5-9

（6）持续通入煤油 20~30min，当塔盘上建立液位时，关闭煤油控制阀，开启循环泵。

（7）全开循环石脑油冷却器 E-206、澄清油后冷器 E-205、主分馏塔塔顶调温冷凝器 E-210A/B和冷却水供应阀(FOD236、FOD209、FOD227，开度 100%)，如图 2-5-10~图 2-5-12 所示。

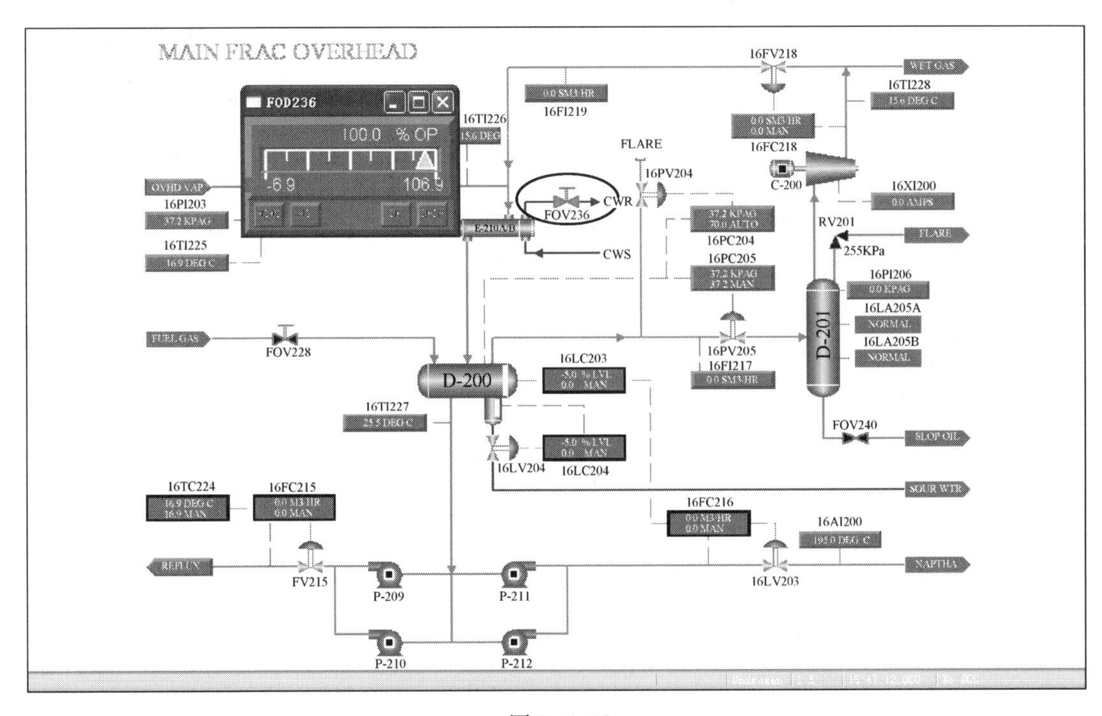

图 2-5-10

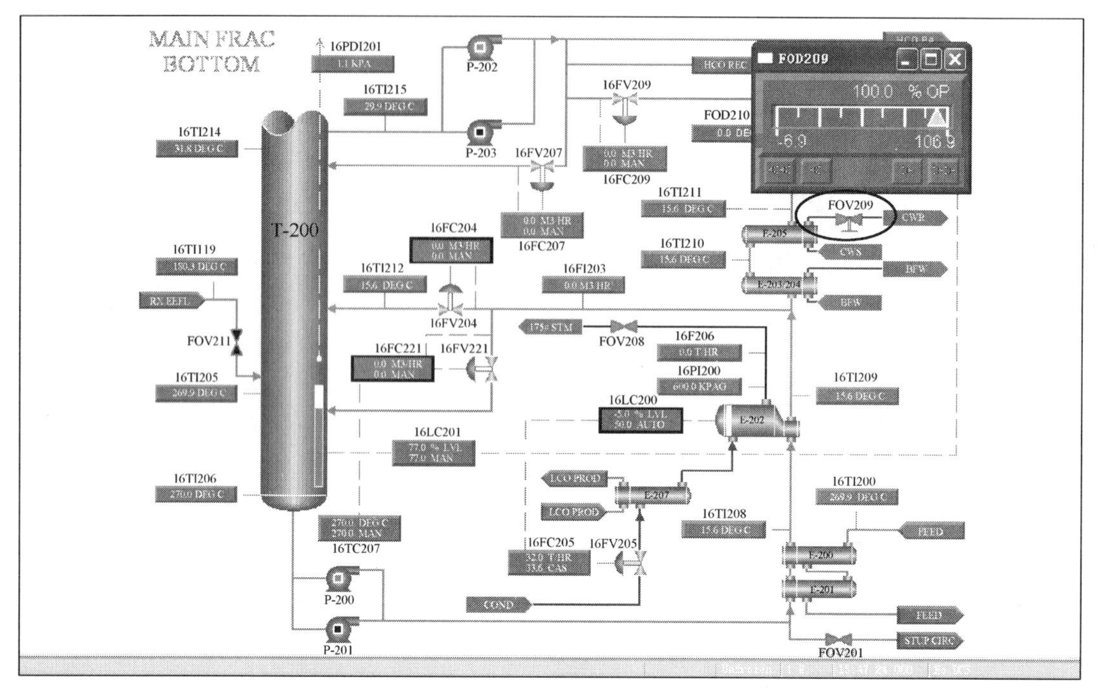
MAIN FRAC BOTTOM
16PDI201
16TI215
P-202
P-203
16FV209
HCO REC
FOD209
100.0 % OP
-6.9
106.9
FOD210
16TI214
T-200
16FV207
16FC209
16FC207
16TI211
FOV209
CWR
16FC204
16TI210
E-205
CWS
16TI119
16TI212
16FI203
E-203/204
BFW
RX EEFL
16FV204
175# STM
FOV208
16F206
FOV211
16FC221
16FV221
16PI200
16TI205
16LC200
16TI209
E-202
16LC201
16TI206
LCO PROD
E-207
16TI200
16TC207
16FC205
16FV205
16TI208
FEED
E-200
P-200
E-201
COND
P-201
FOV201
STUP CIRC

图 2-5-11

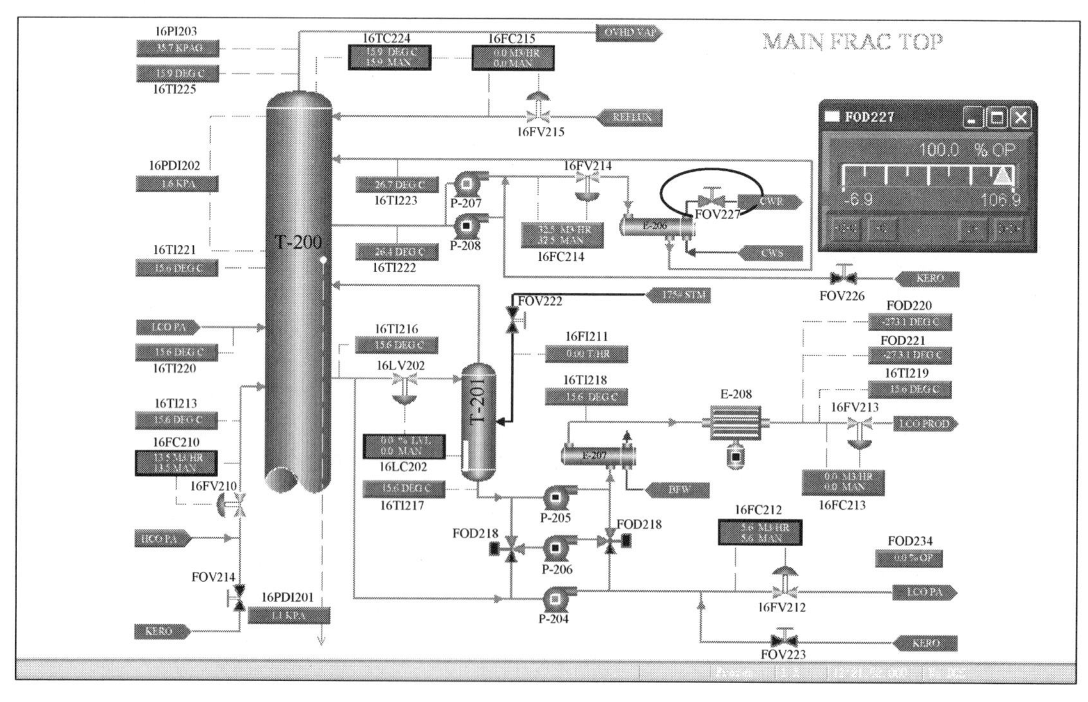
16PI203
16TC224
16FC215
OVHD VAP
MAIN FRAC TOP
16TI225
16FV215
REFLUX
FOD227
100.0 % OP
-6.9
106.9
16PDI202
16FV214
26.7 DEG C
16TI223
P-207
E-206
FOV227
CWR
T-200
P-208
16FC214
16TI221
26.4 DEG C
16TI222
CWS
FOV226
KERO
175# STM
FOV222
FOD220
LCO PA
16TI216
16FI211
FOD221
16TI220
16LV202
T-201
16TI218
16TI219
16TI213
E-208
16FV213
LCO PROD
16FC210
E-207
16LC202
16FV210
16TI217
BFW
16FC213
HCO PA
P-205
FOD218
16FC212
FOD234
P-206
FOV214
16PDI201
P-204
16FV212
KERO
FOV223

图 2-5-12

（8）关闭 FOD226 使代替重石脑油循环的煤油停止流动（FOD226，输出 0），如图 2-5-13所示。

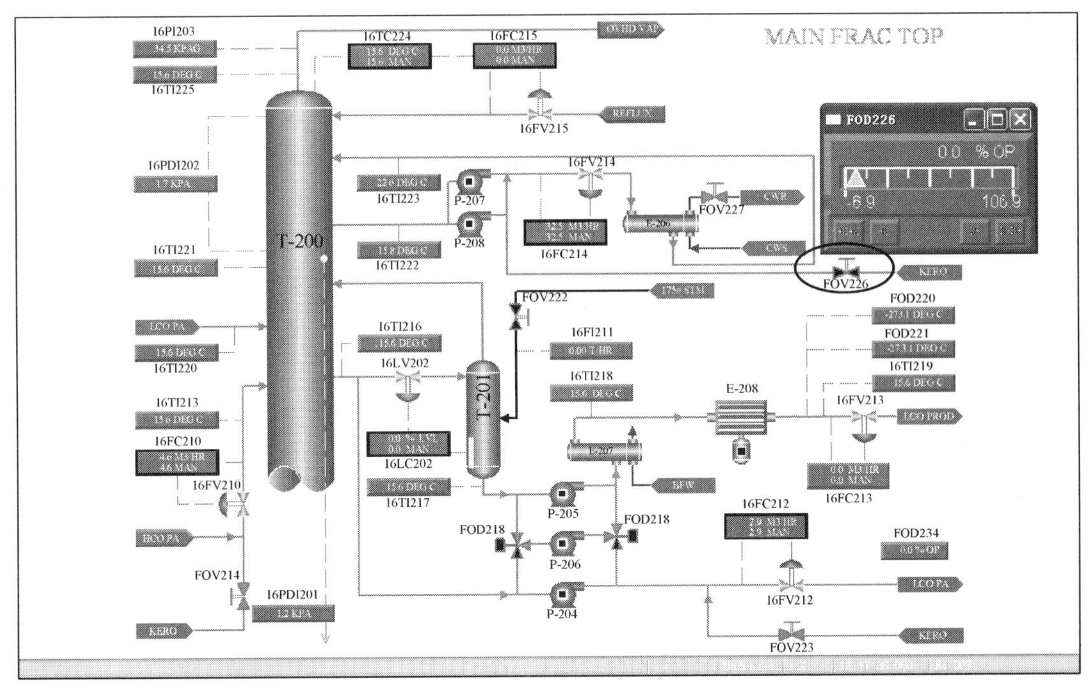

图 2-5-13

（9）开启重石脑油泵，将液体从主分馏塔抽出，通过循环回路返回塔内（FOD224，启动泵前关闭 16FC214，以保护泵），如图 2-5-14 所示。

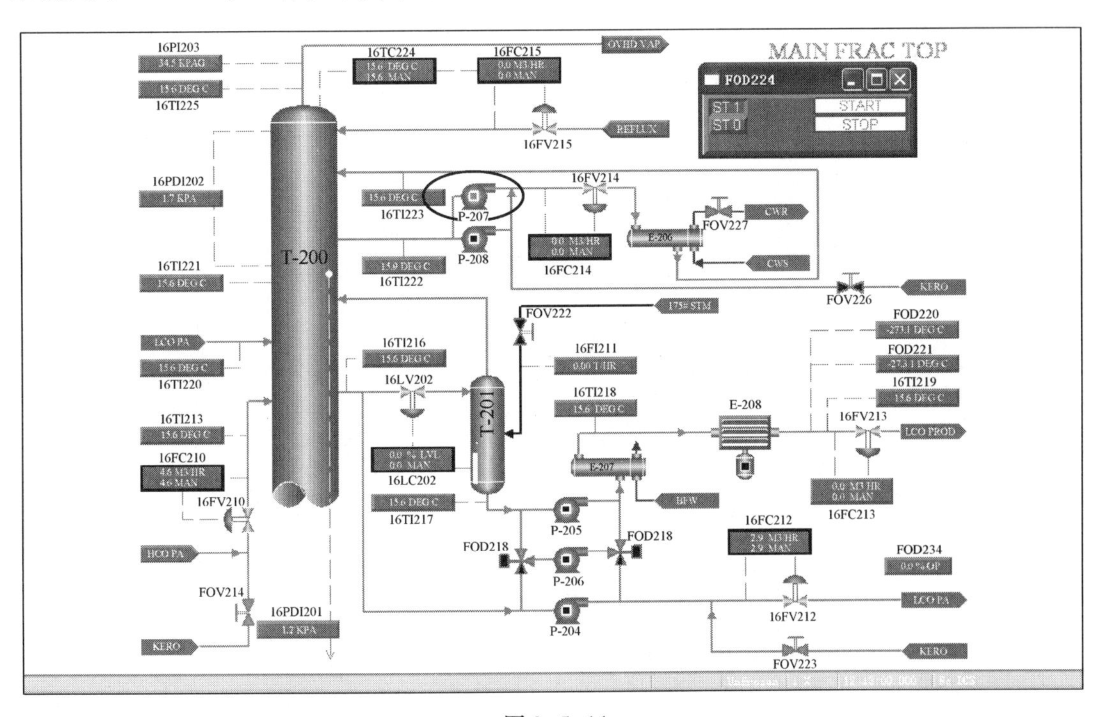

图 2-5-14

（10）关闭 FOD223 使代替 LCO 循环的煤油停止流动(FOD223，输出 0)，如图 2-5-15 所示。

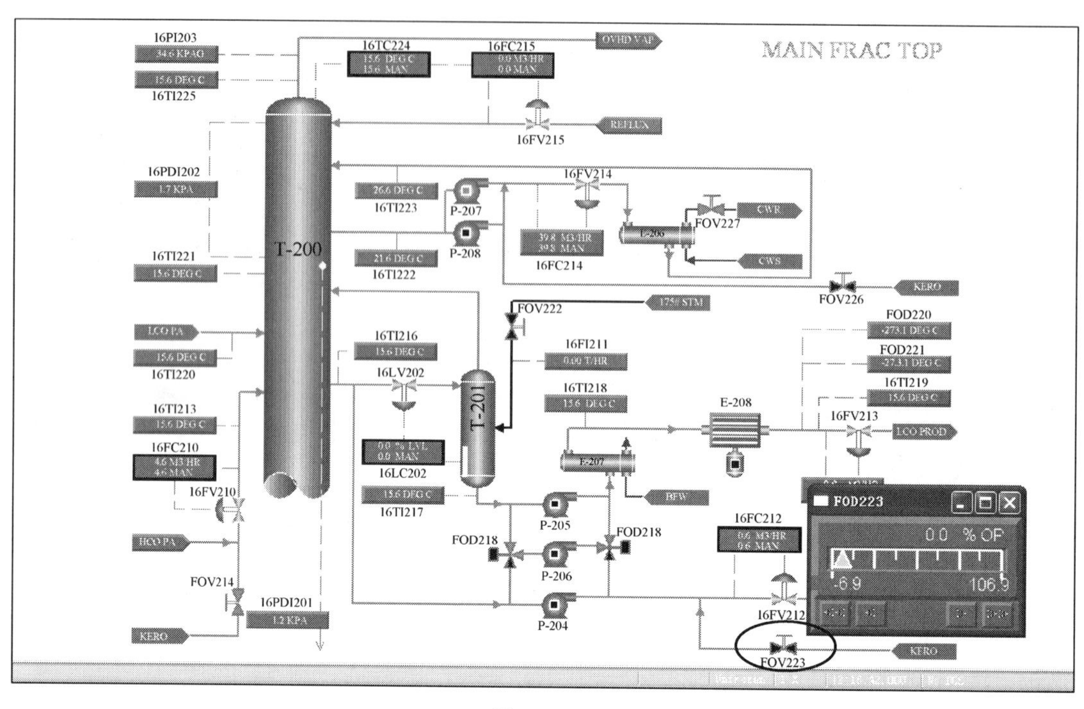

图 2-5-15

（11）开启轻循环油泵，将轻循环油抽出，通过循环回路返回塔内(FOD215，启动泵时暂时关闭 16FC212，以保护泵)，如图 2-5-16 所示。

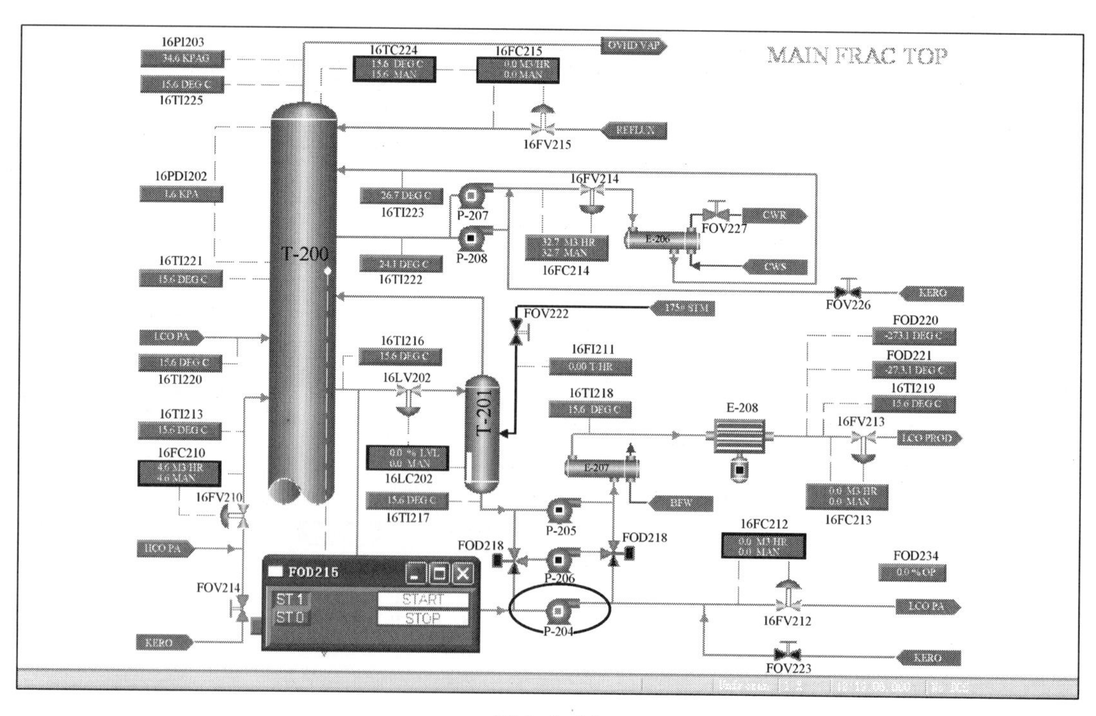

图 2-5-16

（12）关闭 FOD214 使代替 HCO（重循环油）循环的煤油停止流动（FOD214，输出 0），如图 2-5-17 所示。

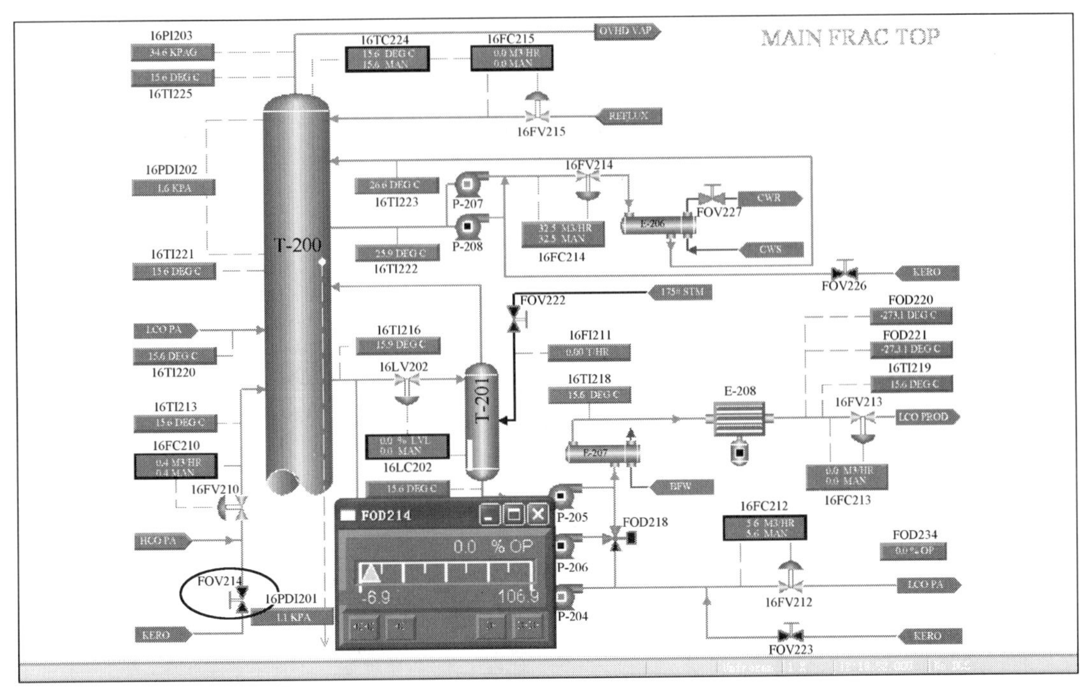

图 2-5-17

（13）开启重循环油泵，将重循环油抽出，通过循环回路返回塔内（FOD212，启动泵时暂时关闭 16FC210，以保护泵），如图 2-5-18 所示。

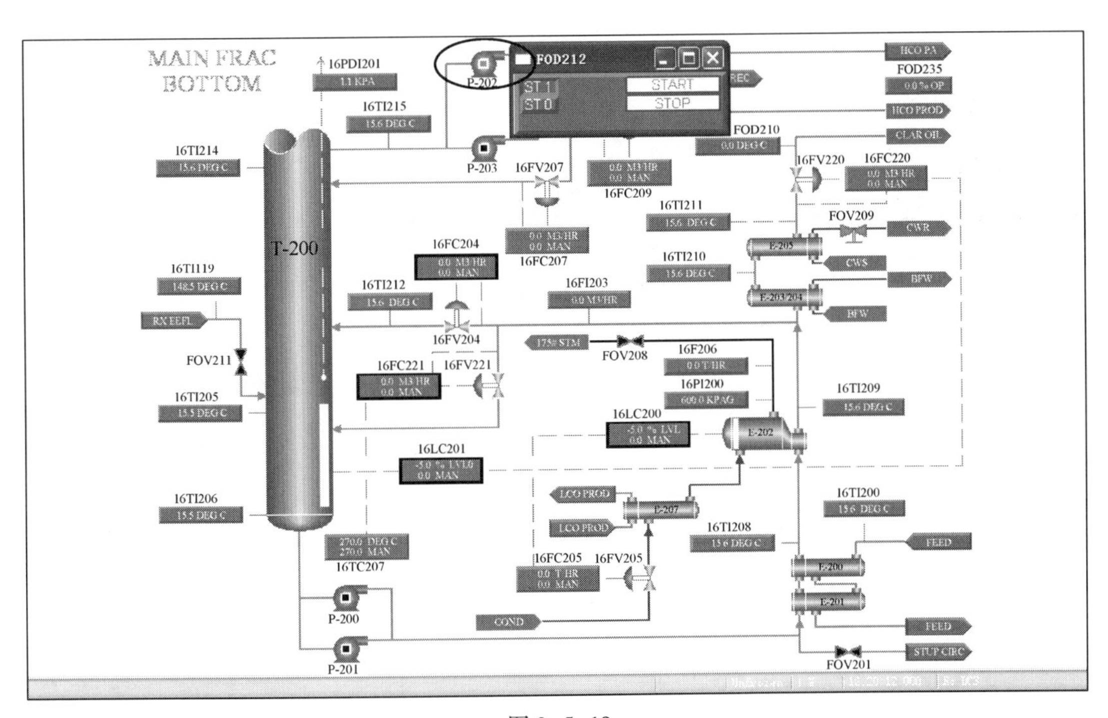

图 2-5-18

（14）选择装置进料为冷瓦斯油(FOD241)，如图 2-5-19 所示。

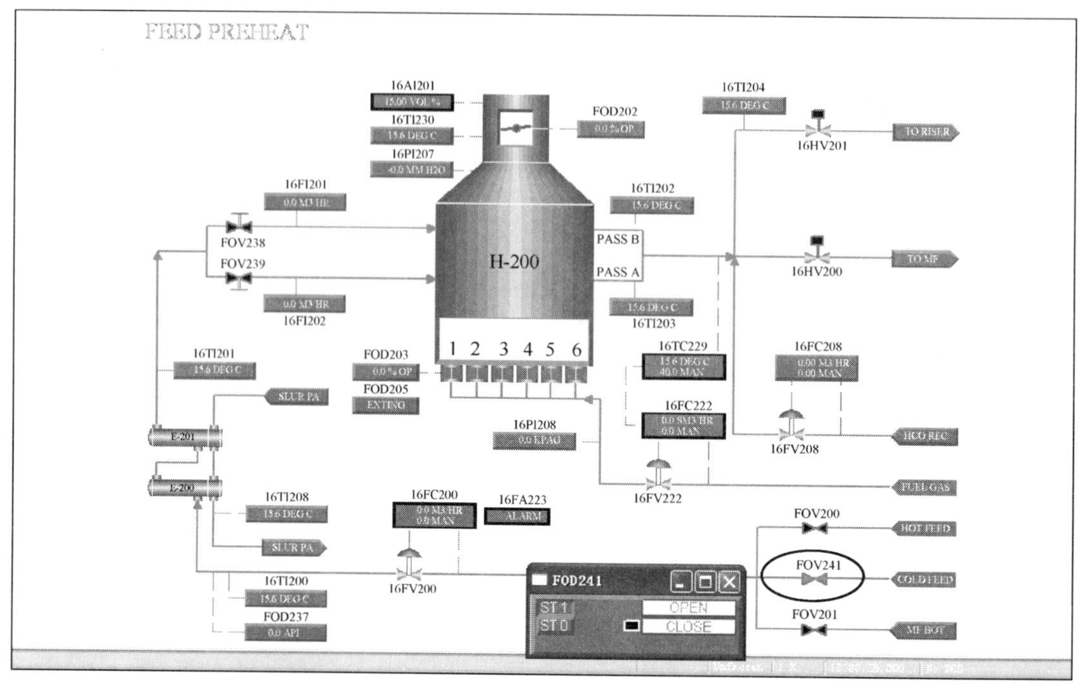

图 2-5-19

（15）打开两个进料加热炉 H-200 直通阀(FOD238，FOD239)，如图 2-5-20 所示。

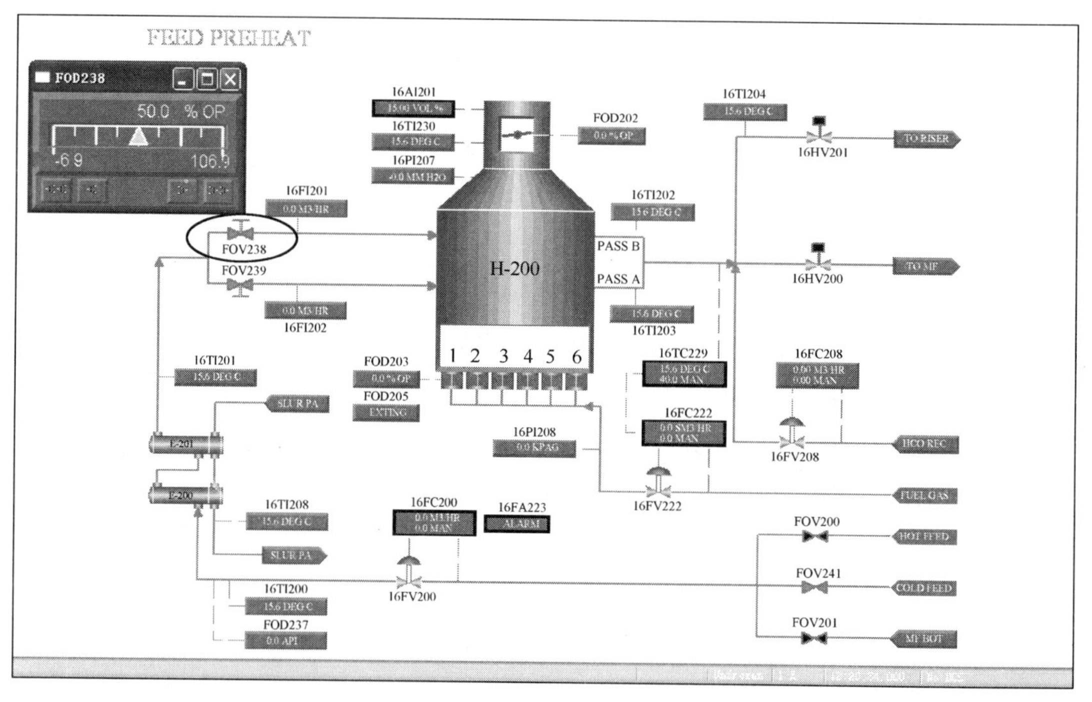

图 2-5-20

（16）打开新鲜进料阀门，使新鲜进料进入进料/油浆换热器 E-200/201（16FC200，手动，输出 20%），如图 2-5-21 所示。

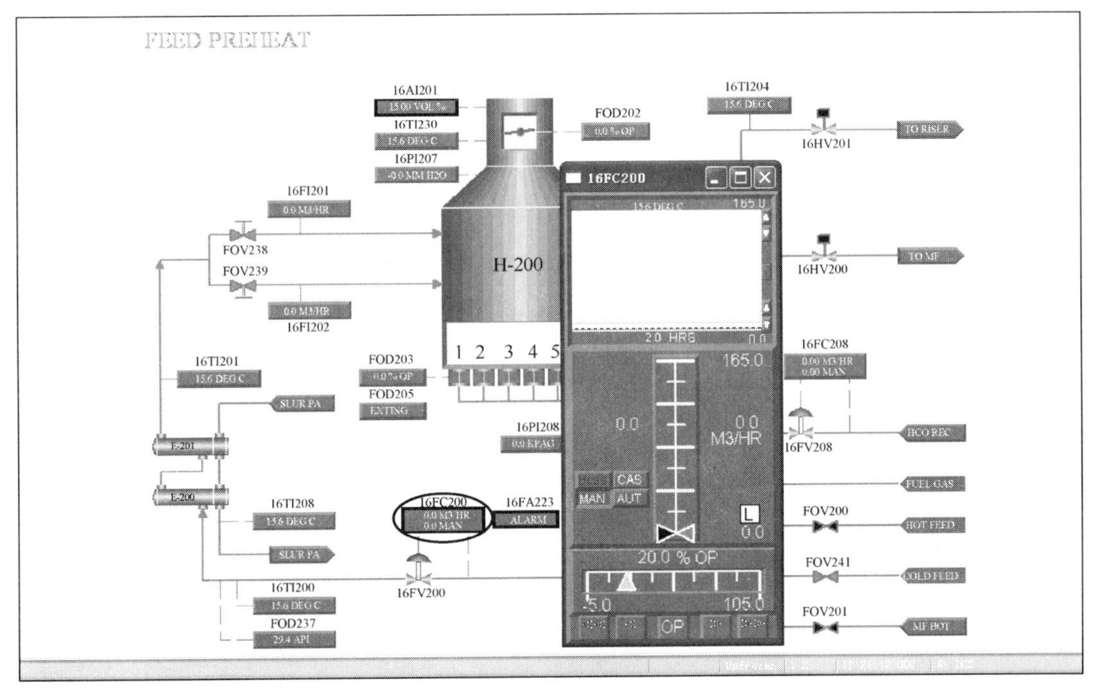

图 2-5-21

（17）打开主分馏塔进料阀，使冷瓦斯油经过油浆换热器和进料加热炉后进入主分馏塔底（16HS200），如图 2-5-22 所示。

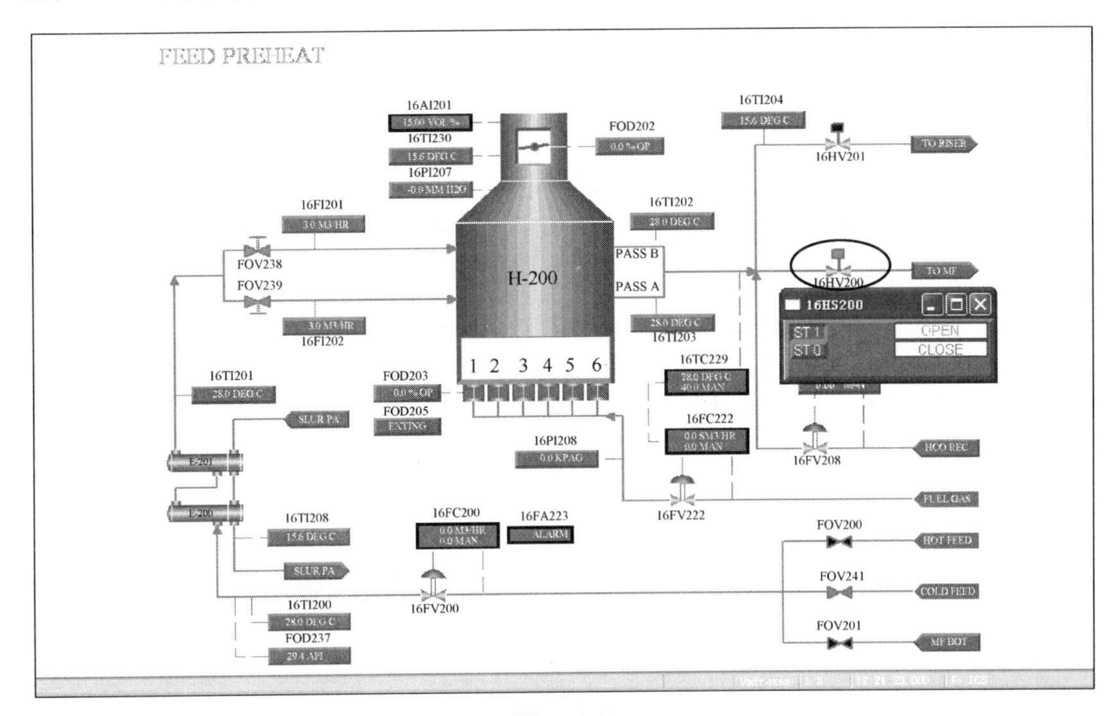

图 2-5-22

（18）当主分馏塔底液位到达 50%时（16LC201），关闭原料截止阀（FOD241），如图 2-5-23 和图 2-5-24 所示。

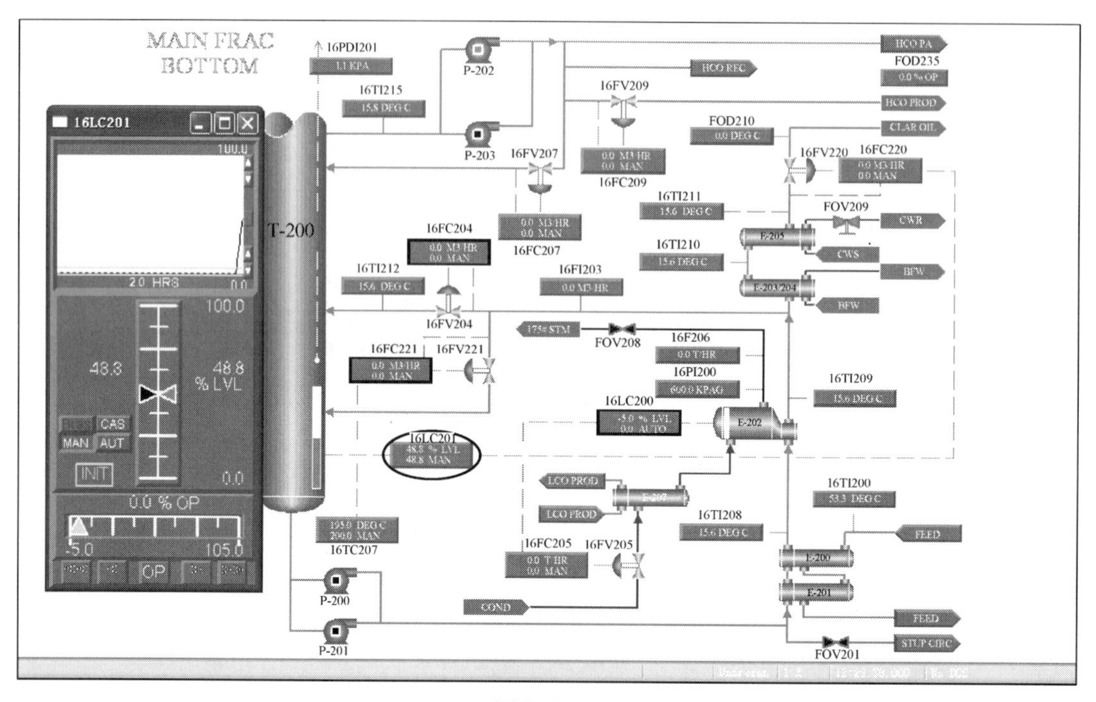

图 2-5-23

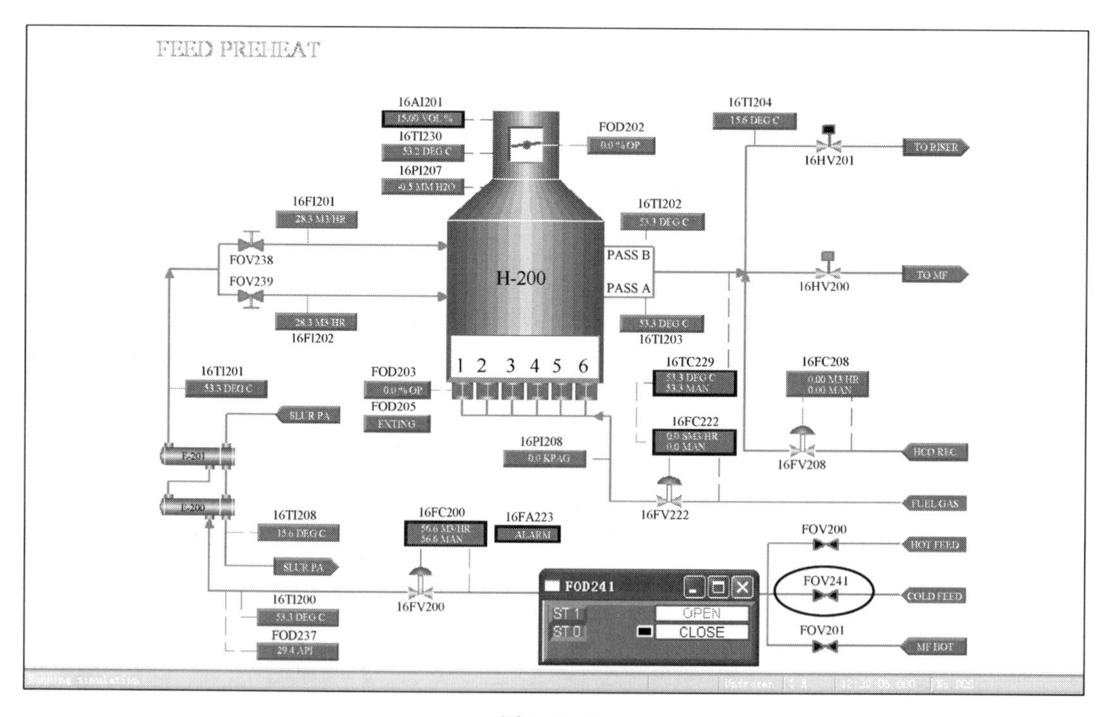

图 2-5-24

（19）开启第一个油浆循环泵(FOD206)，如图 2-5-25 所示。

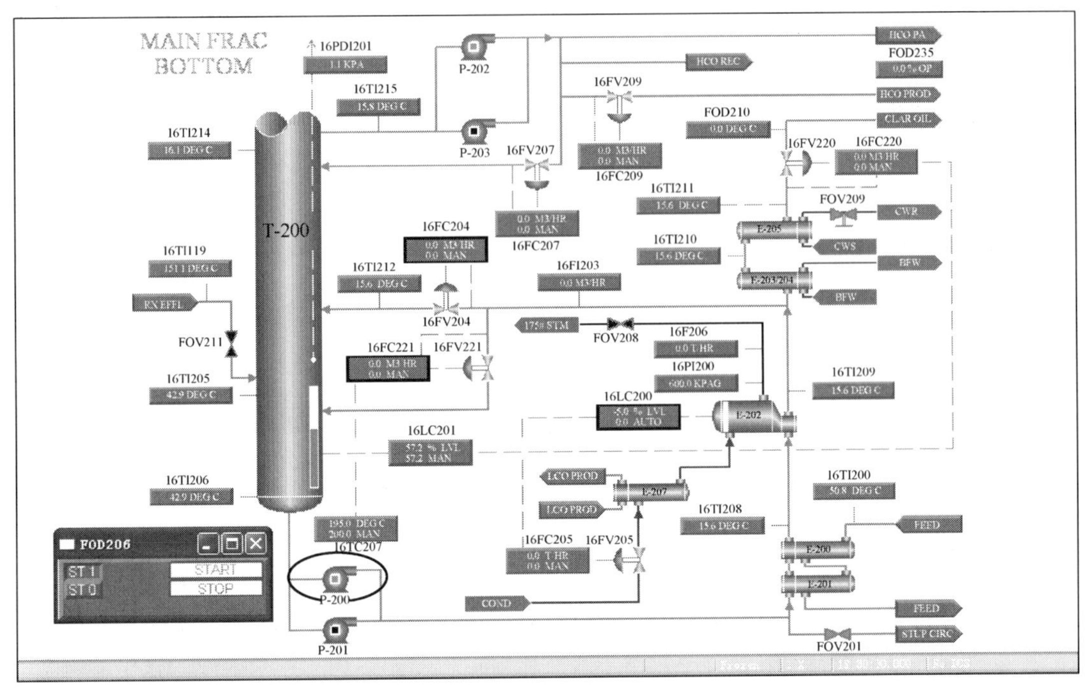

图 2-5-25

（20）将主分馏塔底的油浆线与原料线连接，构成循环(FOD201，打开阀门)，如图 2-5-26 所示。

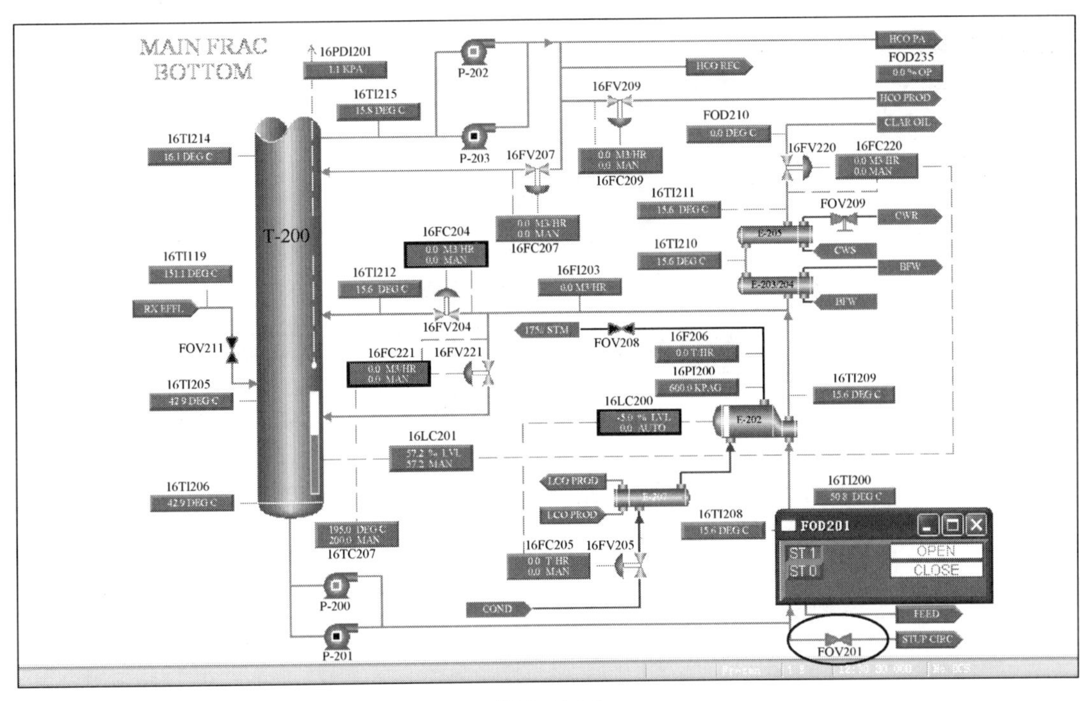

图 2-5-26

（21）打开原料预热炉烟道挡板和空气挡板（FOD202 和 FOD203，开度均为 5%），如图 2-5-27和图 2-5-28 所示。

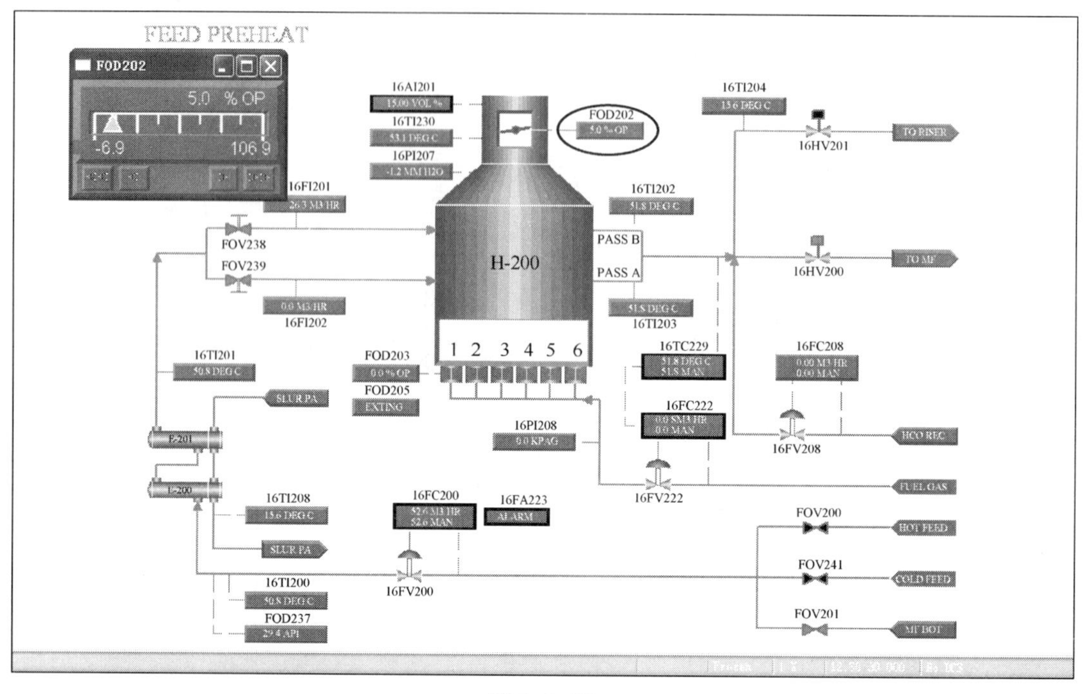

图 2-5-27

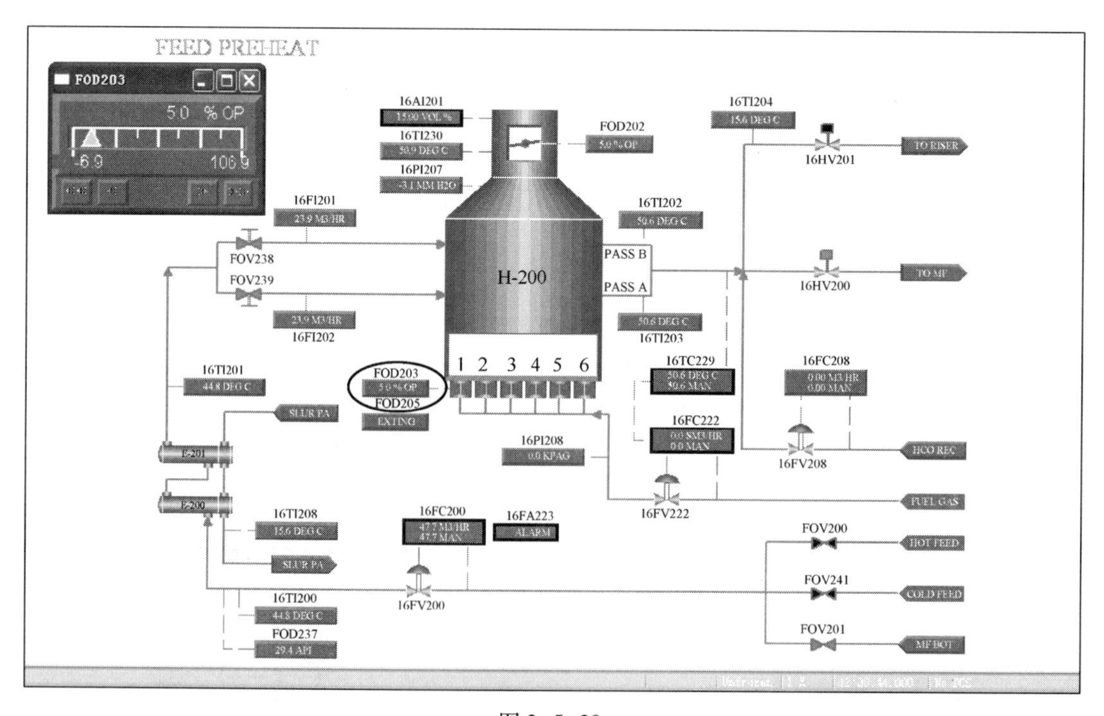

图 2-5-28

（22）打开 H-200 前导点火器（FOD205），随后点燃 H-200 中的 6 个火嘴（FOD242～FOD247），如图 2-5-29 和图 2-5-30 所示。

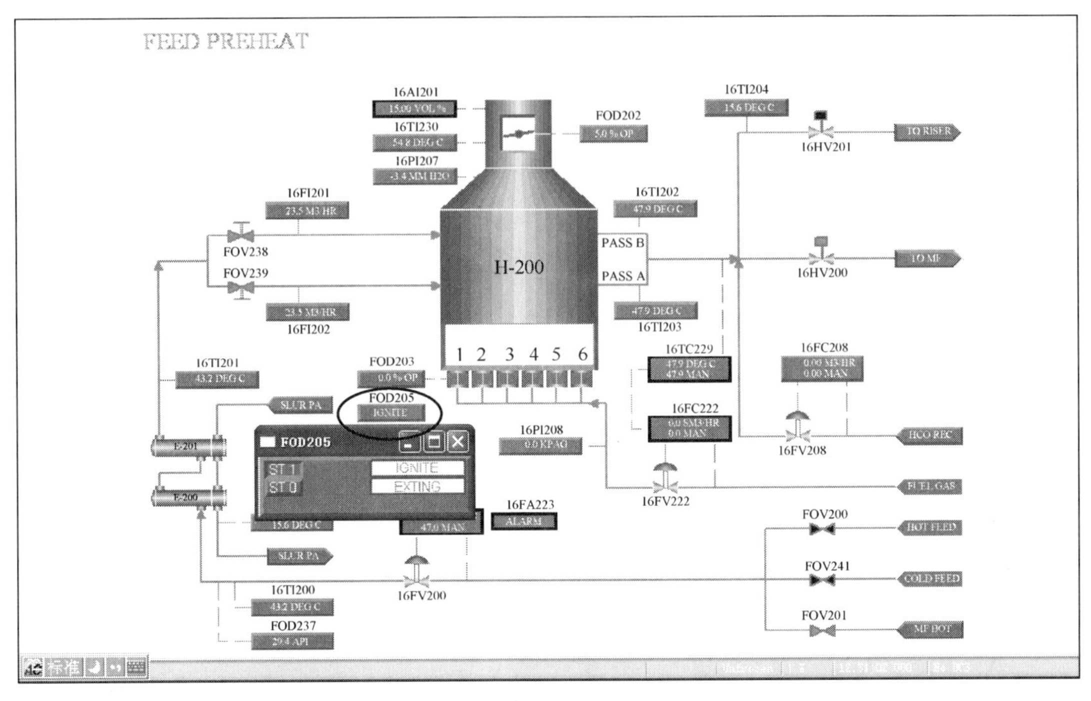

图 2-5-29

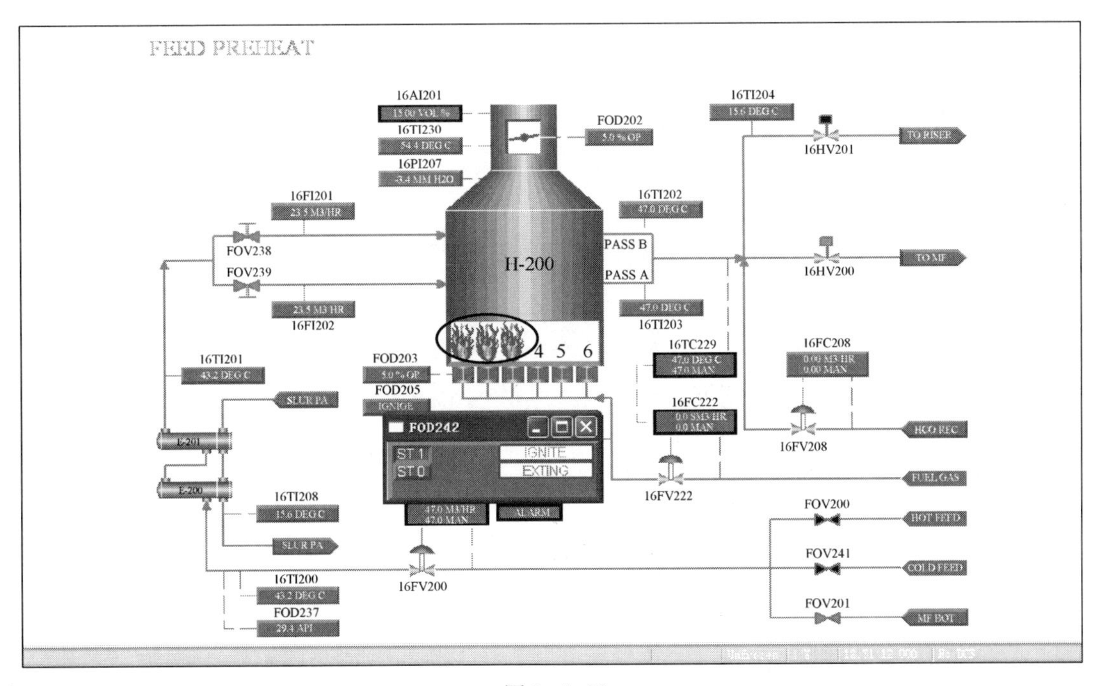

图 2-5-30

（23）开始给 H-200 供应燃料气（16FC222，自动，设定值 59Sm^3/h），如图 2-5-31 所示。

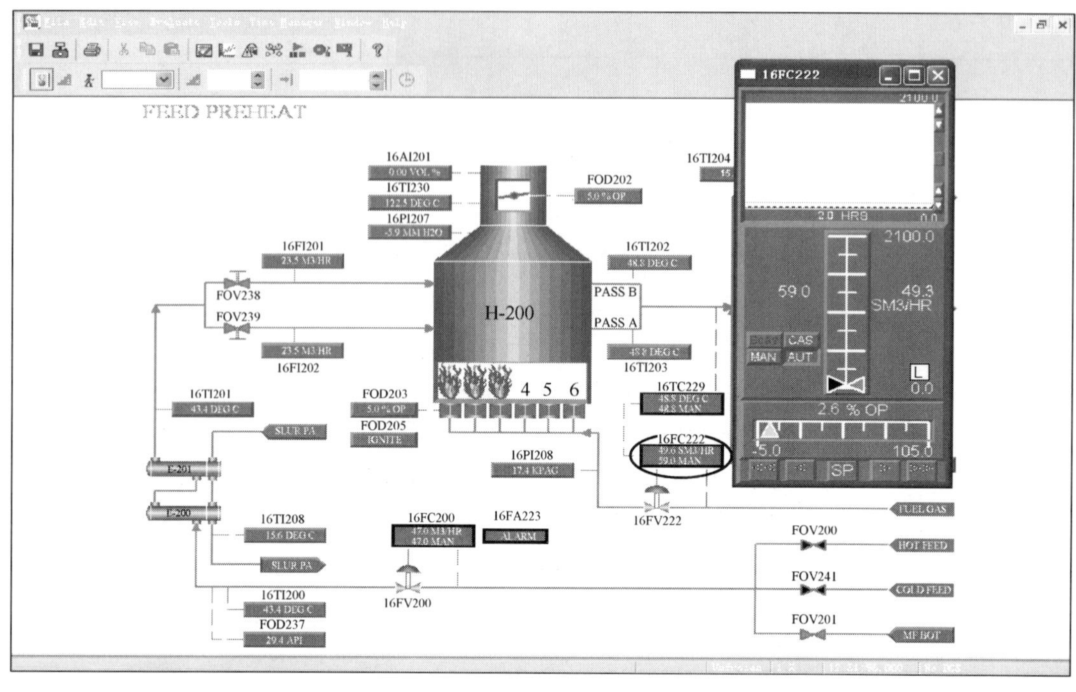

图 2-5-31

（24）调节烟道挡板和空气挡板，保持 H-200 顶部通风压力为-5mmH_2O（1mmH_2O = 9.80665Pa），烟气中氧气体积分数至少为 3%，确保 H-200 预热炉燃料气压力不超过 210kPa(g)（FOD202 开度大约为 7%，FOD203 开度大约为 11%），如图 2-5-32 所示。

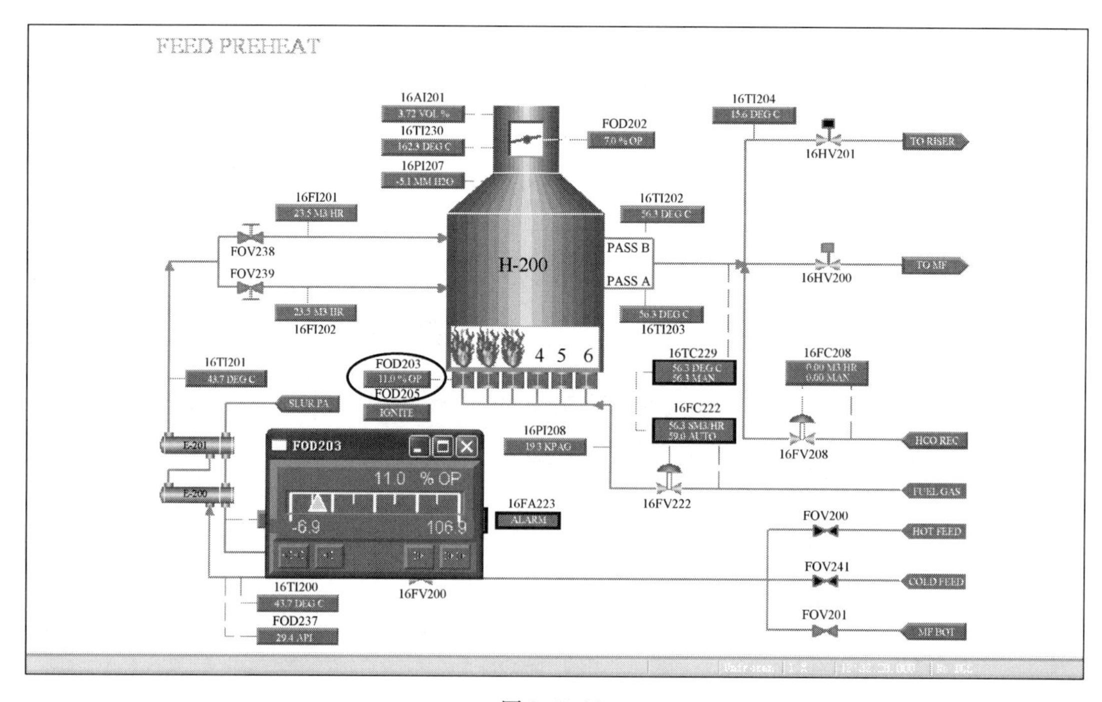

图 2-5-32

（25）增加 H-200 燃料气流量，使主分馏塔底温度增加到 232℃（16FC222），使主分馏塔塔底温度增加到 232℃（16TI206），如图 2-5-33 和图 2-5-34 所示。

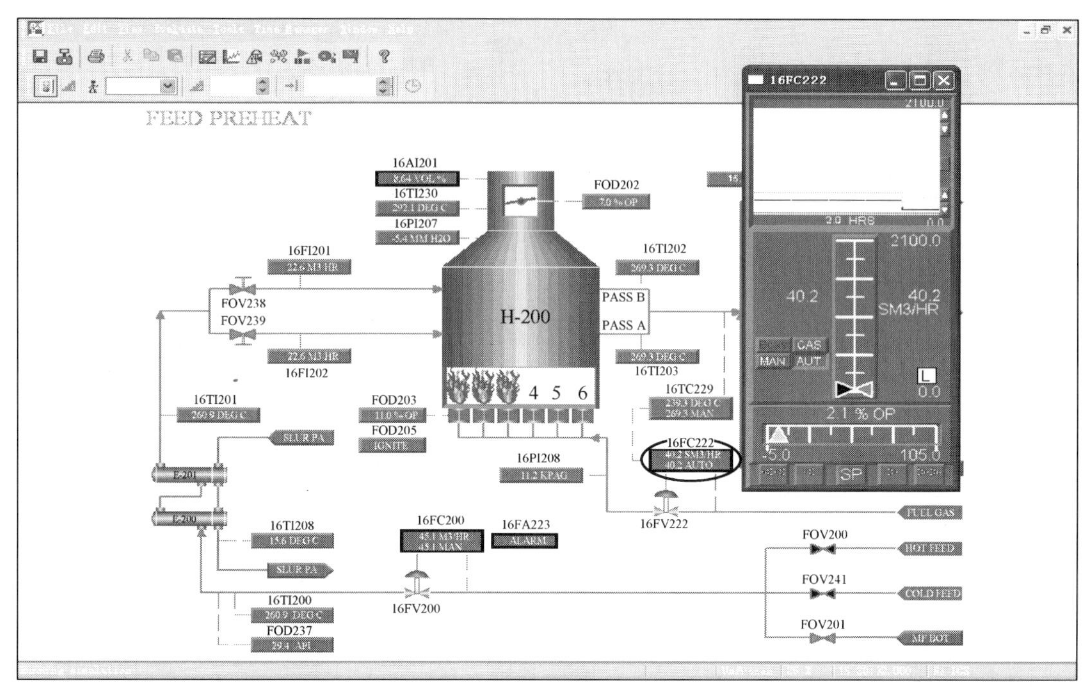

图 2-5-33

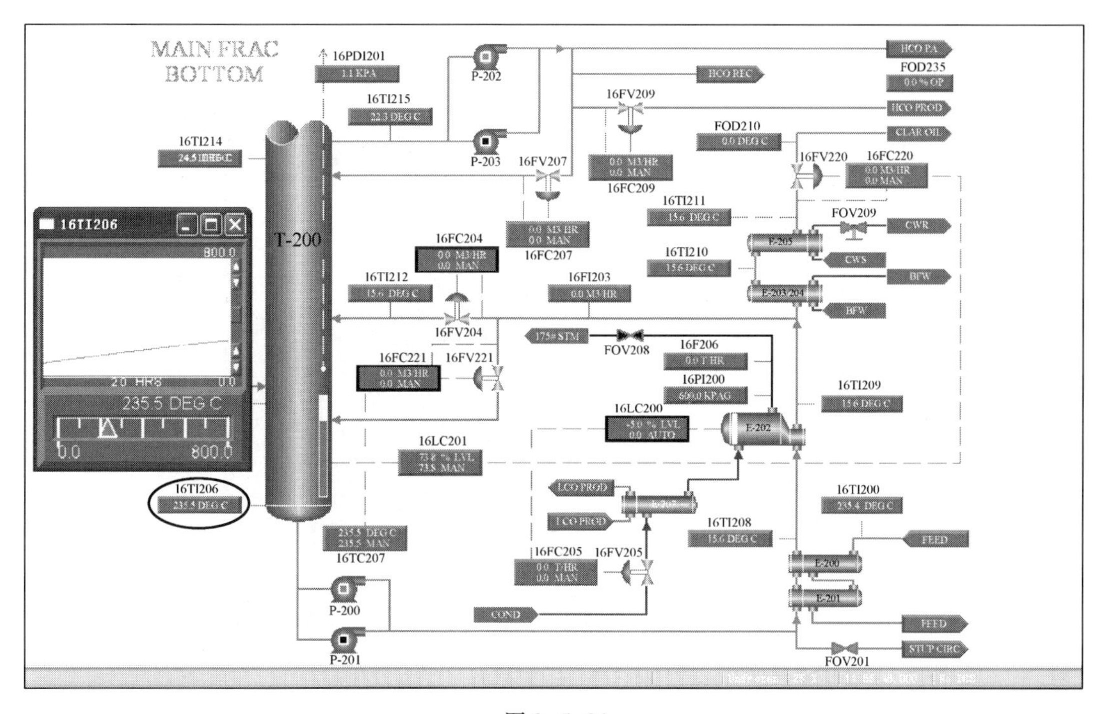

图 2-5-34

（26）通过控制回流罐 D-200 的压力，向其通入燃料气，升高 T-200 塔压[16PC204，增加设定值至 70kPa(g)]，如图 2-5-35 所示。

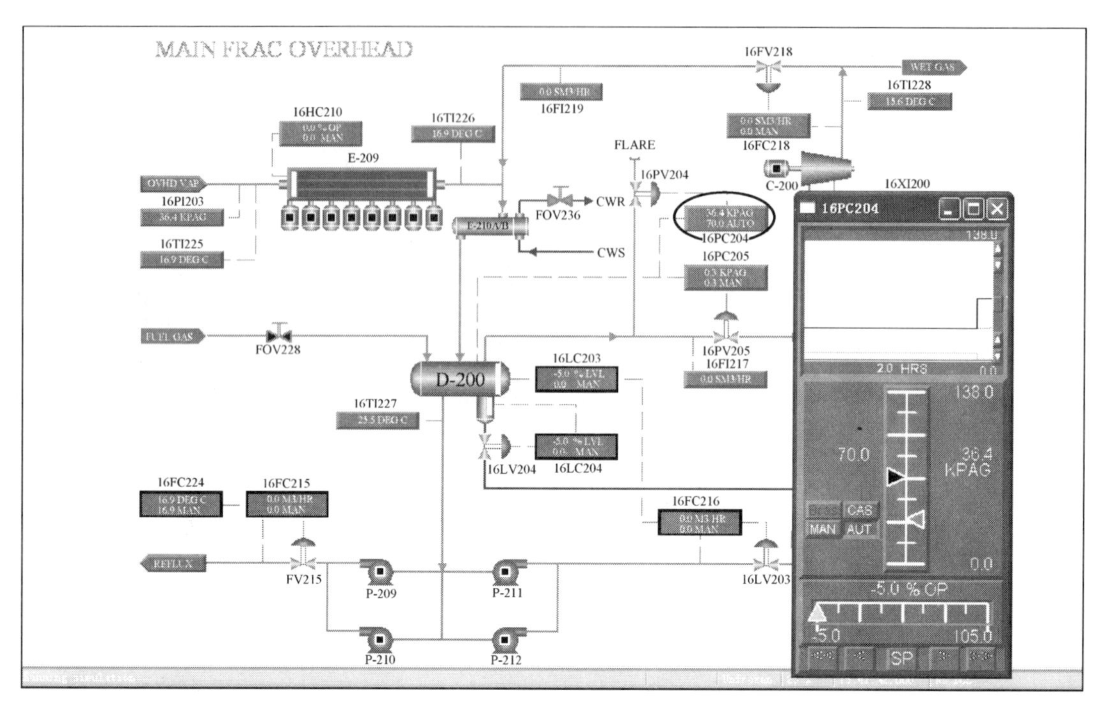

图 2-5-35

（27）给油浆蒸汽发生器(E-202)供应冷凝水(16FC205，手动，输出 10%)，如图 2-5-36 所示。

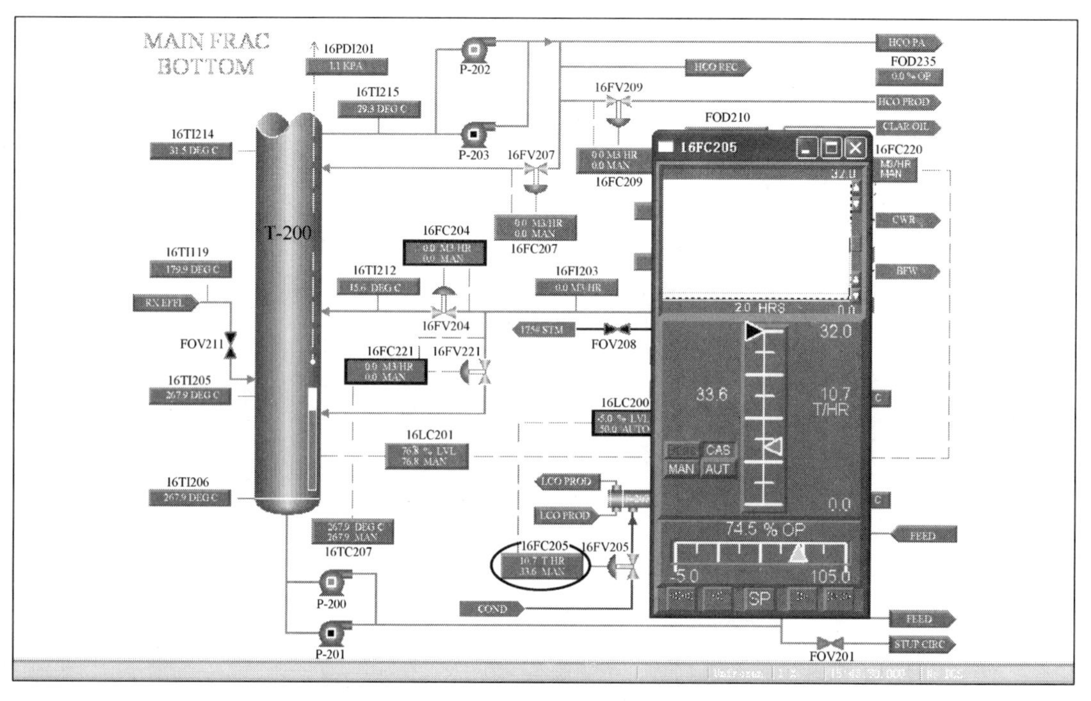

图 2-5-36

（28）E-202 温度逐渐升高，开始产生蒸汽，控制其液位为 50%（16LC200，自动，输出 50%）；当其压力达到设定值时，打开 E-202 通往 1207kPa(g) 汽包的截止阀，如图 2-5-37 和图 2-5-38 所示。

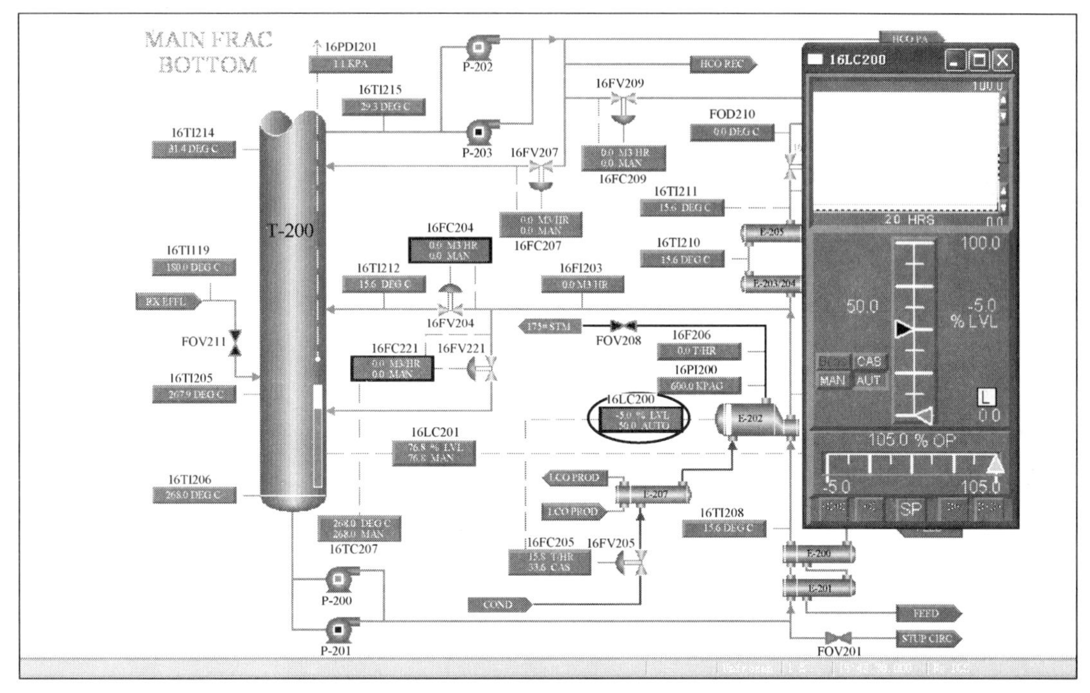

图 2-5-37

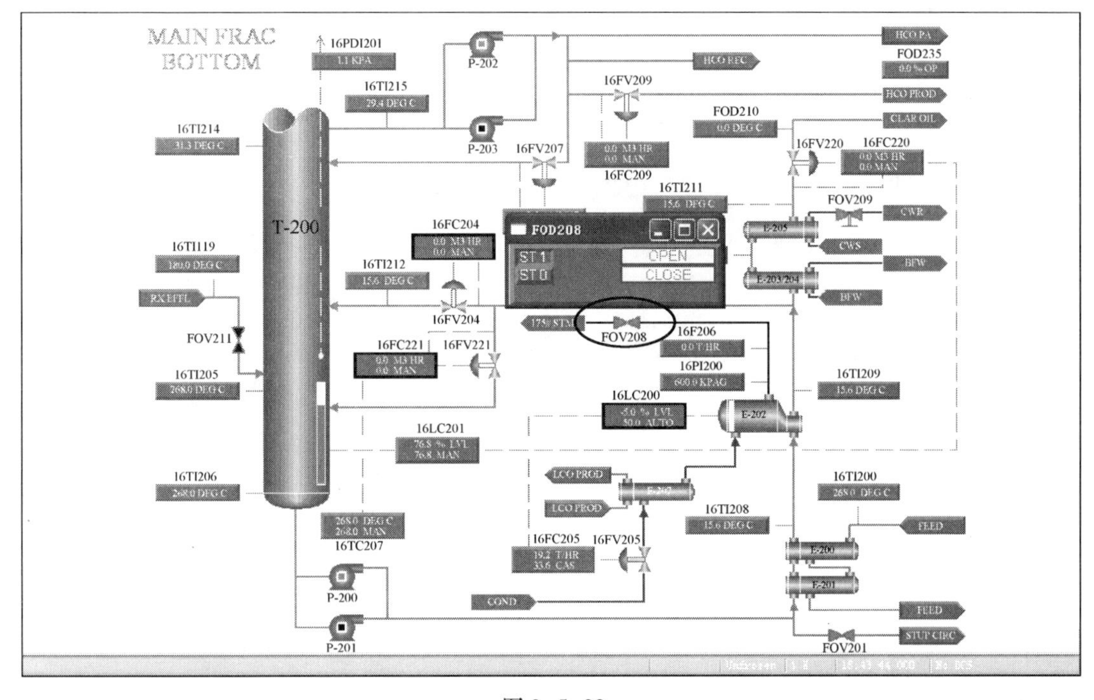

图 2-5-38

(29) 开启主分馏塔回流冷凝器中 8 个风扇中的 4 个(16HC210，输出 100%；16HS202～16HS209)，如图 2-5-39 和图 2-5-40 所示。

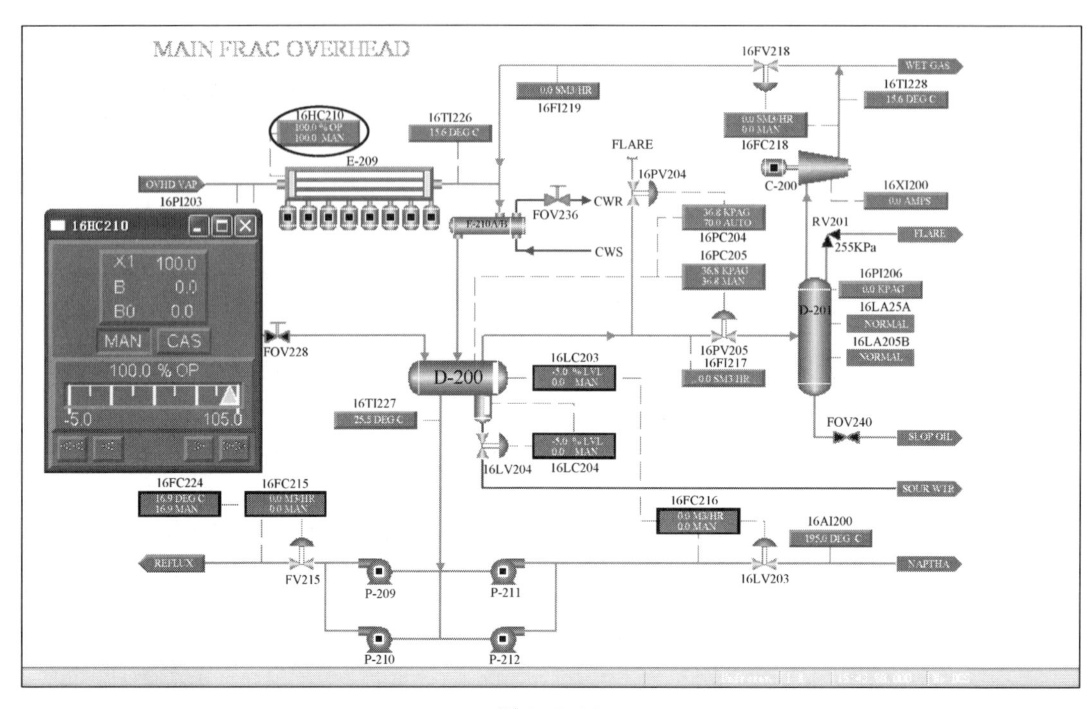

图 2-5-39

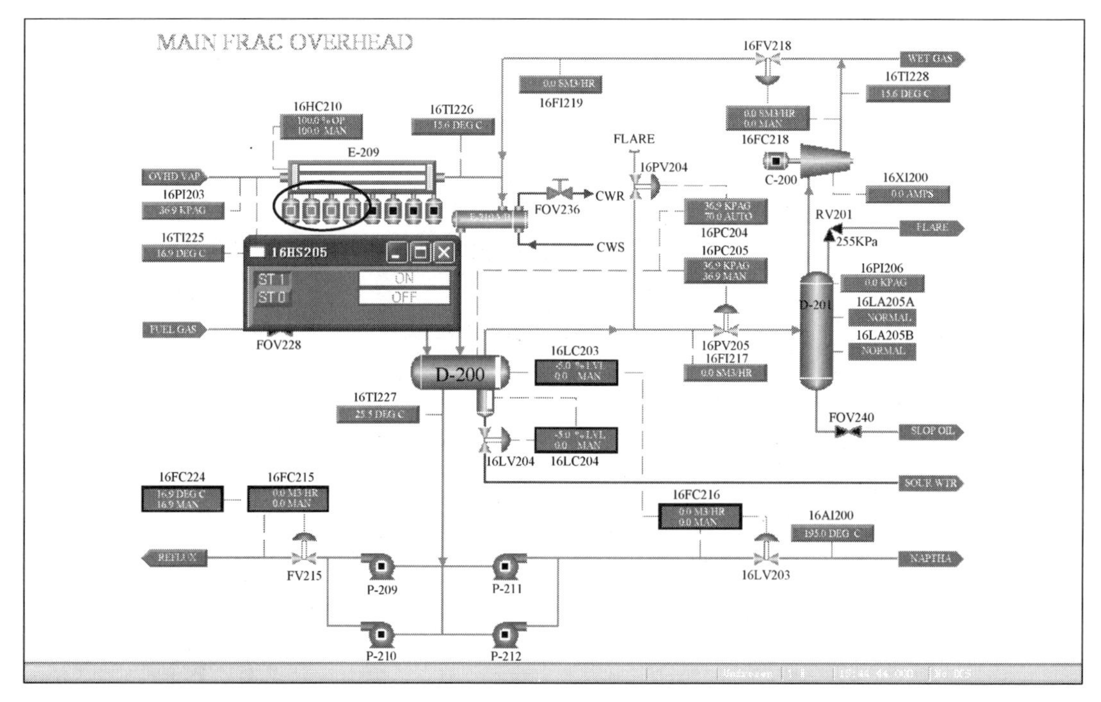

图 2-5-40

2.6　再生器 R-100 与分馏塔 T-200 连通

（1）减小沉降器顶部放空阀开度，提高沉降器压力使其比分馏塔压力高 7～14kPa(g)［16PC105，减小设定值至 77kPa(g)］，如图 2-6-1 所示。

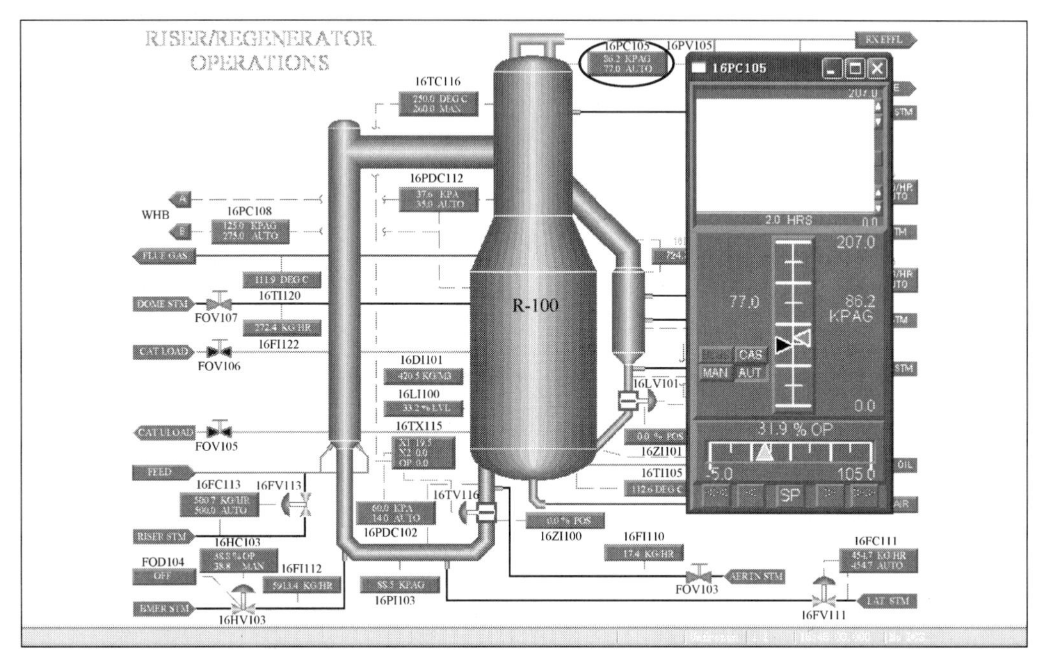

图 2-6-1

（2）减小提升管底部事故蒸汽量到大约 2270kg/h(16HC103)，如图 2-6-2 所示。

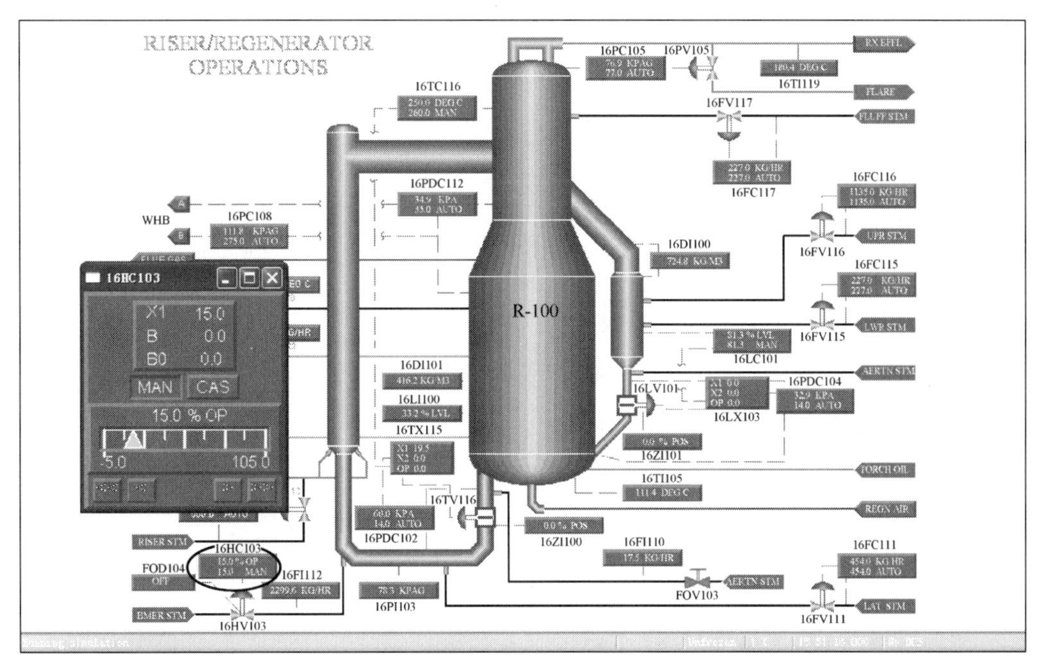

图 2-6-2

（3）关闭沉降器顶部放空阀，同时开启沉降器通往主分馏塔底的管路控制阀，使两个装置连通（16PC105，输出设置为 0，同时打开 FOD211），如图 2-6-3 和图 2-6-4 所示。

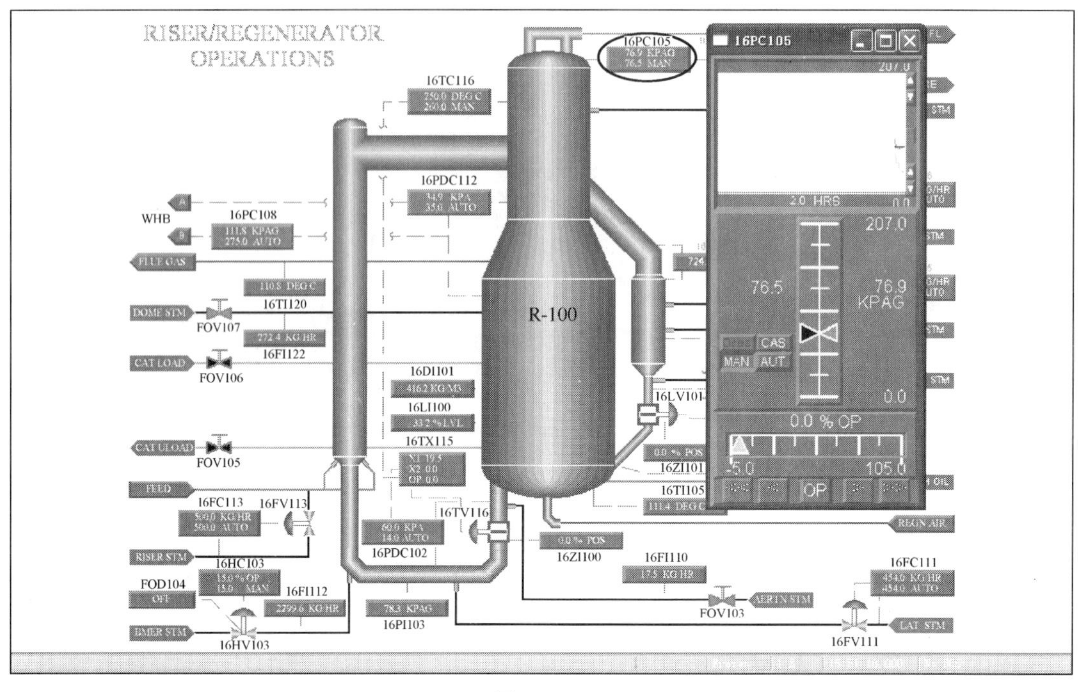

图 2-6-3

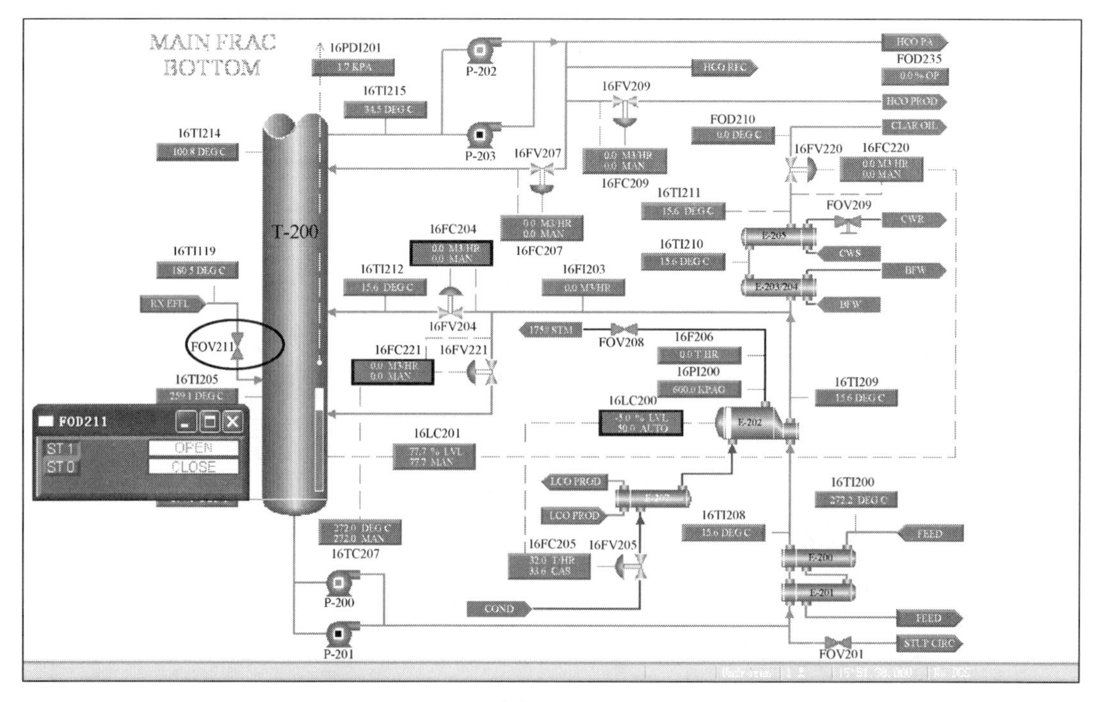

图 2-6-4

(4) 开启油浆循环控制阀(16FC204，手动，输出5%)，如图2-6-5所示。

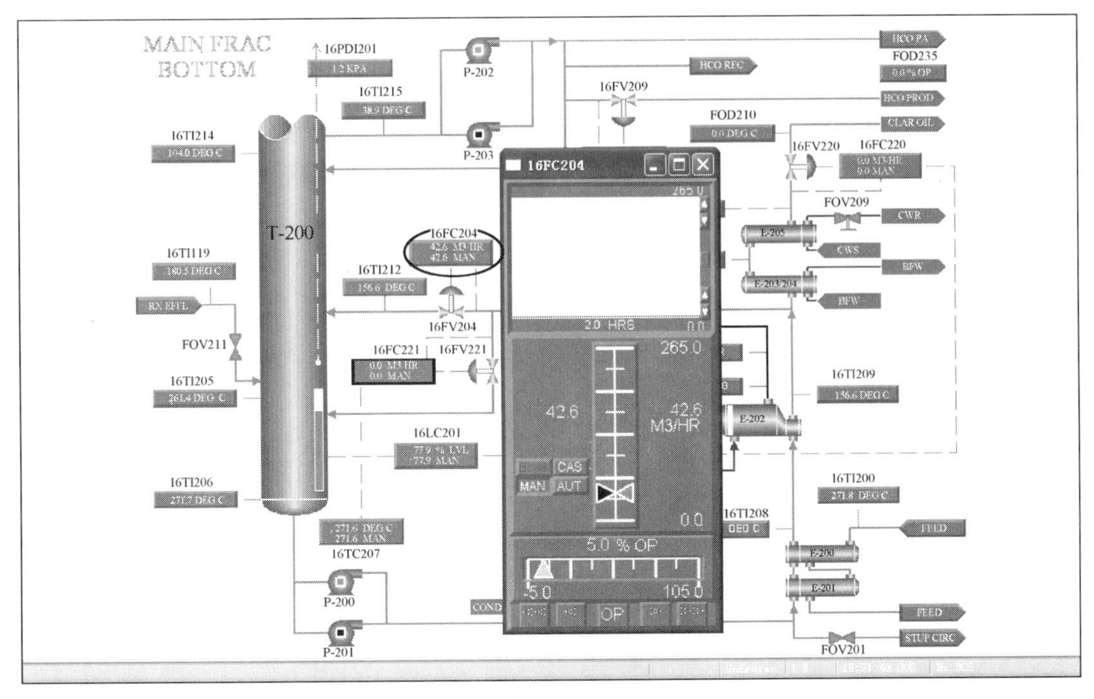

图2-6-5

(5) 设定回流罐D-200底部集水箱液位为50%(16LC204，自动，50%)，如图2-6-6所示。

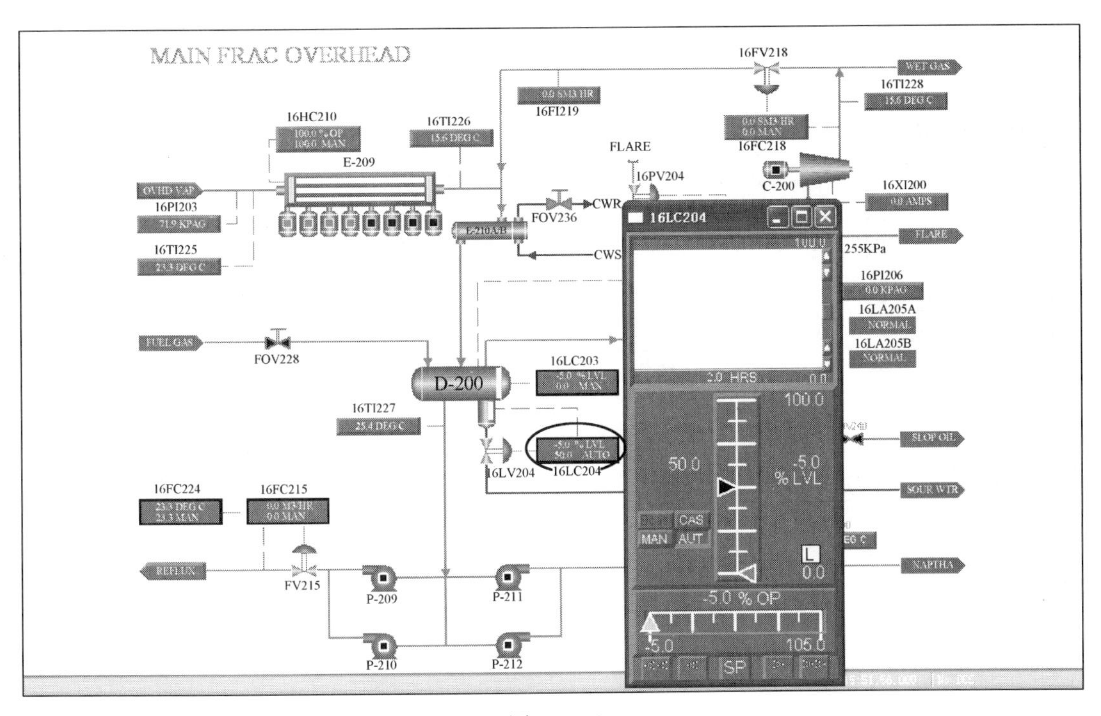

图2-6-6

（6）当回流罐内有液位产生时，开启主分馏塔回流泵，使流体回流（FOD231，运行一段时间，回流罐内出现液位后再开泵），如图 2-6-7 和图 2-6-8 所示。

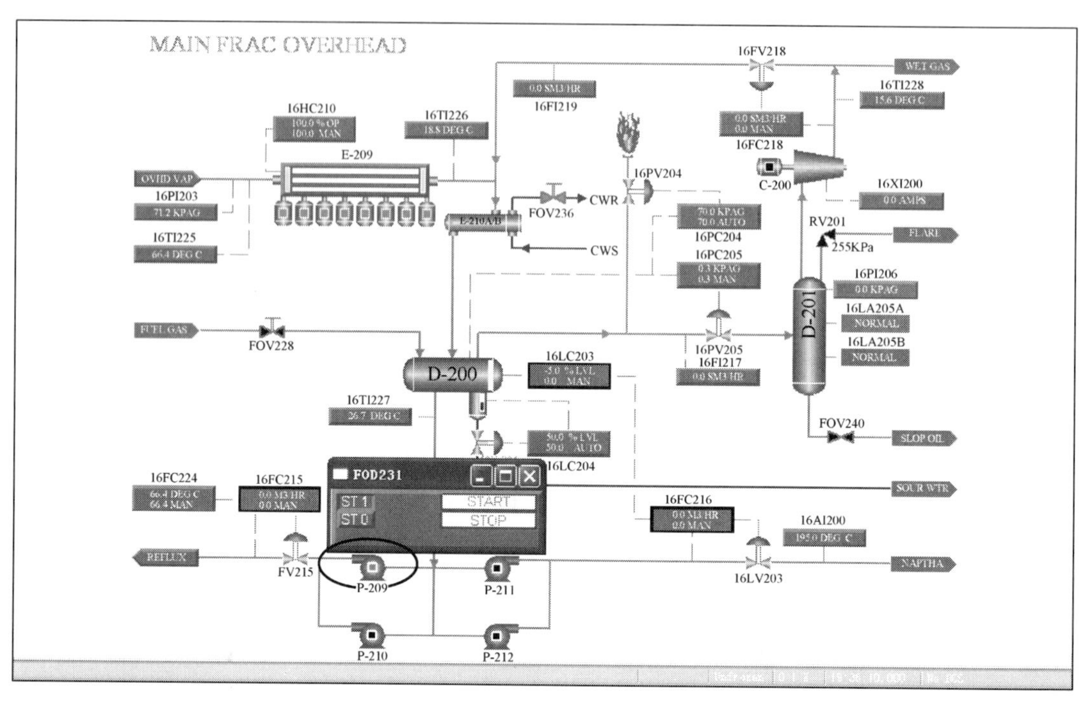

图 2-6-7

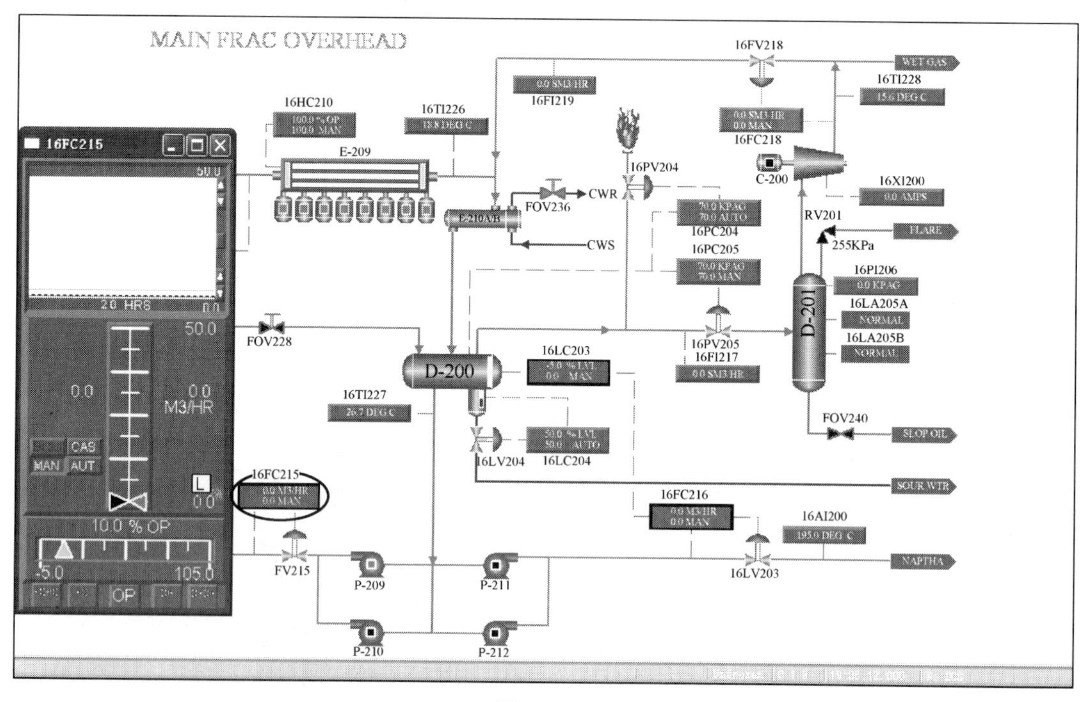

图 2-6-8

(7) 通过操控油浆循环流动，控制主分馏塔底温度在 232℃左右。当 T-200 循环建立，R-100 床层温度达到 621℃时，可以开始添加催化剂(16FC204，自动，初始设定值 13.25m³/h)，如图 2-6-9 和图 2-6-10 所示。

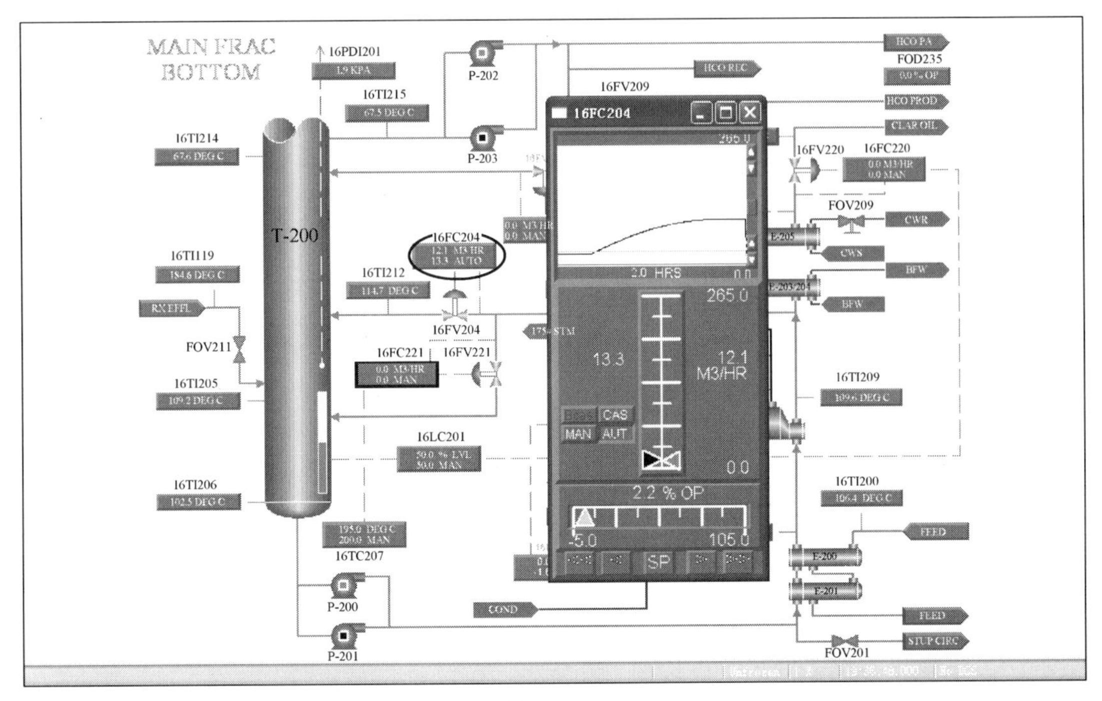

图 2-6-9

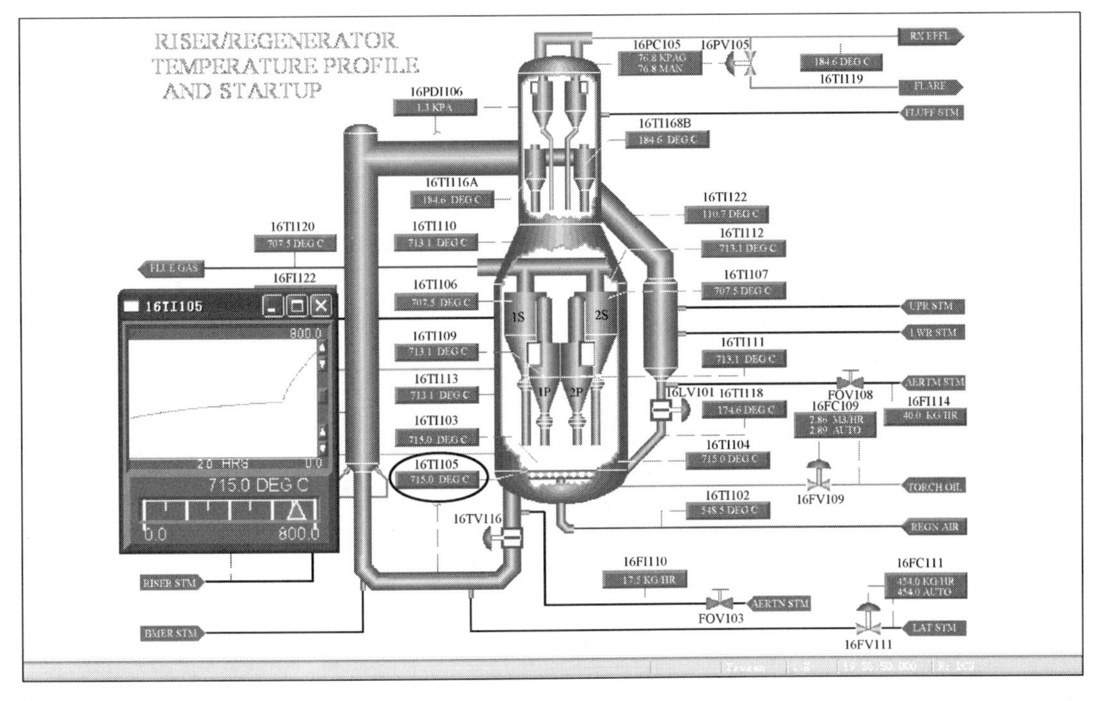

图 2-6-10

2.7 催化剂循环及新鲜进料引入

（1）关闭再生器事故蒸汽（16HC102；重置 FOD100，16HC102 输出设置为 40%），如图 2-7-1 和图 2-7-2 所示。

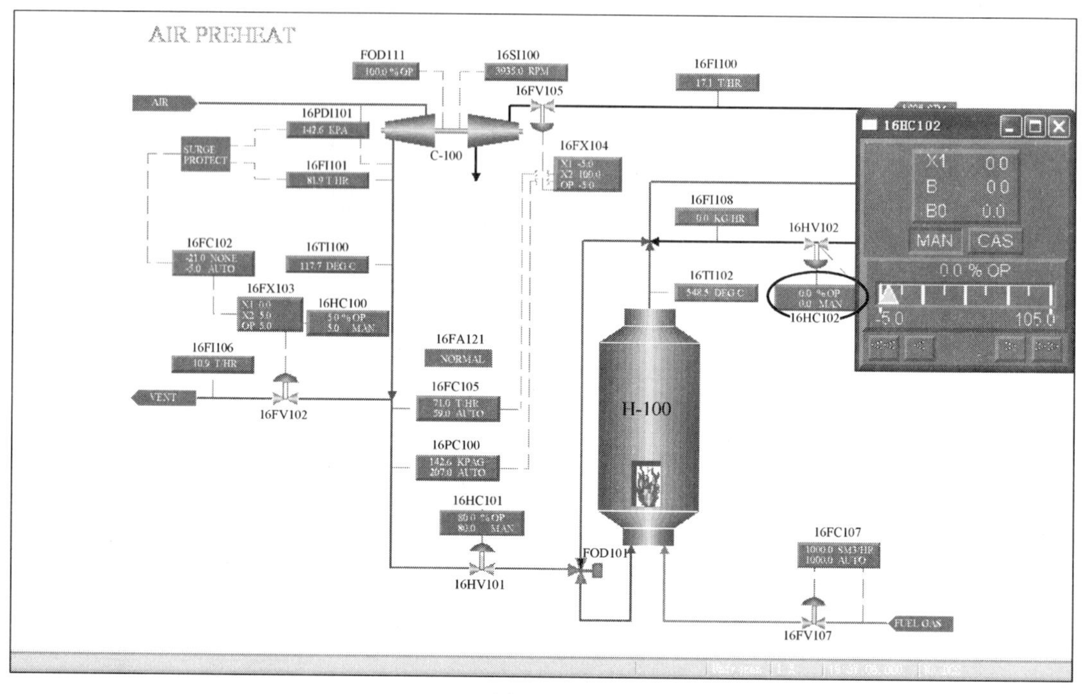

图 2-7-1

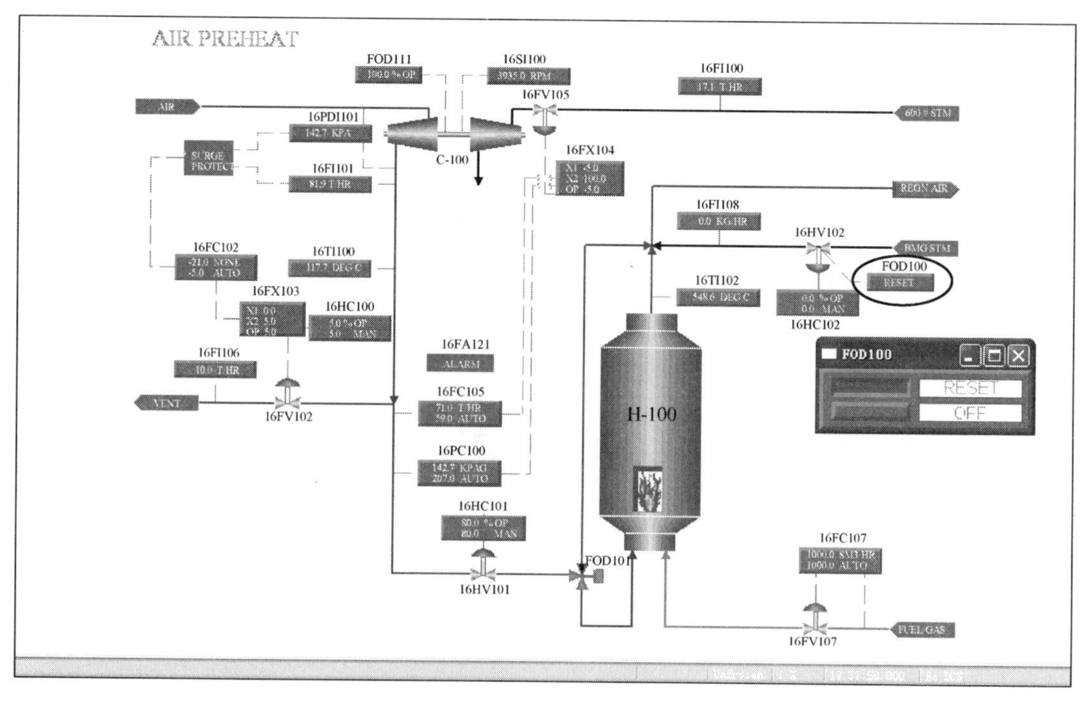

图 2-7-2

(2) 缓慢增加提升管底部的事故蒸汽量至 5900kg/h，准备添加催化剂(16HC103 输出增加至约 38%)，如图 2-7-3 所示。

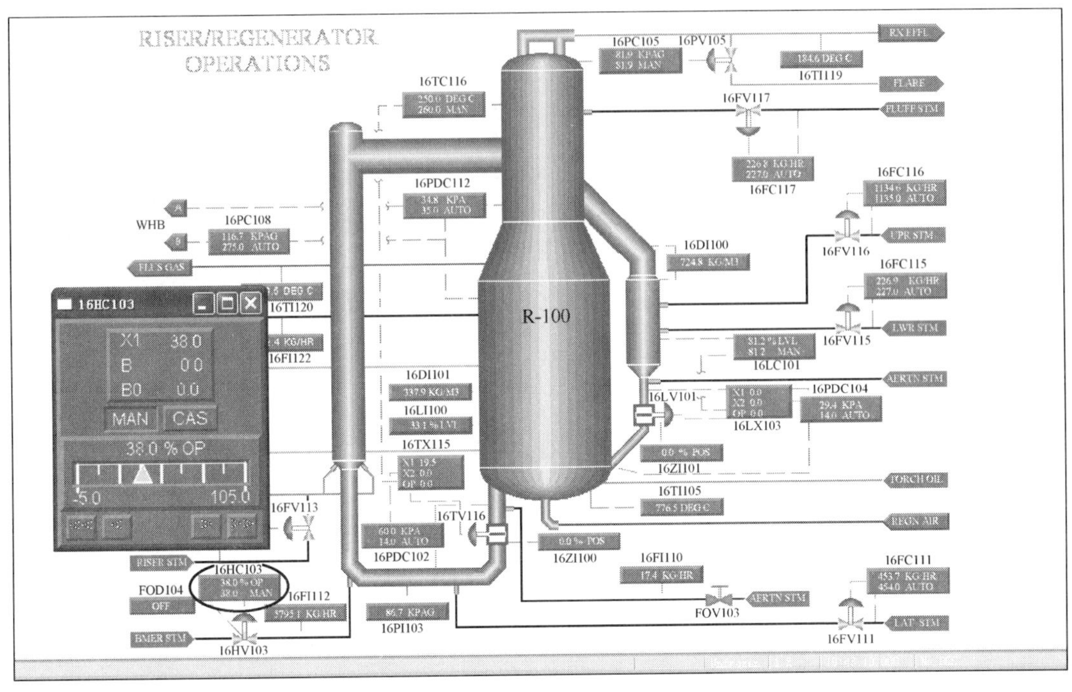

图 2-7-3

(3) 打开再生滑阀(16TC116，手动，输出 5%)，打开待生滑阀(16LC101，自动，设定值 80%，再以 5%的幅度增加 16TC116 的输出至 40%)，如图 2-7-4~图 2-7-6 所示。

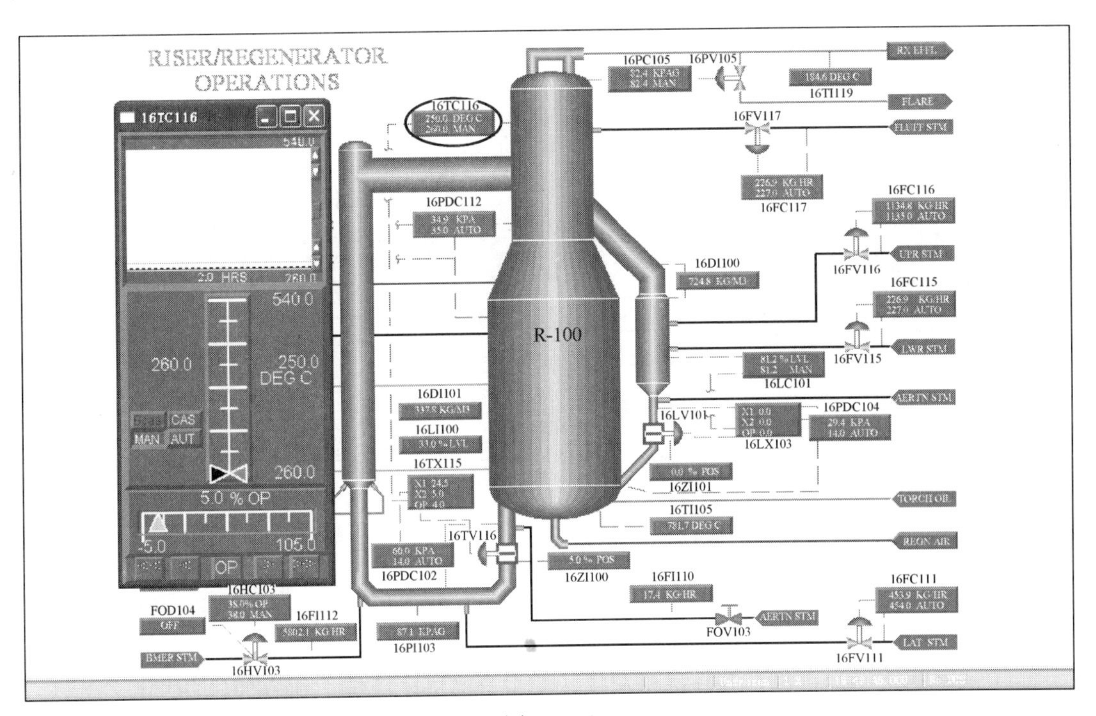

图 2-7-4

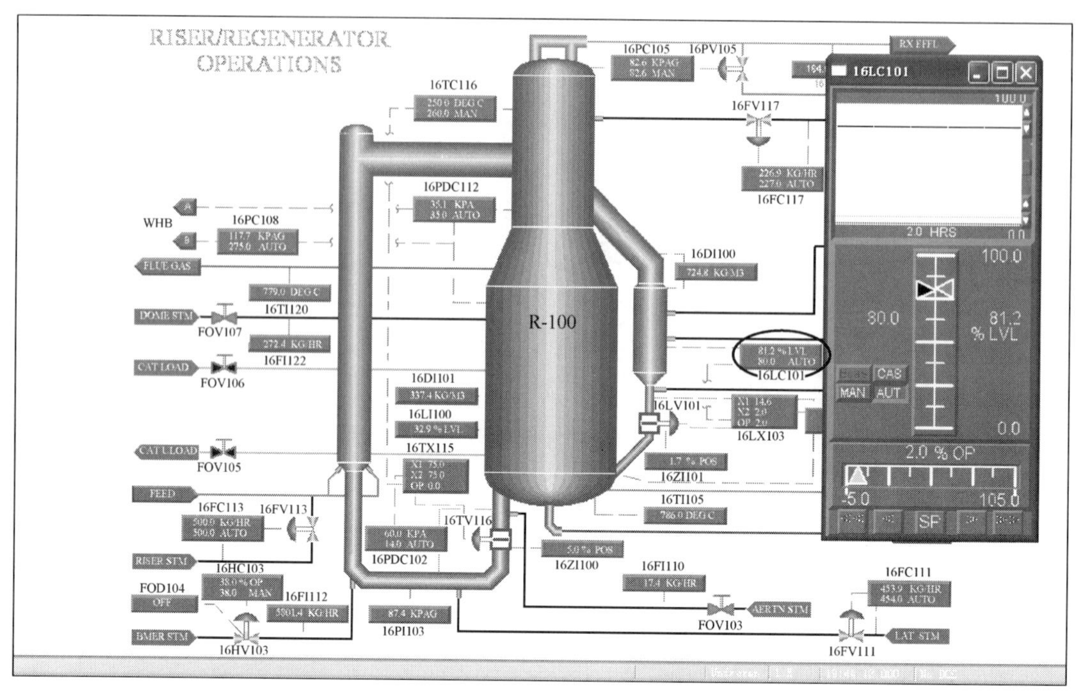

图 2-7-5

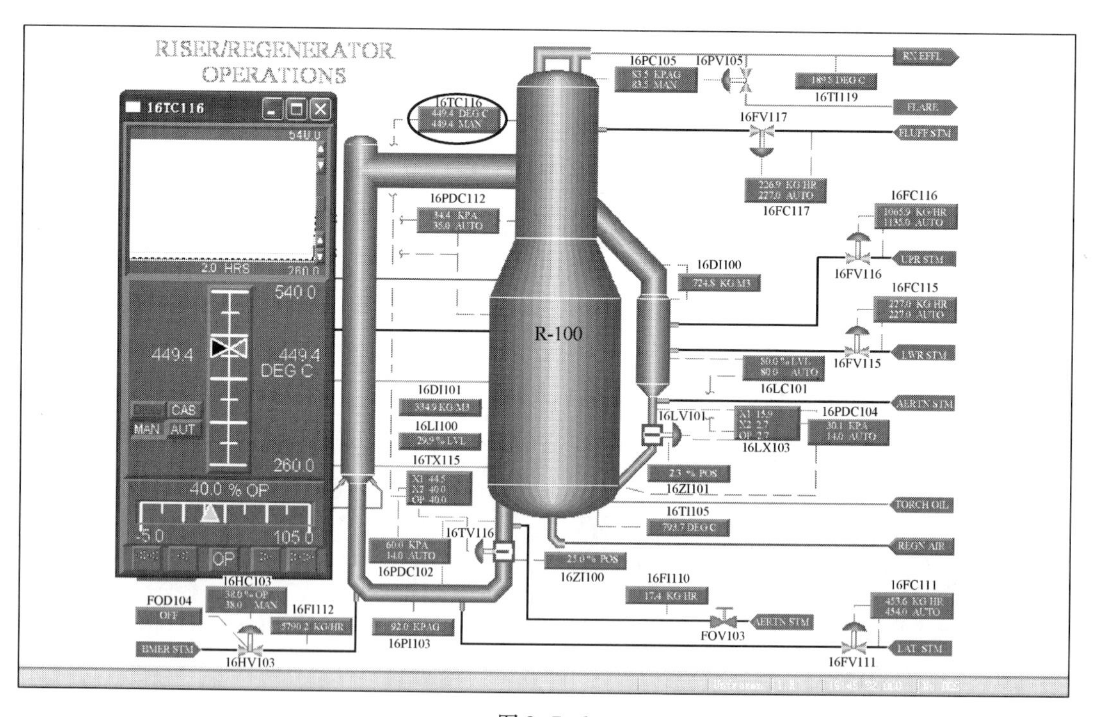

图 2-7-6

（4）选择热瓦斯油进料，升高进料速率，使主分馏塔底液位达到 70%（FOD200，选择热进料；16FC200，自动，设定值 $20m^3/h$），如图 2-7-7～图 2-7-9 所示。

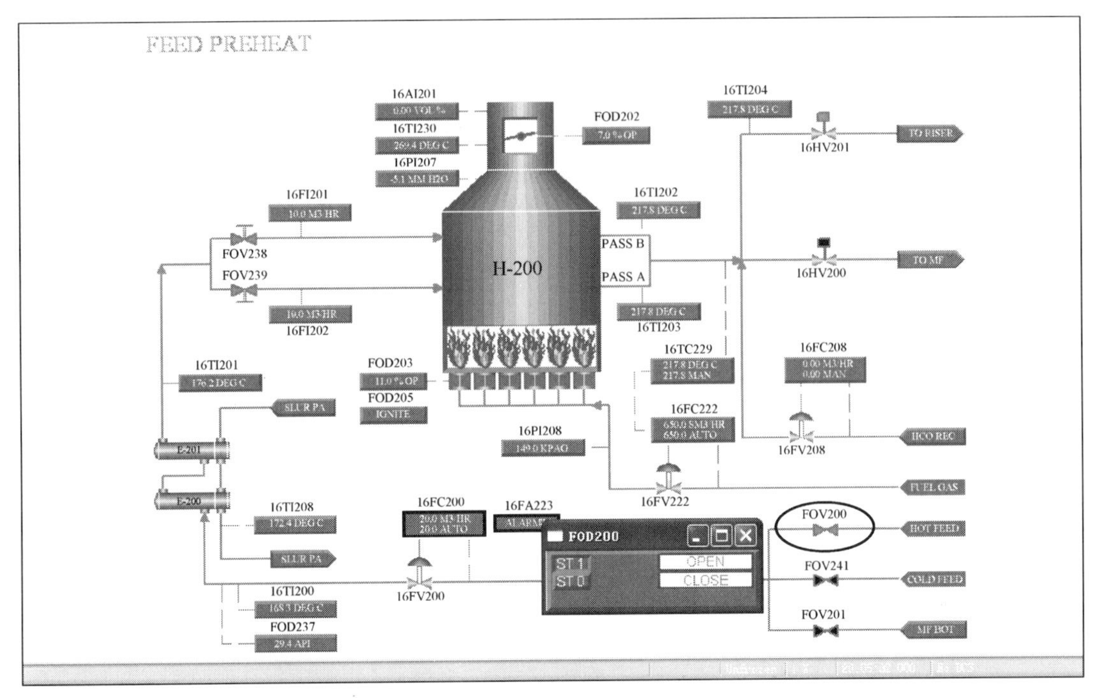
FEED PREHEAT
16AI201
0.00 VOL %
16TI230
269.4 DEG C
16PI207
-5.1 MM H2O
FOD202
7.0 % OP
16TI204
217.8 DEG C
16HV201
TO RISER
16FI201
10.0 M3/HR
16TI202
217.8 DEG C
FOV238
FOV239
PASS B
H-200
PASS A
16HV200
TO MF
10.0 M3/HR
16FI202
217.8 DEG C
16TI203
16TI201
176.2 DEG C
FOD203
11.0 % OP
FOD205
IGNITE
16TC229
217.8 DEG C
217.8 MAN
16FC208
0.00 M3/HR
0.00 MAN
SLUR PA
16PI208
149.0 KPAG
16FC222
650.0 SM3/HR
650.0 AUTO
E-201
16FV208
HCO REC
E-200
FUEL GAS
16FV222
16TI208
172.4 DEG C
16FC200
20.0 M3/HR
20.0 AUTO
16FA223
ALARM
FOD200
ST 1
ST 0
OPEN
CLOSE
FOV200
HOT FEED
FOV241
COLD FEED
SLUR PA
16FV200
16TI200
168.3 DEG C
FOD237
29.4 API
FOV201
MF BOT

图 2-7-7

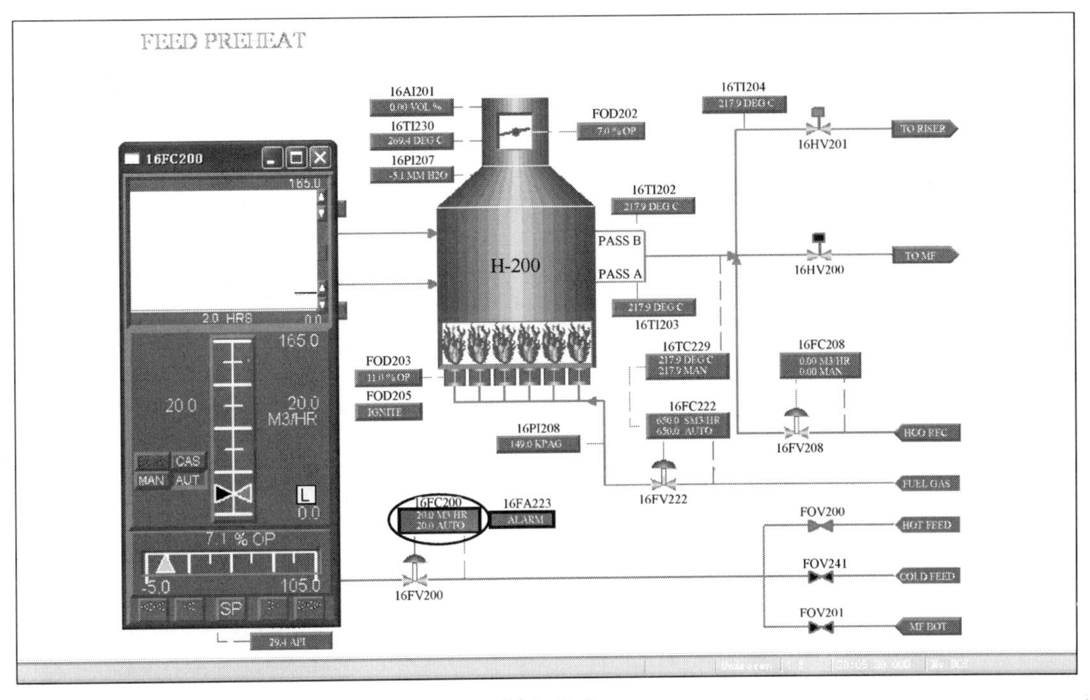
FEED PREHEAT
16AI201
0.00 VOL %
16TI230
269.4 DEG C
16PI207
-5.1 MM H2O
FOD202
7.0 % OP
16TI204
217.9 DEG C
16HV201
TO RISER
16FC200
165.0
2.0 HRS
0.0
165.0
20.0
20.0
M3/HR
CAS
MAN
AUT
L
0.0
7.1 % OP
-5.0
105.0
SP
16TI202
217.9 DEG C
PASS B
H-200
PASS A
16HV200
TO MF
217.9 DEG C
16TI203
FOD203
11.0 % OP
FOD205
IGNITE
16TC229
217.9 DEG C
217.9 MAN
16FC208
0.00 M3/HR
0.00 MAN
16PI208
149.0 KPAG
16FC222
650.0 SM3/HR
650.0 AUTO
16FV208
HCO REC
16FV222
FUEL GAS
16FC200
20.0 M3/HR
20.0 AUTO
16FA223
ALARM
FOV200
HOT FEED
FOV241
COLD FEED
16FV200
FOV201
MF BOT
29.4 API

图 2-7-8

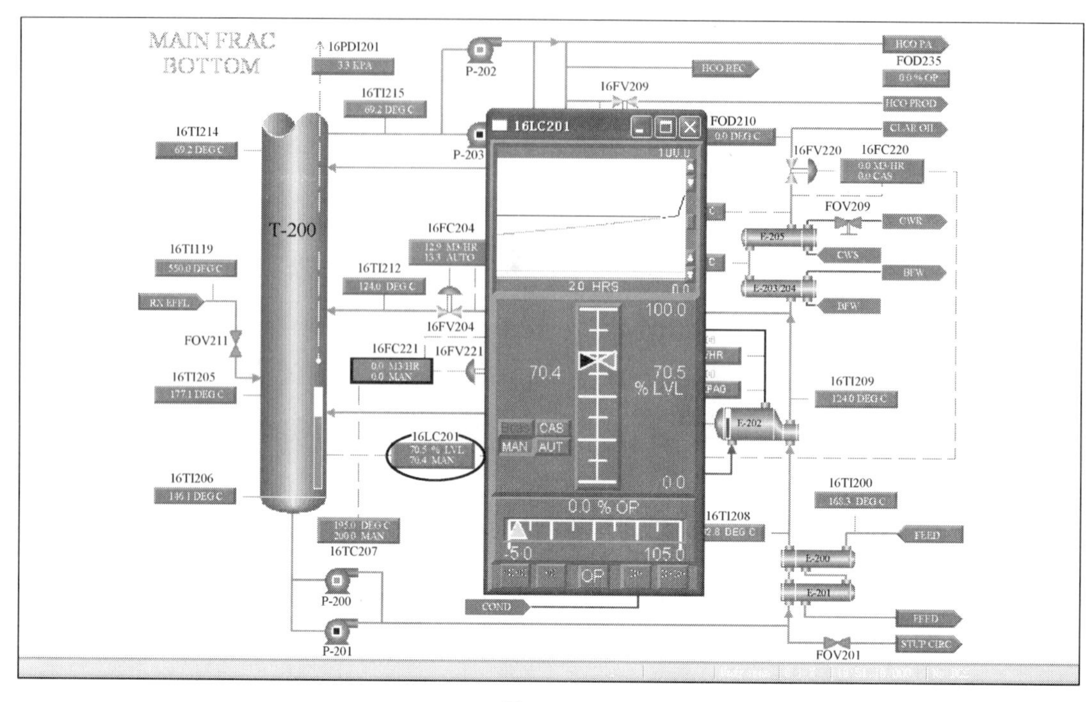

图 2-7-9

（5）开始把油浆送往存储区以保持塔底液位(16FC220，级联)，如图 2-7-10 所示。

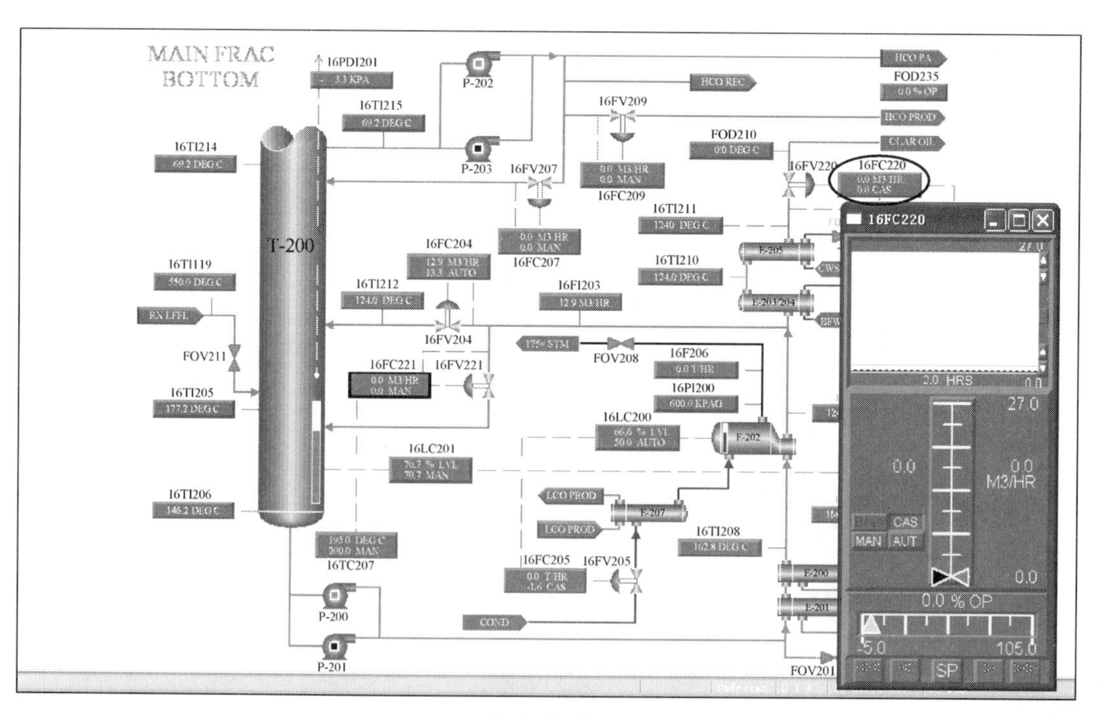

图 2-7-10

（6）随温度升高，进入塔底的蒸汽会降低塔底液位，将液位设定值改为 70%(16LC201，自动，设定值 70%），如图 2-7-11 所示。

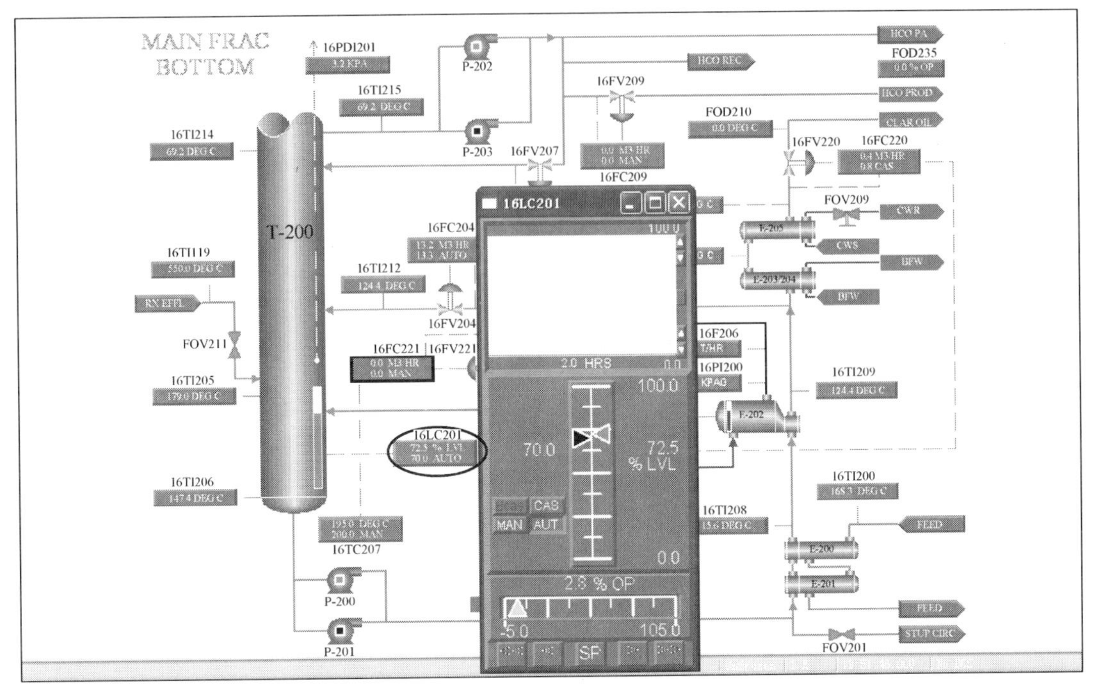

图 2-7-11

（7）断开新鲜进料和塔底油浆线的连接（FOD201，关闭阀门），如图 2-7-12 所示。

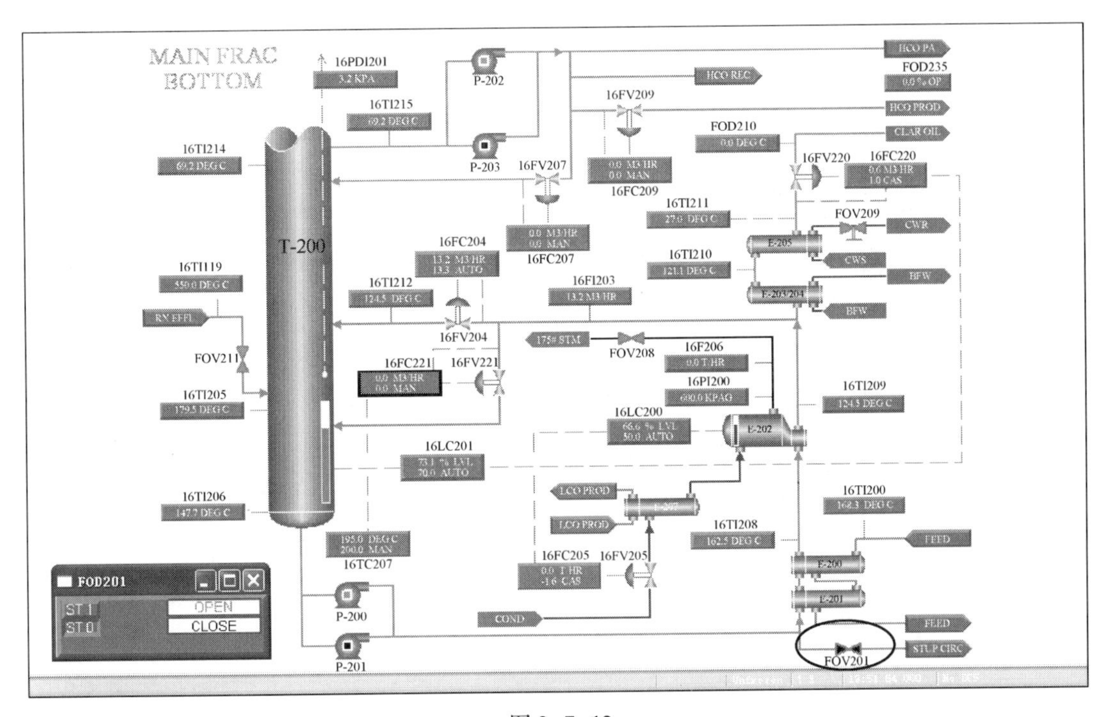

图 2-7-12

（8）打开 E-202 顶部截止阀，使产生的 1225kPa(g) 蒸汽通往蒸汽系统（FOD208，打开阀门），如图 2-7-13 所示。

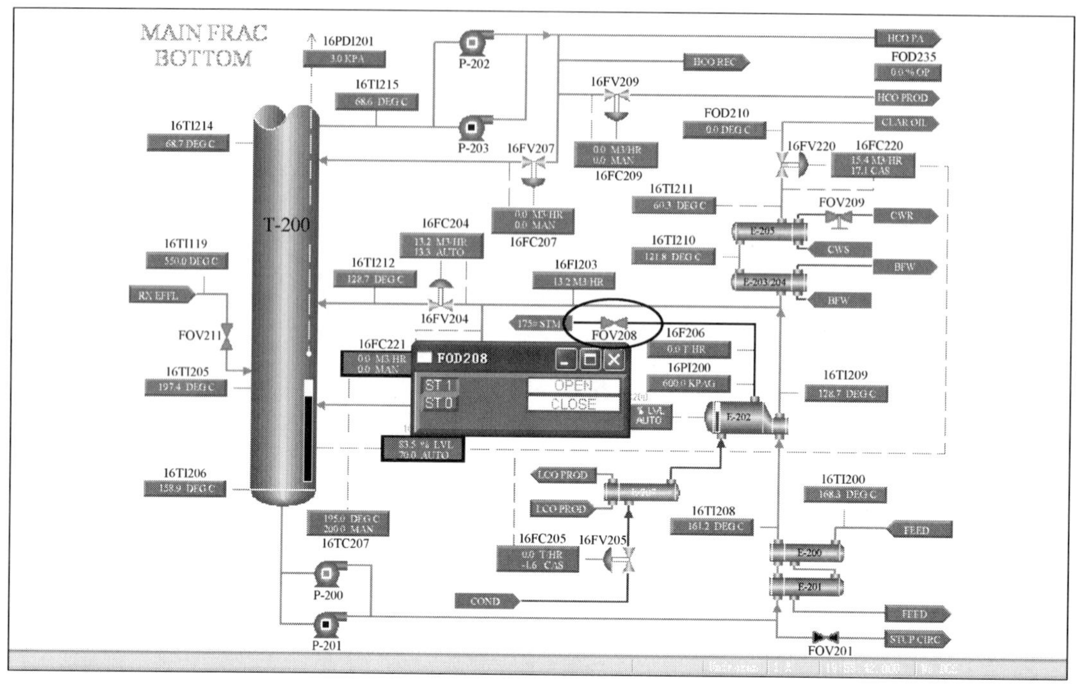

图 2-7-13

（9）建立重循环油循环流动，流量设定为 $99.4m^3/h$（16FC210，自动，设定值 $99.4m^3/h$），如图 2-7-14 所示。

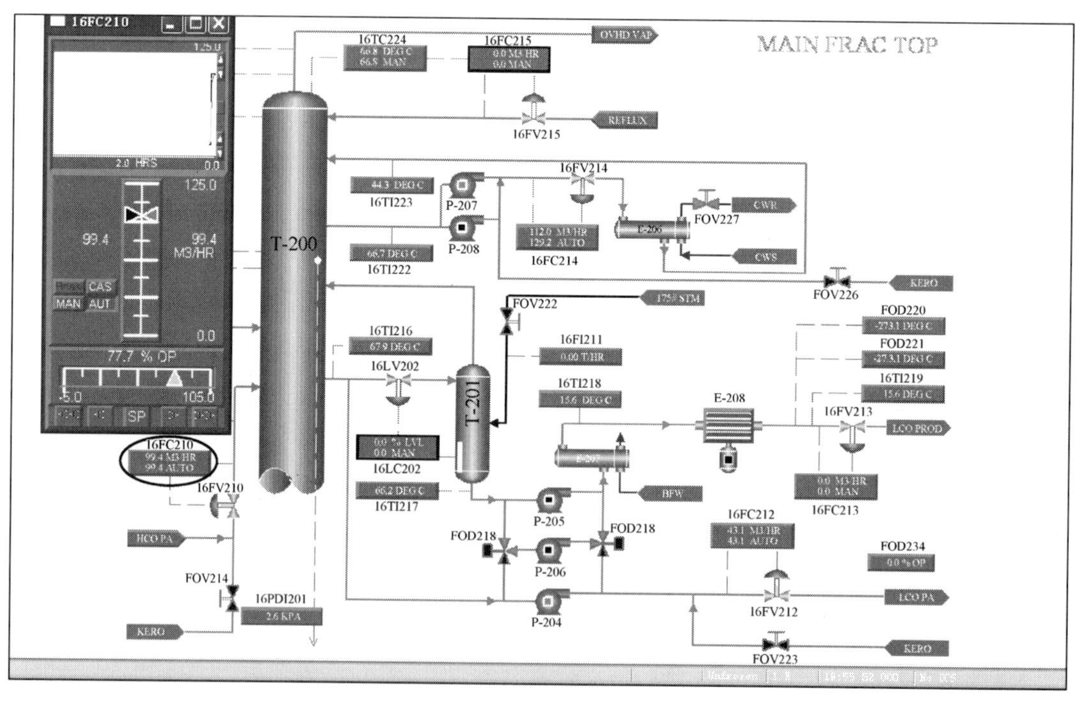

图 2-7-14

（10）建立轻循环油循环流动，流量设定为 43.1 m^3/h（16FC212，自动，设定值 43.1 m^3/h），如图 2-7-15 所示。

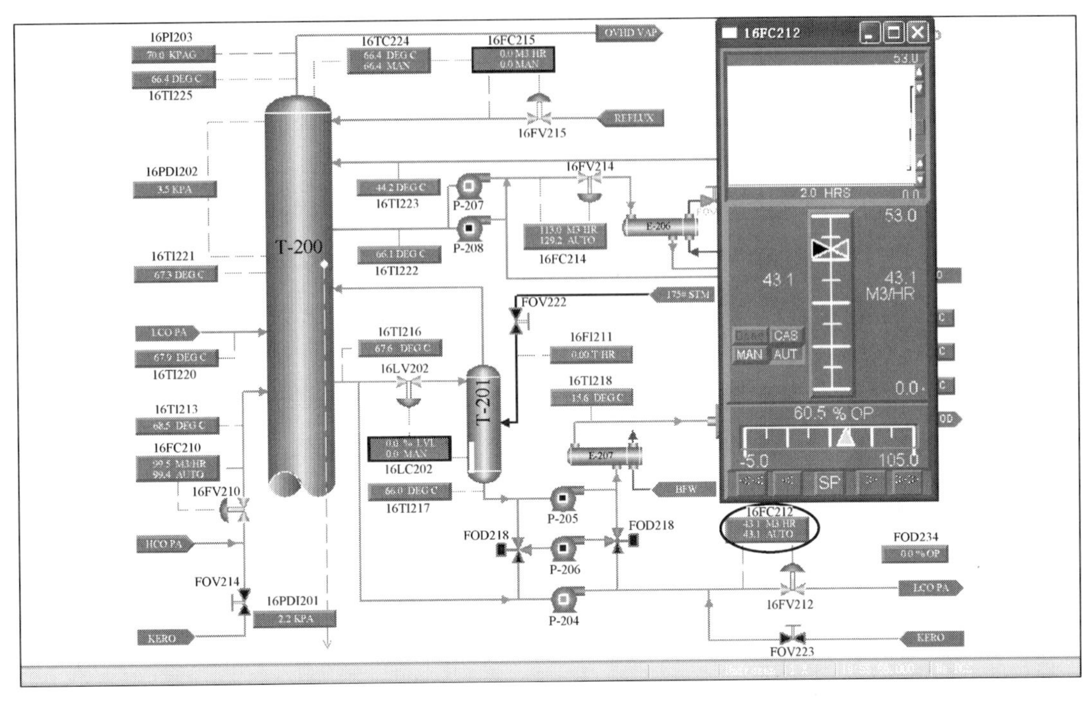

图 2-7-15

（11）建立重石脑油循环流动，流量设定为 129.2m^3/h（16FC214，自动，设定值 129.2m^3/h），如图 2-7-16 所示。

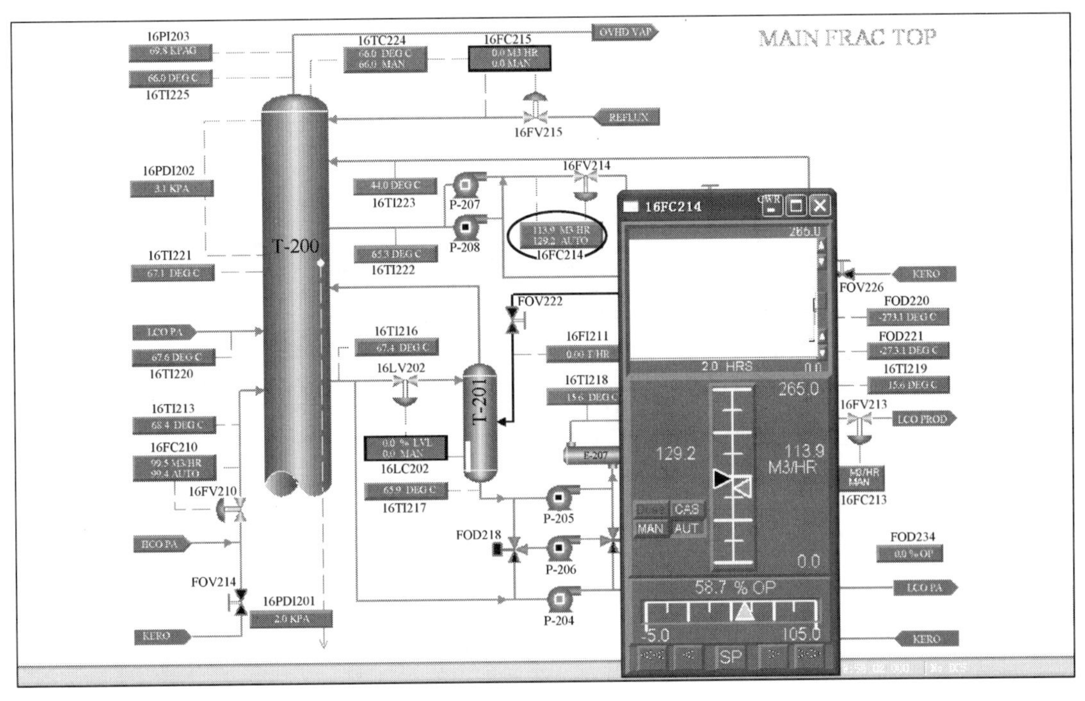

图 2-7-16

（12）切断进料加热炉 H-200 的瓦斯油到 T-200 底部的流动，同时开启 H-200 出口瓦斯油进料到提升管的控制阀（打开 16HV201，同时关闭 16HV200，建议停止运行后设置），如图 2-7-17 所示。

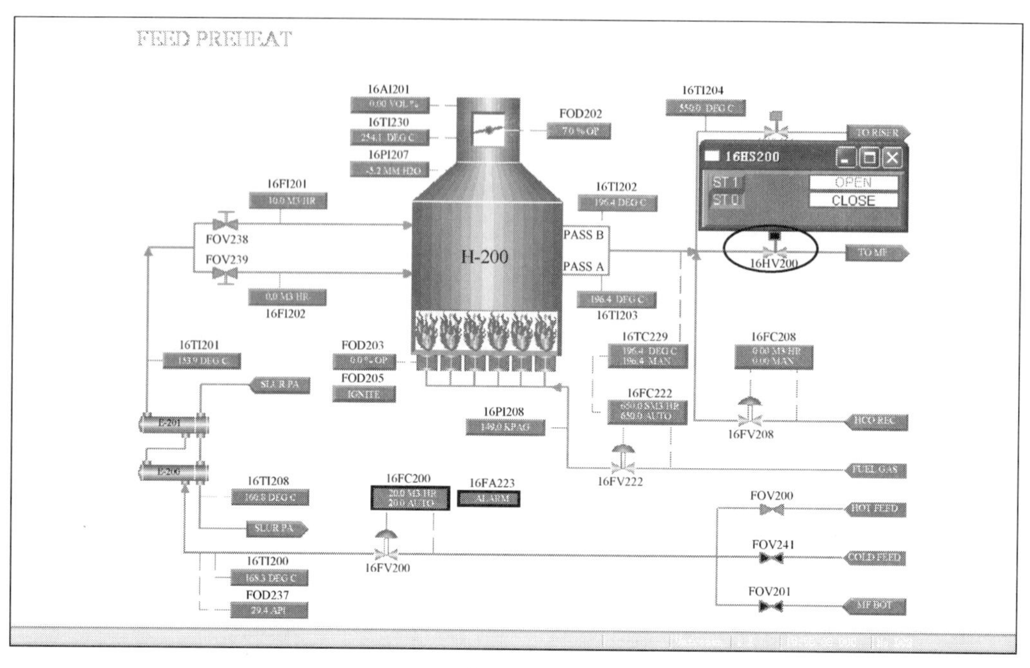

图 2-7-17

（13）通过调整再生滑阀控制催化剂流动，使提升管出口温度达到 510℃（16TC116，手动，调整输出），如图 2-7-18 所示。

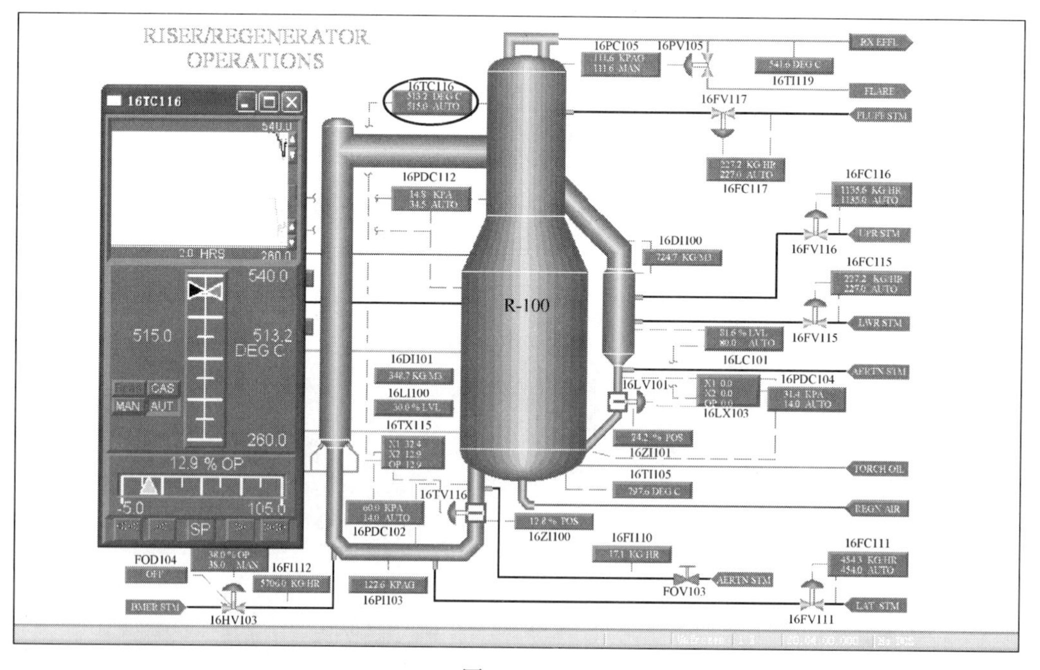

图 2-7-18

（14）当分馏塔内液位降低时，增加油浆循环量来保持塔底液位（16FC204，增加设定值），如图 2-7-19 所示。

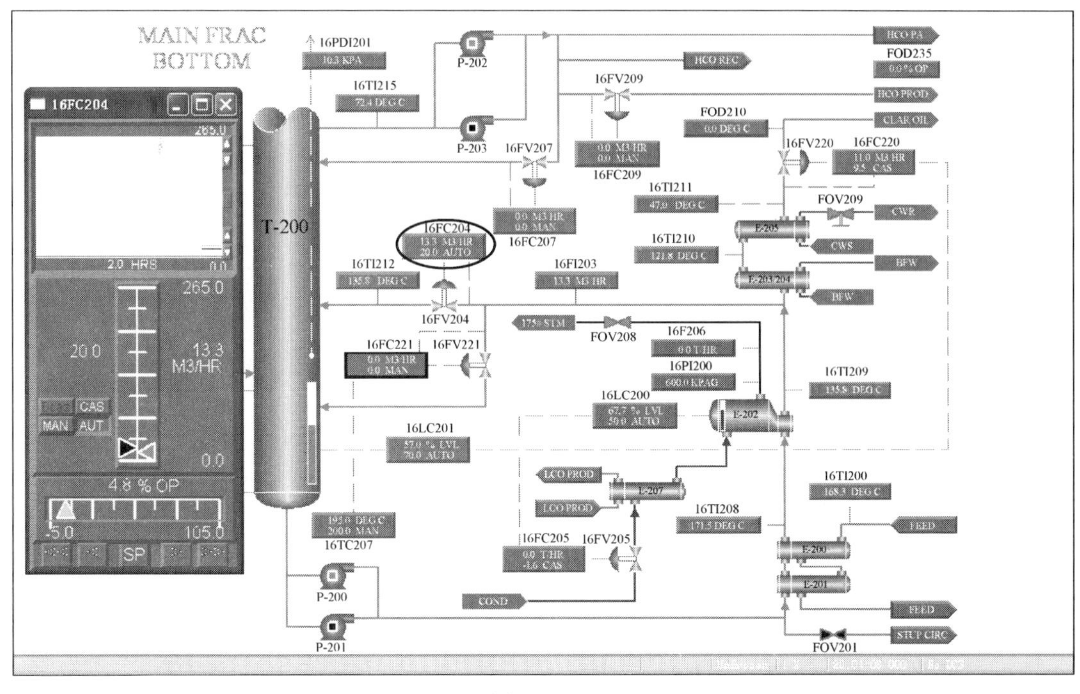

图 2-7-19

（15）开始向塔底注入急冷液，帮助控制塔底温度（16FC221，自动，设定值 $7m^3/h$），如图 2-7-20 所示。

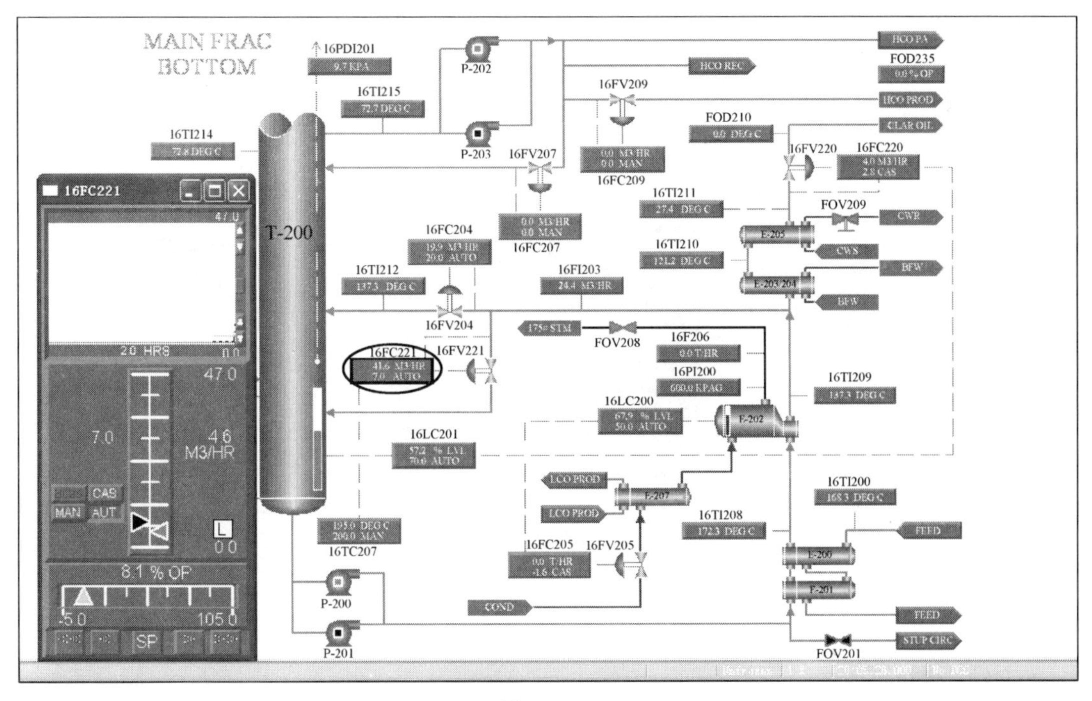

图 2-7-20

（16）当 R-100 和 T-200 运行稳定时，缓慢增加进料速率至 $60m^3/h$（16FC200 增加设定值至 $60m^3/h$），如图 2-7-21 所示。

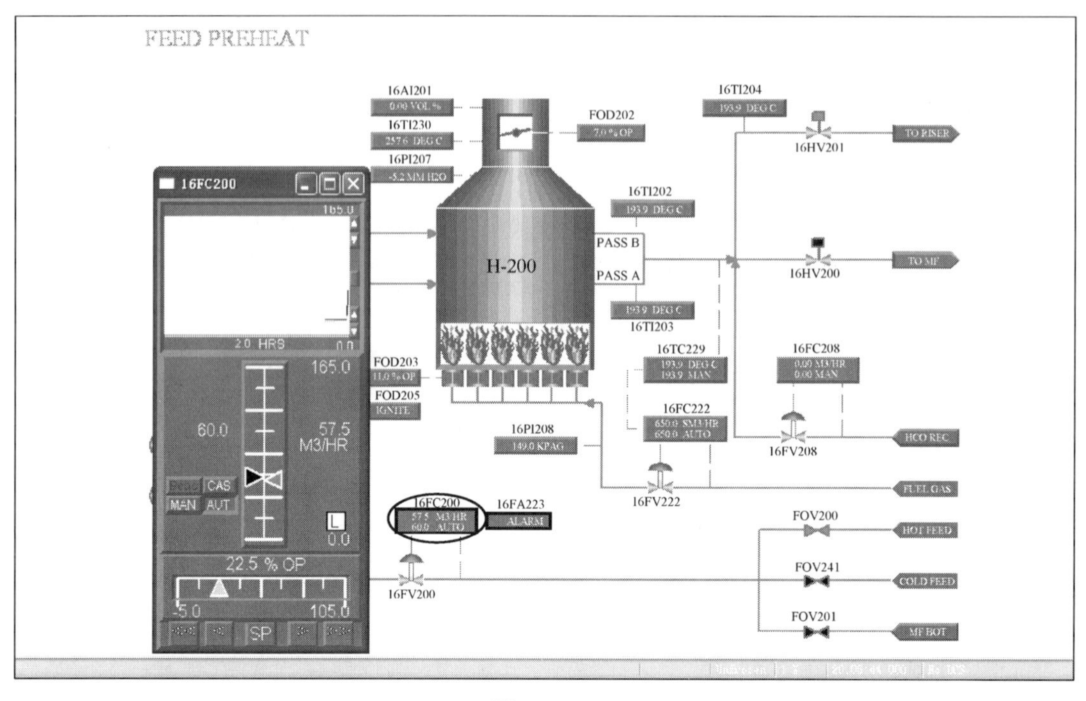

图 2-7-21

（17）缓慢关闭风机出口放空阀，增加去 H-100 的空气量使从烟囱中排除的烟气氧气体积分数为 1%～3%（由 16AI100 指示），如图 2-7-22 和图 2-7-23 所示。

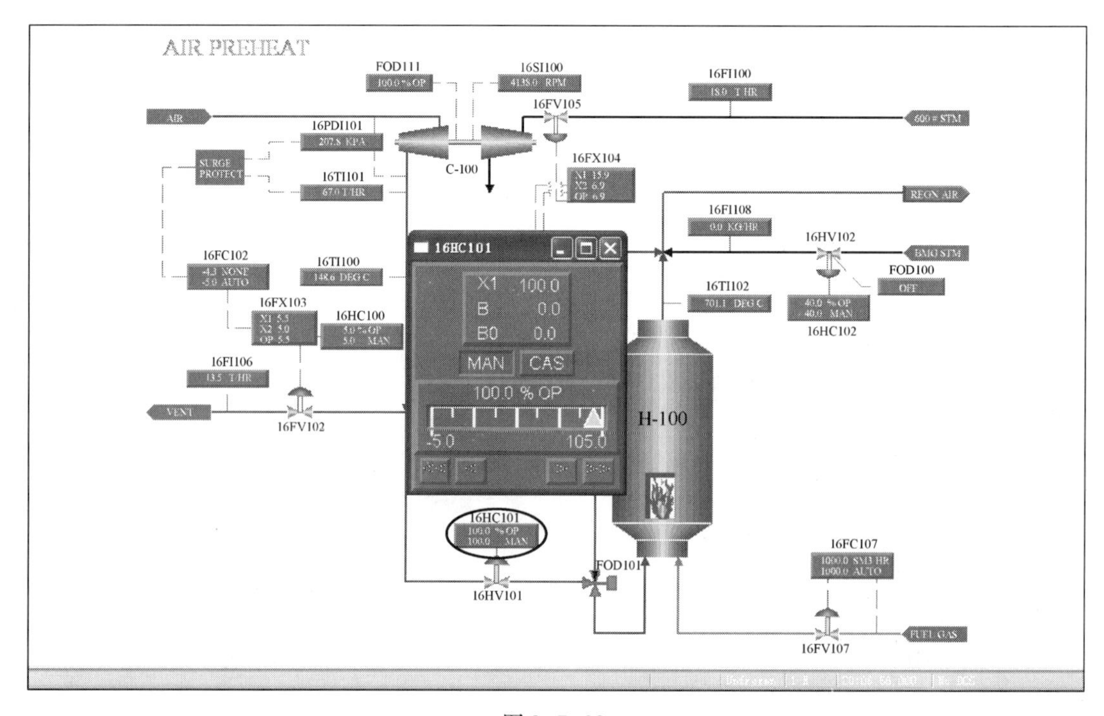

图 2-7-22

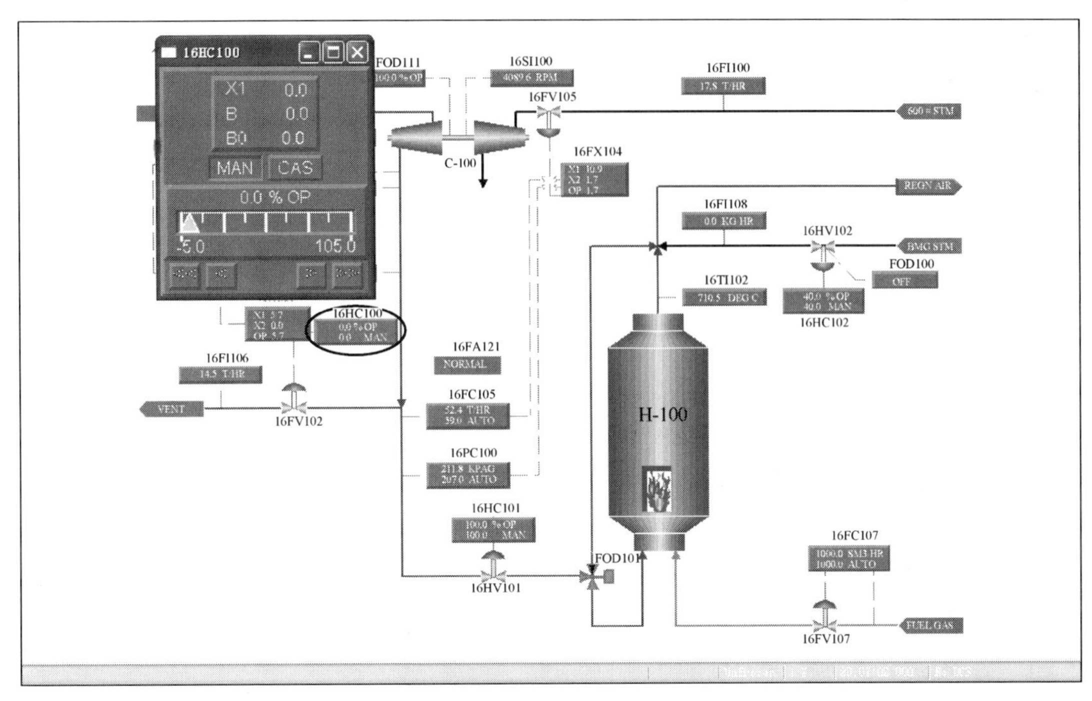

图 2-7-23

（18）当进料速率超过 80m³/h 时，减少提升管底部的事故蒸汽量（重置 FOD104，减少 16HC103 输出），如图 2-7-24～图 2-7-26 所示。

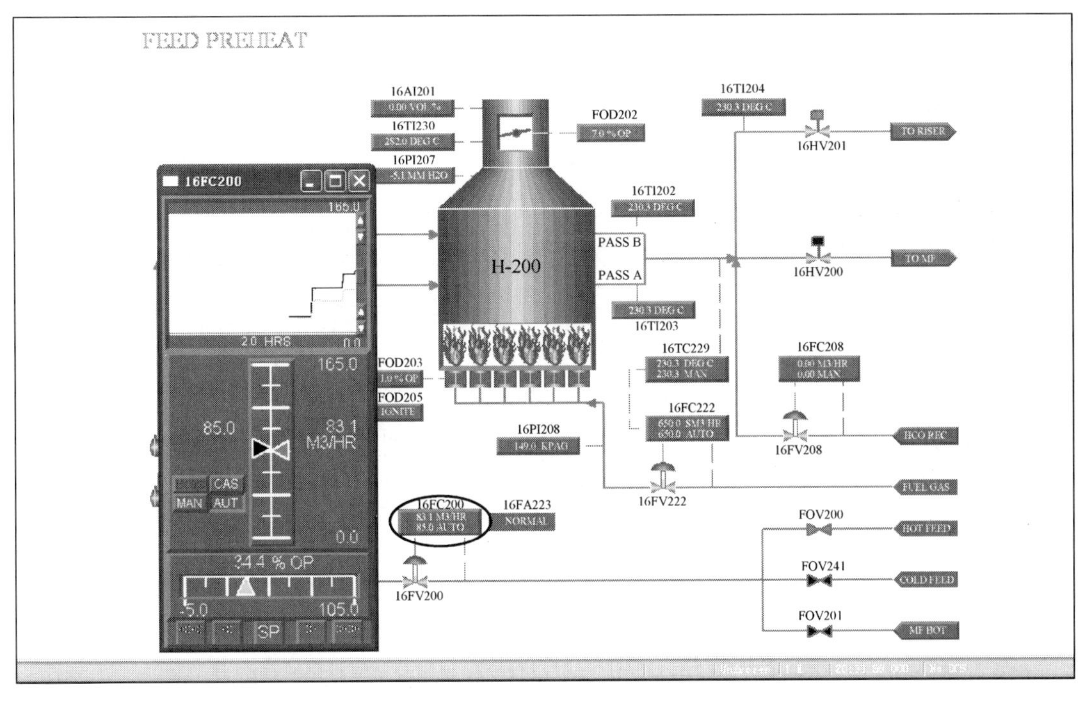

图 2-7-24

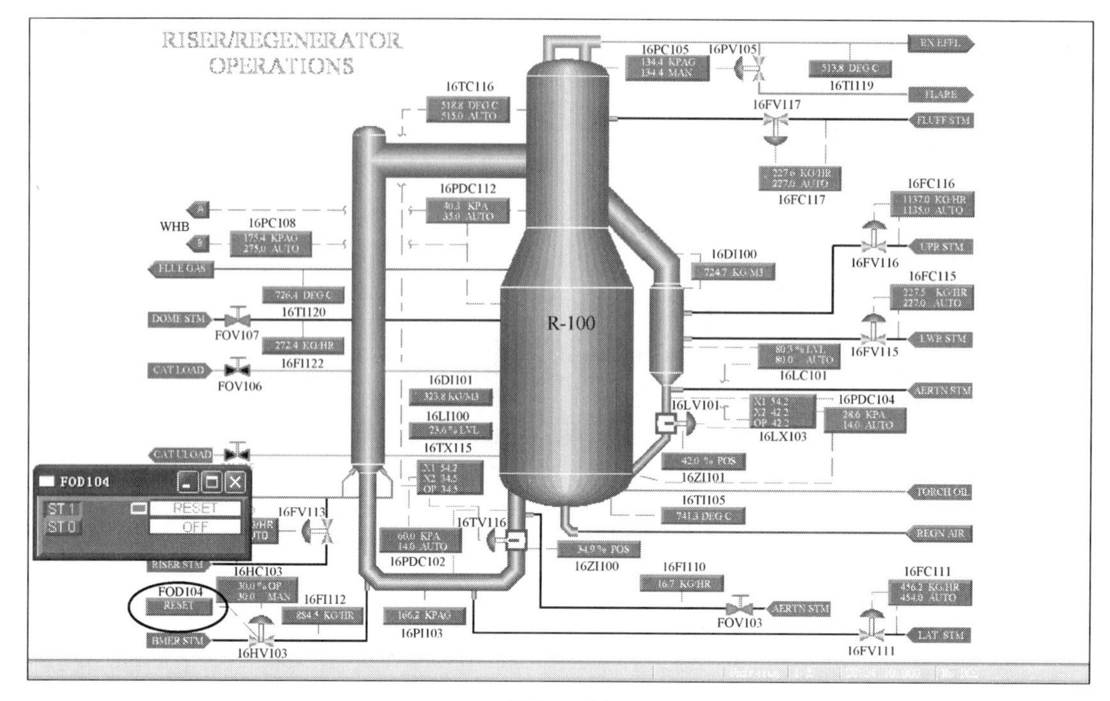

图 2-7-25

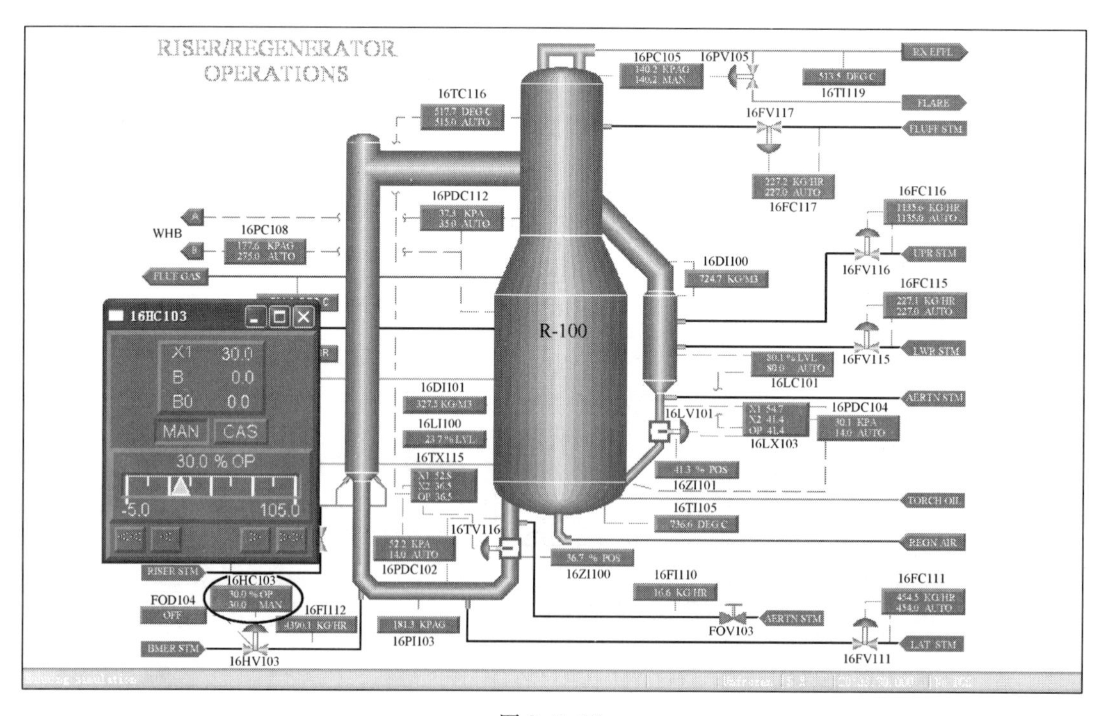

图 2-7-26

（19）开始到轻循环油侧线汽提塔 T-201 的 LCO 抽出（16LC202，自动，设定值 75%），如图 2-7-27 所示。

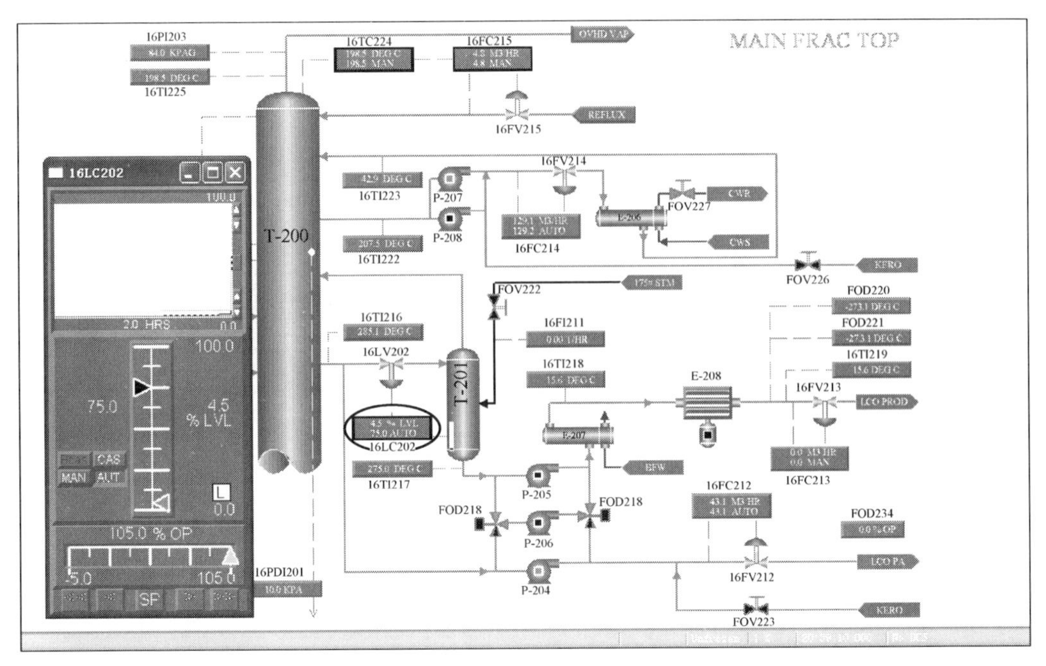

图 2-7-27

(20) 向 T-201 底部注入蒸汽，脱除吸附油气(FOD222，输出 75%)，如图 2-7-28 所示。

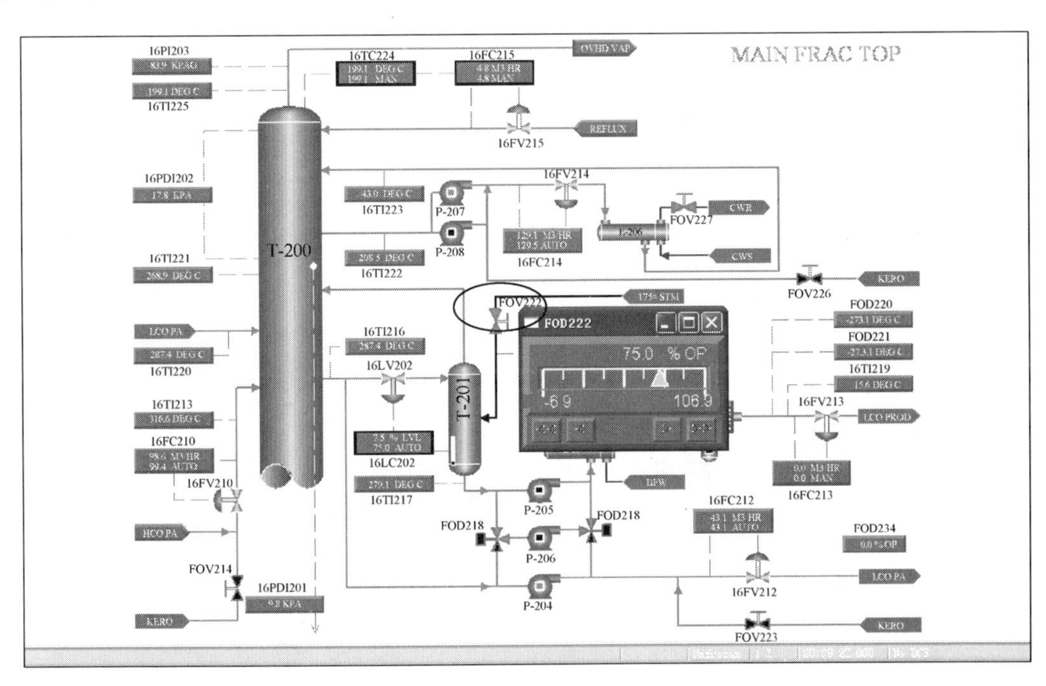

图 2-7-28

(21) 打开 LCO 空冷器(FOD219)，打开 LCO 产品泵(FOD216)，将冷却后的 LCO 送去存储区，流量设定为 23.2m³/h(16FC213，自动，设定值 23.2m³/h)，如图 2-7-29 和图 2-7-30 所示。

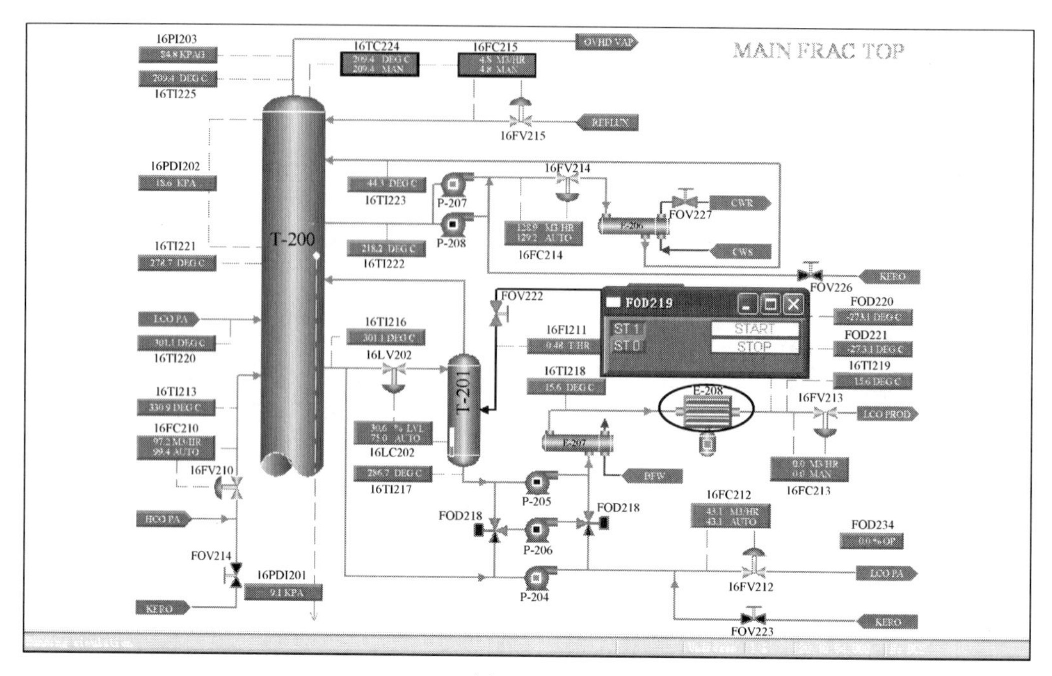

图 2-7-29

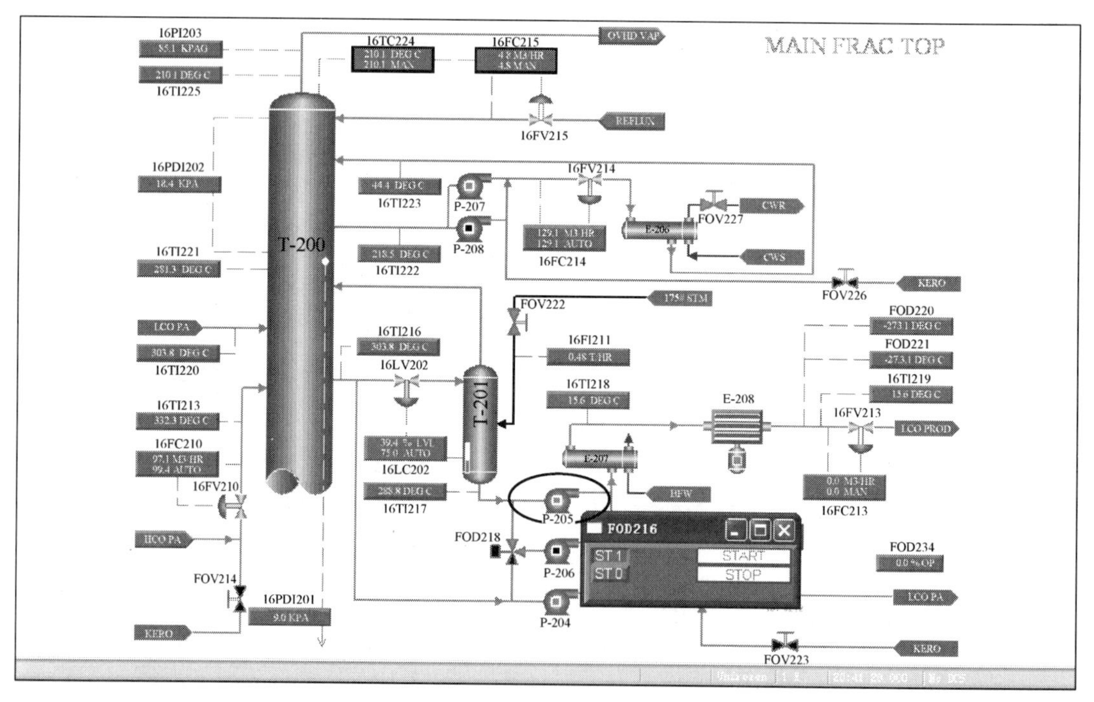

图 2-7-30

（22）当 D-200 内产生液位时，启动塔顶石脑油产品泵，开始抽出石脑油作为产品（FOD229；16FC216，手动，输出 10%；16LC203，自动，设定值 50%），如图 2-7-31～图 2-7-34所示。

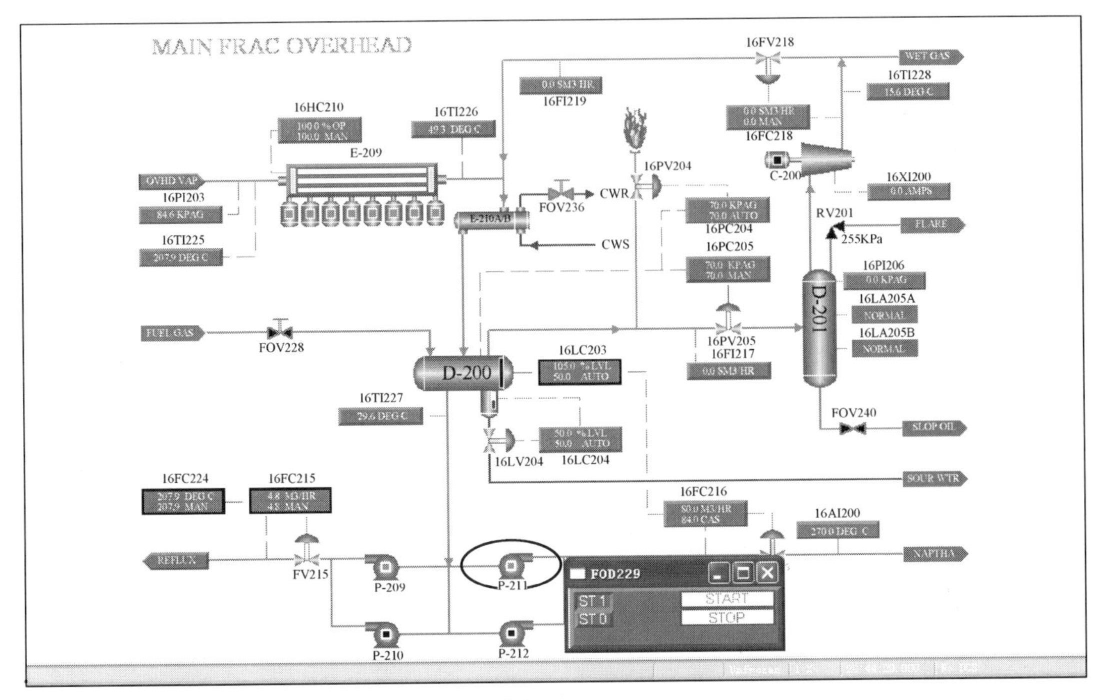
MAIN FRAC OVERHEAD
16FV218
WET GAS
16TI228
15.6 DEG C
0.0 SM3/HR
16FI219
16HC210
100.0 % OP
100.0 MAN
16TI226
49.3 DEG C
0.0 SM3/HR
0.0 MAN
16FC218
C-200
16X1200
0.0 AMPS
E-209
16PV204
OVHD VAP
16PI203
84.6 KPAG
CWR
FOV236
E-210A/B
70.0 KPAG
70.0 AUTO
16PC204
RV201
FLARE
255KPa
16TI225
207.9 DEG C
CWS
16PC205
70.0 KPAG
70.0 MAN
16PI206
0.0 KPAG
D-201
16LA205A
NORMAL
16LA205B
NORMAL
FUEL GAS
FOV228
16PV205
16FI217
0.0 SM3/HR
D-200
16LC203
105.0 %LVL
50.0 AUTO
16TI227
29.6 DEG C
FOV240
SLOP OIL
50.0 %LVL
50.0 AUTO
16LV204
16LC204
SOUR WTR
16FC224
207.9 DEG C
207.9 MAN
16FC215
4.8 M3/HR
4.8 MAN
16FC216
50.0 M3/HR
84.0 CAS
16AI200
270.0 DEG C
NAPTHA
REFLUX
FV215
P-209
P-211
FOD229
ST 1
ST 0
START
STOP
P-210
P-212

图 2-7-31

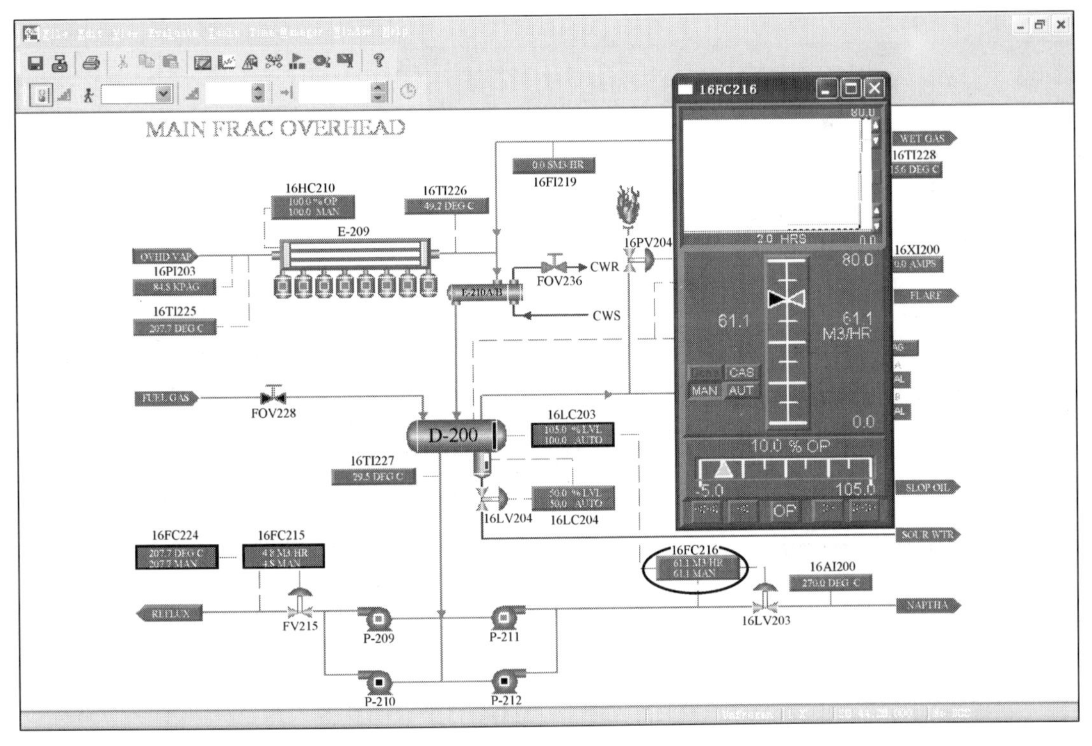
MAIN FRAC OVERHEAD
16FC216
80.0
WET GAS
16TI228
15.6 DEG C
0.0 SM3/HR
16FI219
16HC210
100.0 % OP
100.0 MAN
16TI226
49.2 DEG C
E-209
2.0 HRS
0.0
16PV204
16X1200
0.0 AMPS
OVHD VAP
16PI203
84.5 KPAG
CWR
FOV236
E-210A/B
FLARE
16TI225
207.7 DEG C
CWS
61.1
M3/HR
CAS
MAN
AUT
FUEL GAS
FOV228
16LC203
105.0 %LVL
100.0 AUTO
D-200
10.0 % OP
16TI227
29.5 DEG C
-5.0
105.0
OP
SLOP OIL
50.0 %LVL
50.0 AUTO
16LV204
16LC204
SOUR WTR
16FC224
207.7 DEG C
207.7 MAN
16FC215
4.8 M3/HR
4.8 MAN
16FC216
61.1 M3/HR
61.1 MAN
16AI200
270.0 DEG C
REFLUX
FV215
P-209
P-211
16LV203
NAPTHA
P-210
P-212

图 2-7-32

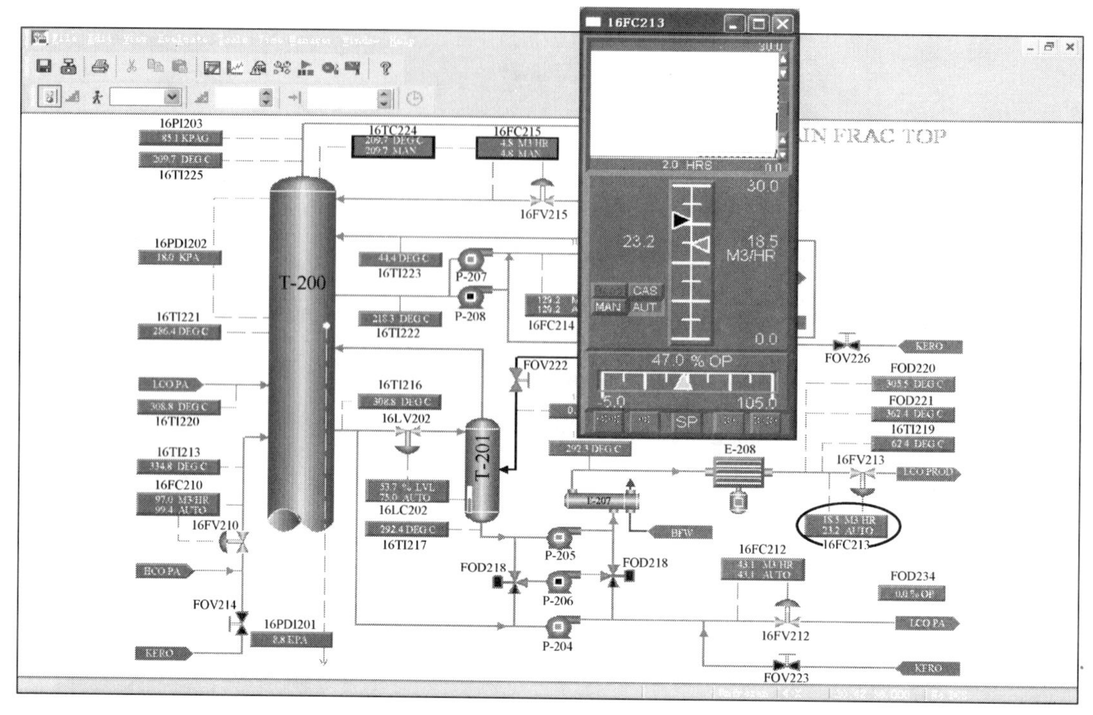
16FC213
30.0
2.0 HRS
0.0
23.2
18.5
M3/HR
CAS
MAN
AUT
47.0 % OP
-5.0
105.0
SP
MAIN FRAC TOP
16PI203
16TI225
16TC224
16FC215
16FV215
16PDI202
T-200
16TI223
P-207
P-208
16FC214
16TI222
16TI221
LCO PA
16TI220
16TI216
16LV202
FOV222
T-201
16TI213
16FC210
16FV210
16LC202
16TI217
HCO PA
FOD218
P-205
P-206
P-204
FOV214
16PDI201
KERO
E-208
E-207
BFW
FOV226
FOD220
FOD221
16TI219
16FV213
LCO PROD
16FC213
16FC212
16FV212
FOD234
FOV223

图 2-7-33

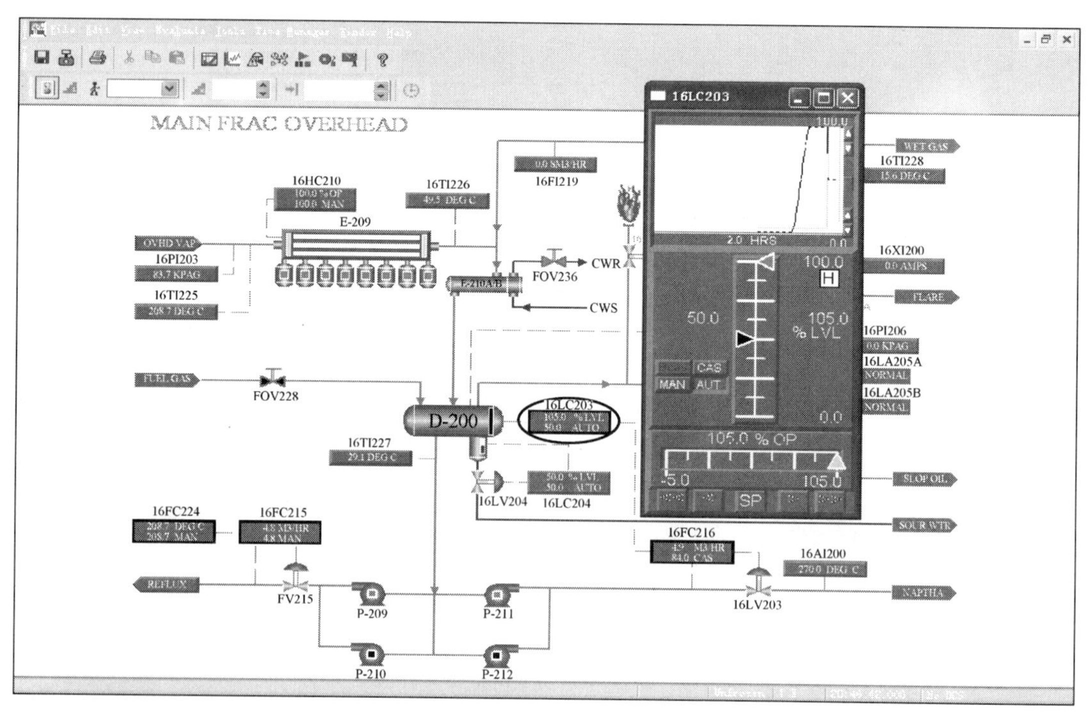
16LC203
2.0 HRS
100.0
H
50.0
105.0
% LVL
CAS
MAN
AUT
0.0
105.0 % OP
-5.0
105.0
SP
MAIN FRAC OVERHEAD
16HC210
E-209
16TI226
16FI219
OVHD VAP
16PI203
16TI225
E-210A/B
FOV236
CWR
CWS
FUEL GAS
FOV228
D-200
16LC203
16TI227
16LV204
16LC204
16FC224
16FC215
REFLUX
FV215
P-209
P-211
P-210
P-212
16FC216
16AI200
16LV203
NAPTHA
WET GAS
16TI228
16XI200
FLARE
16PI206
16LA205A
NORMAL
16LA205B
NORMAL
SLOP OIL
SOUR WTR

图 2-7-34

（23）由于再生器内烧焦，使其温度上升，则应减少燃烧油供应量（FOD235、FOD234，输出设置为 50%；减小 16FC109 设定值），如图 2-7-35~图 2-7-37 所示。

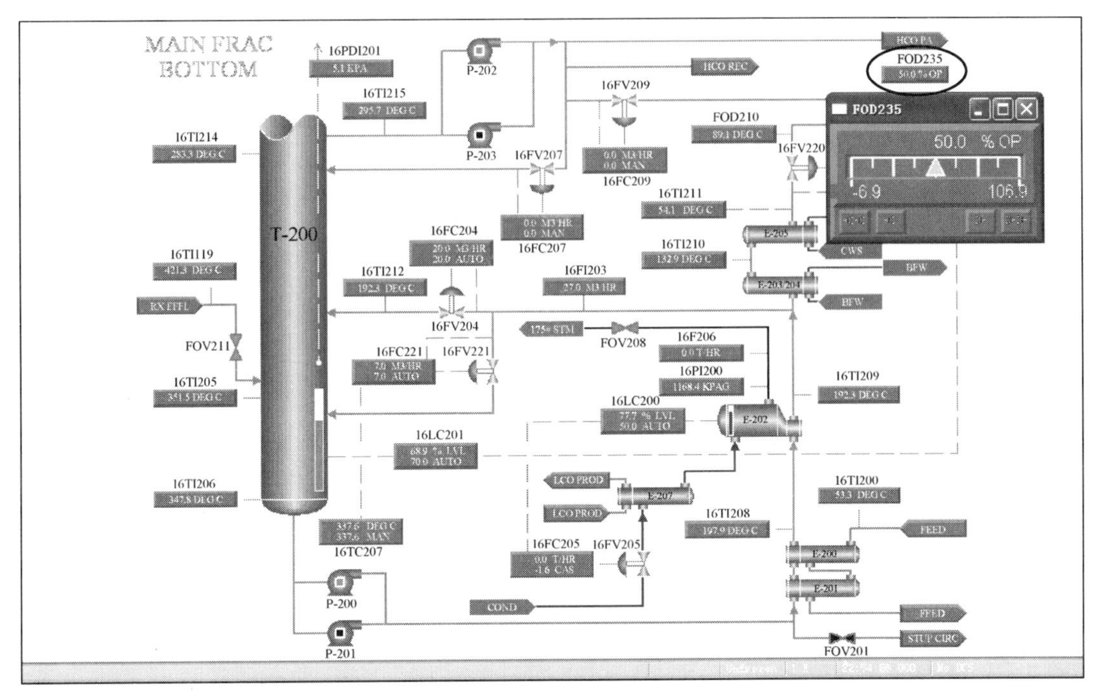

图 2-7-35

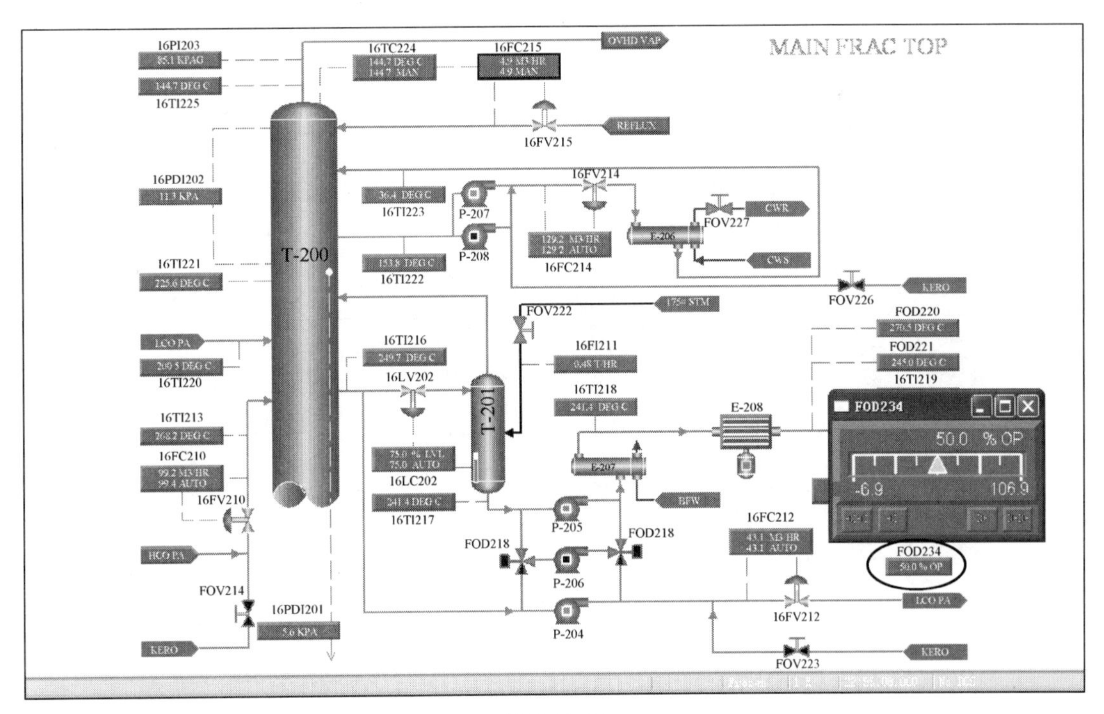

图 2-7-36

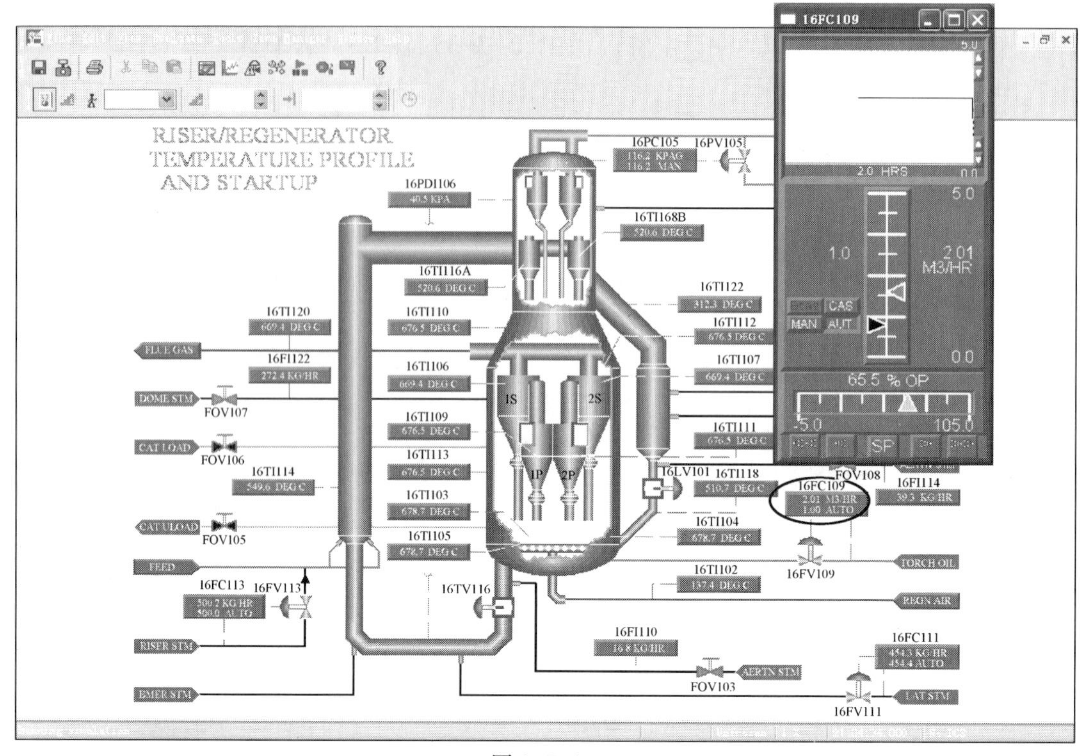

图 2-7-37

（24）当再生器催化剂床层温度达到 700℃，转换器区域稳定时，控制提升管出口温度为 526.7℃（16TC116，自动，设定值 526.7℃），如图 2-7-38 所示。

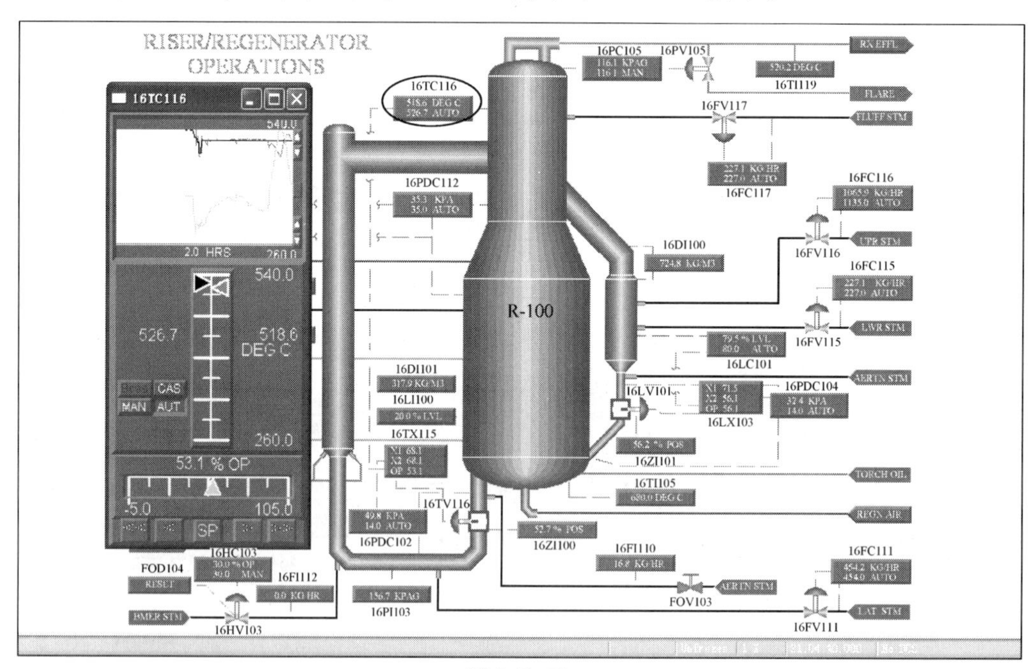

图 2-7-38

注：用回流控制 T-200 塔顶温度在 93～150℃，用风扇控制塔顶空冷器 E-209 出口温度为 70℃，通过控制塔顶产品冷凝器冷却水的流量，控制 D-200 温度为 32℃。

2.8 湿气压缩机 C-200 启动

（1）湿气压缩机气液分离罐加压(16PC205，手动，输出 10%)，如图 2-8-1 所示。

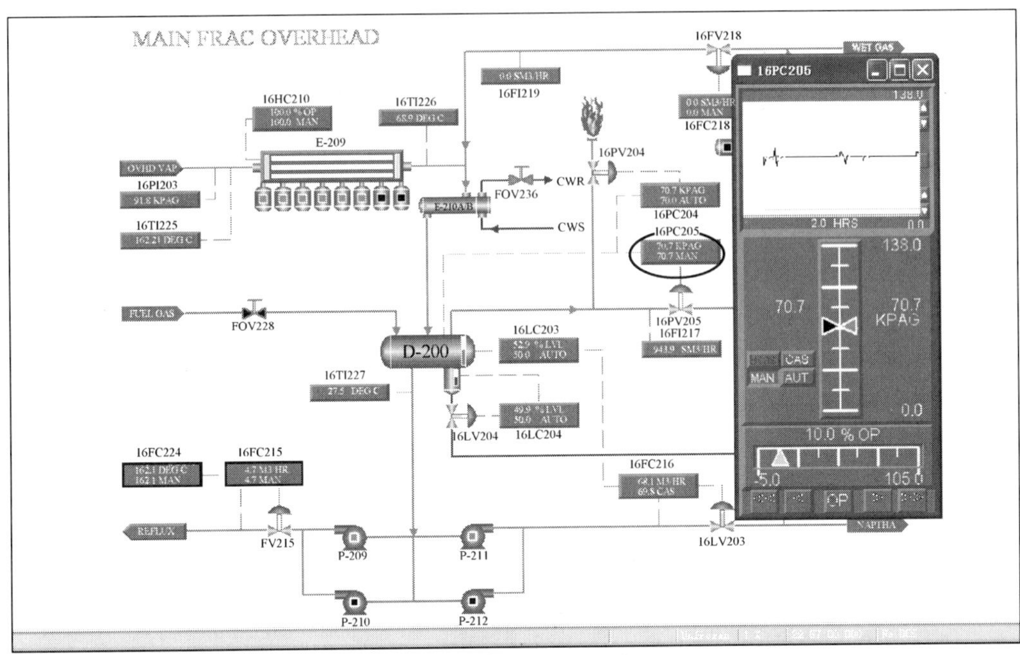

图 2-8-1

（2）在 C-200 压缩机出口添加止回喘振控制(16FC218，手动，输出 100%)，如图 2-8-2 所示。

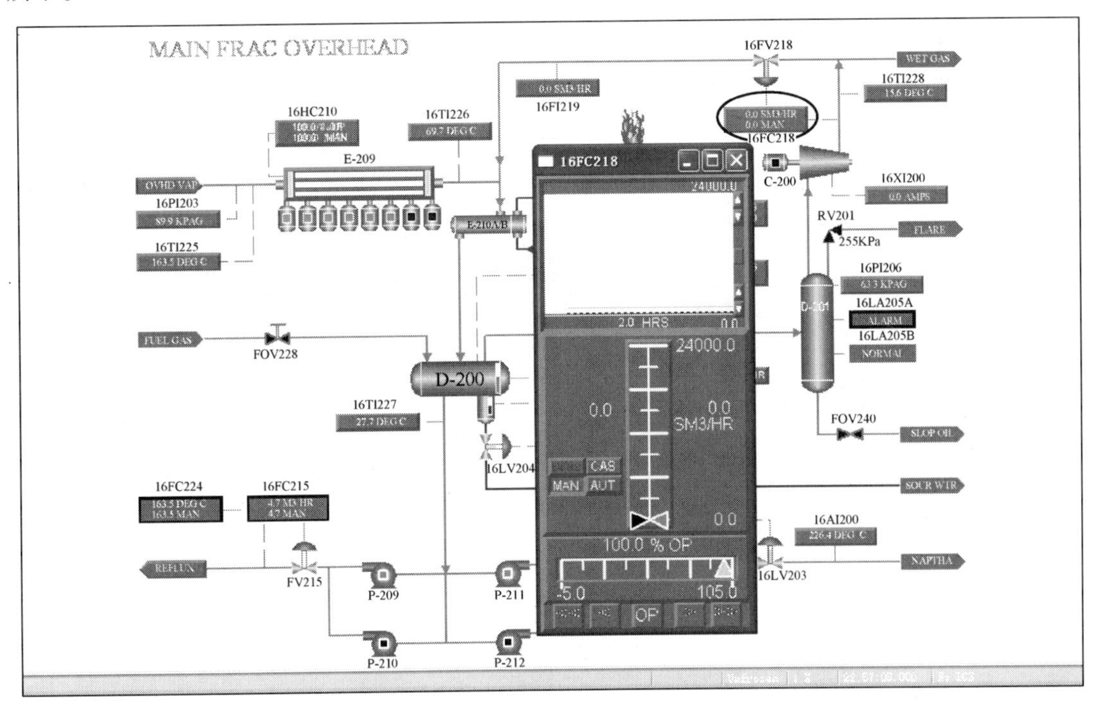

图 2-8-2

（3）启动湿气压缩机，关闭 D-200 顶部通往火炬的放空阀，使蒸汽流往湿气压缩机［FOD233；16PC204，增加设定值至 103kPa(g)］，如图 2-8-3 和图 2-8-4 所示。

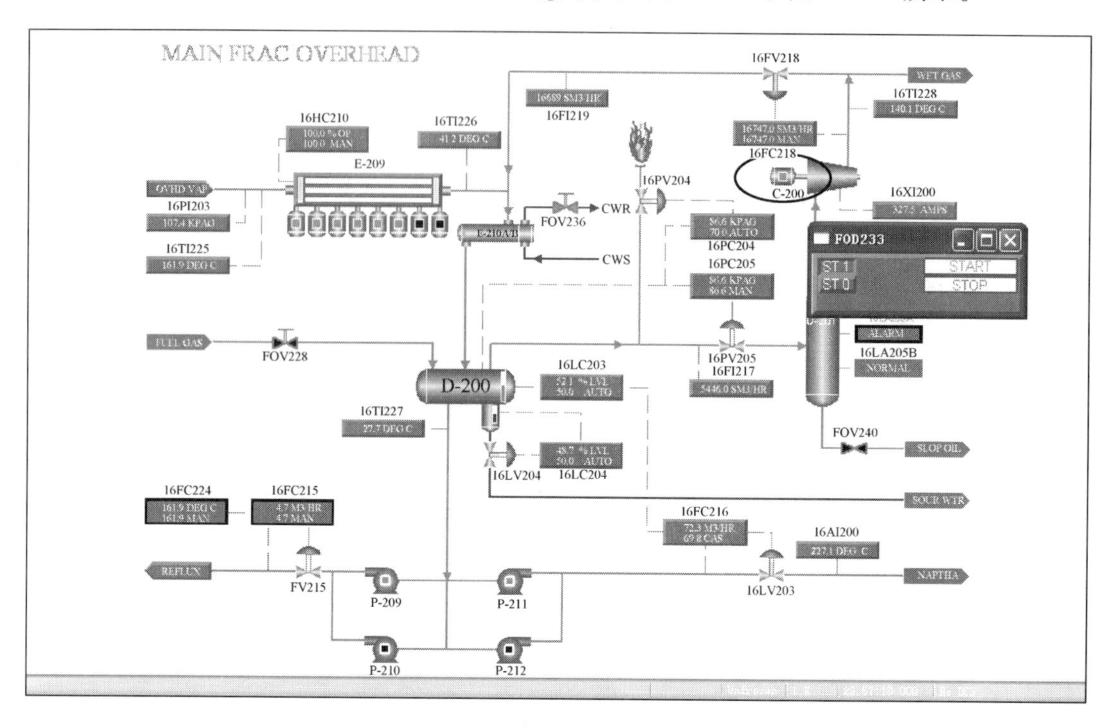

图 2-8-3

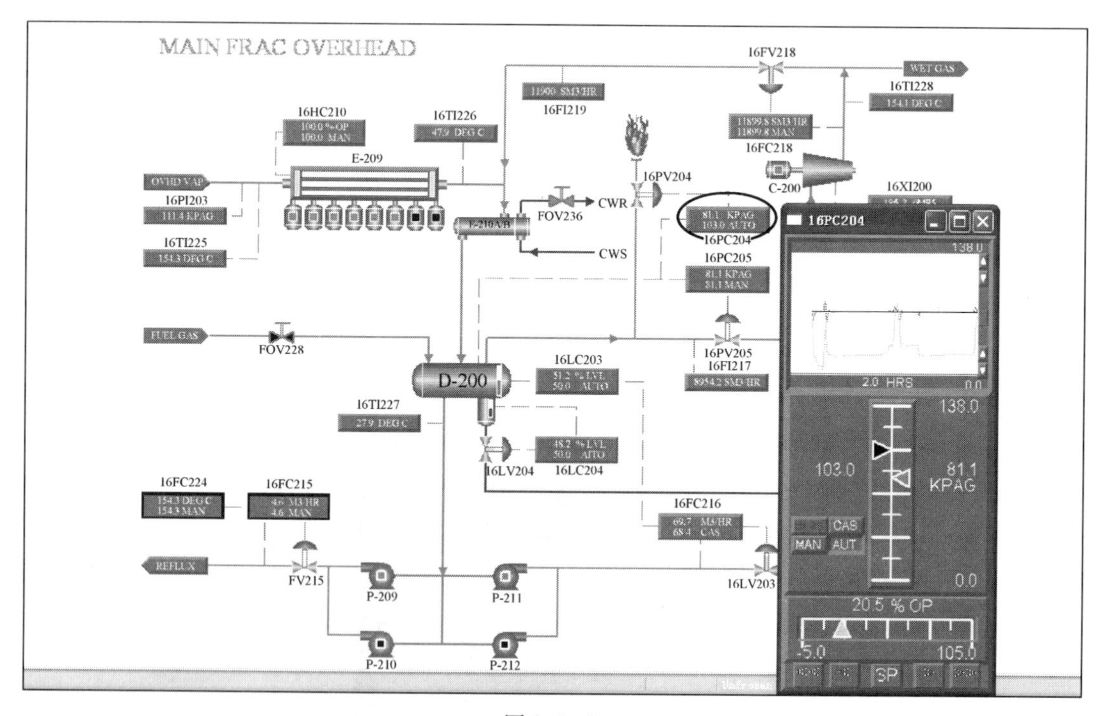

图 2-8-4

（4）将气液分离罐 D-201 入口压力设定为 70kPa(g)［16PC205，自动，设定值 70kPa(g)］，如图 2-8-5 所示。

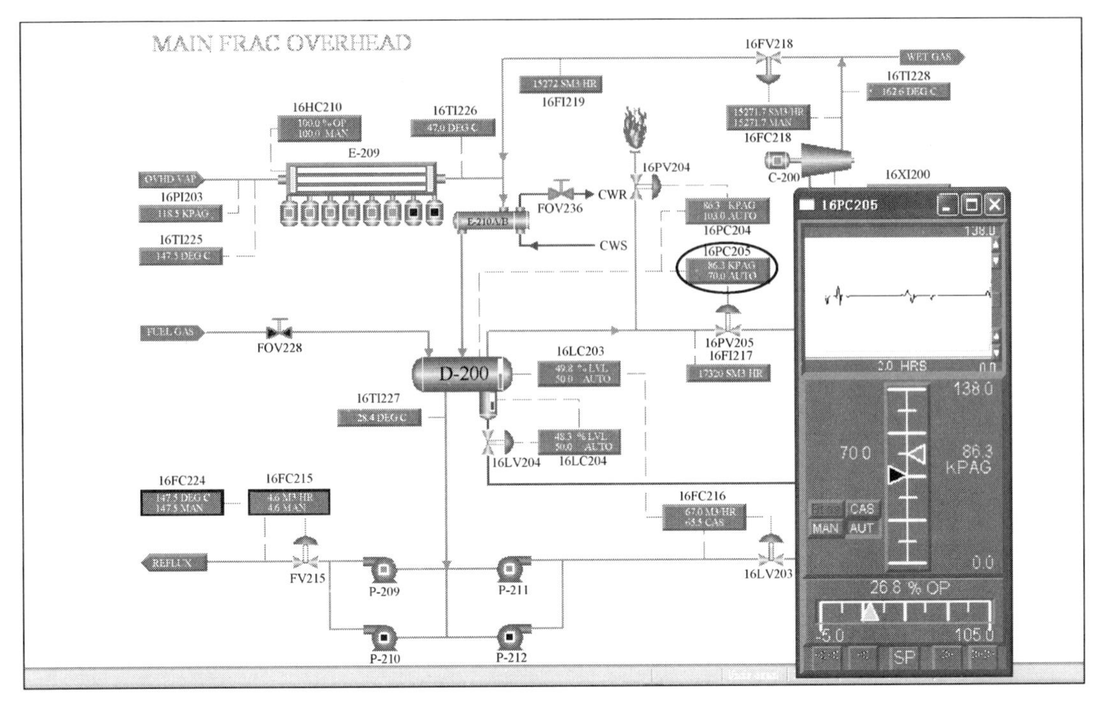

图 2-8-5

(5) 将 C-200 压缩机出口通往 E-210A/B 的湿气流量设定为最小值，防止压缩机发生喘振(16FC218，自动，设定值 20 m^3/h)，如图 2-8-6 所示。

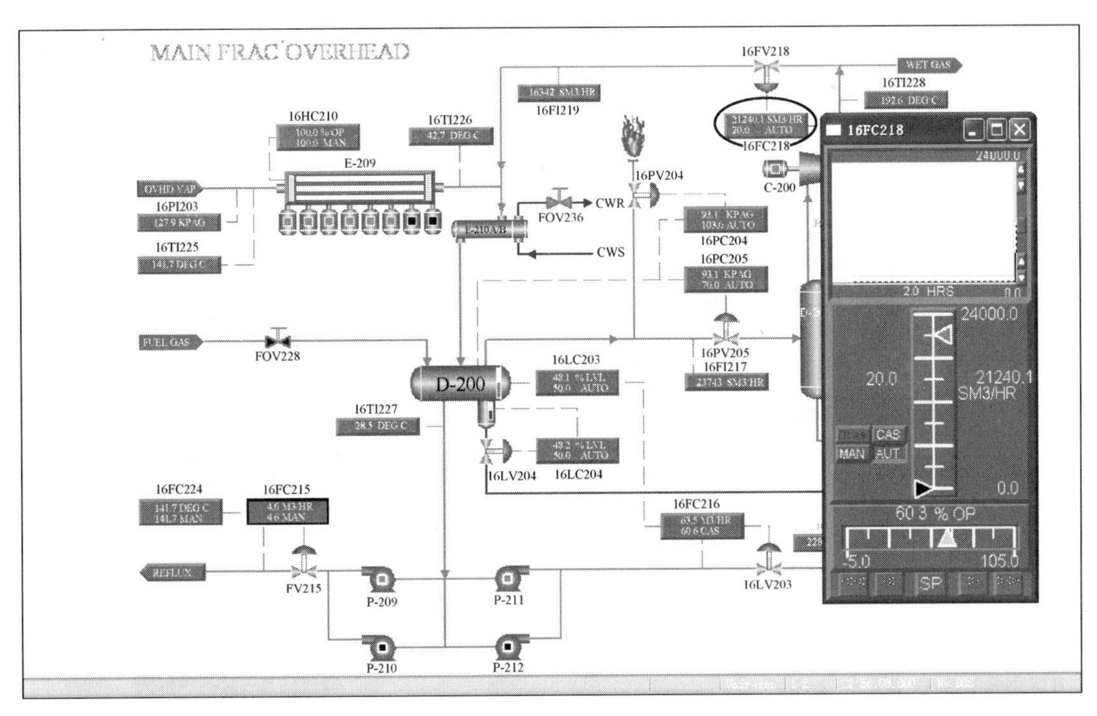

图 2-8-6

（6）将石脑油产品流量控制切换到远程控制(16FC216，级联)，如图 2-8-7 所示。

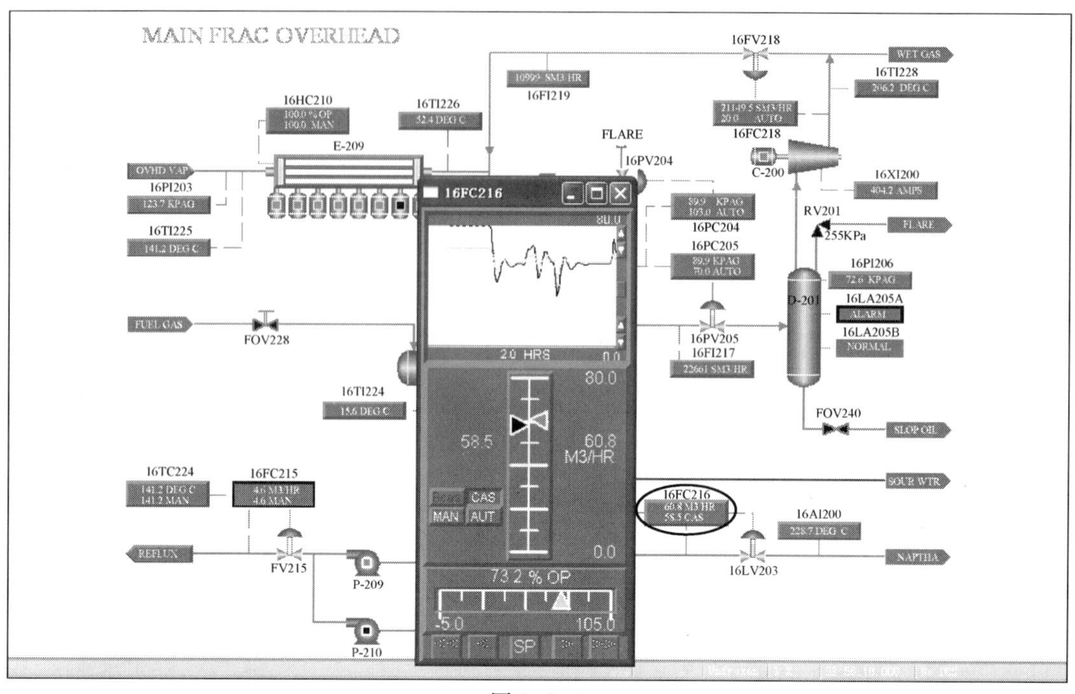

图 2-8-7

2.9　增加原料量至设计值 132.5 m^3/h

（1）通过控制塔顶回流罐压力，缓慢增加塔压至 89.6kPa(g)[16PC205，缓慢增加设定值至 89.6kPa(g)]，如图 2-9-1 所示。

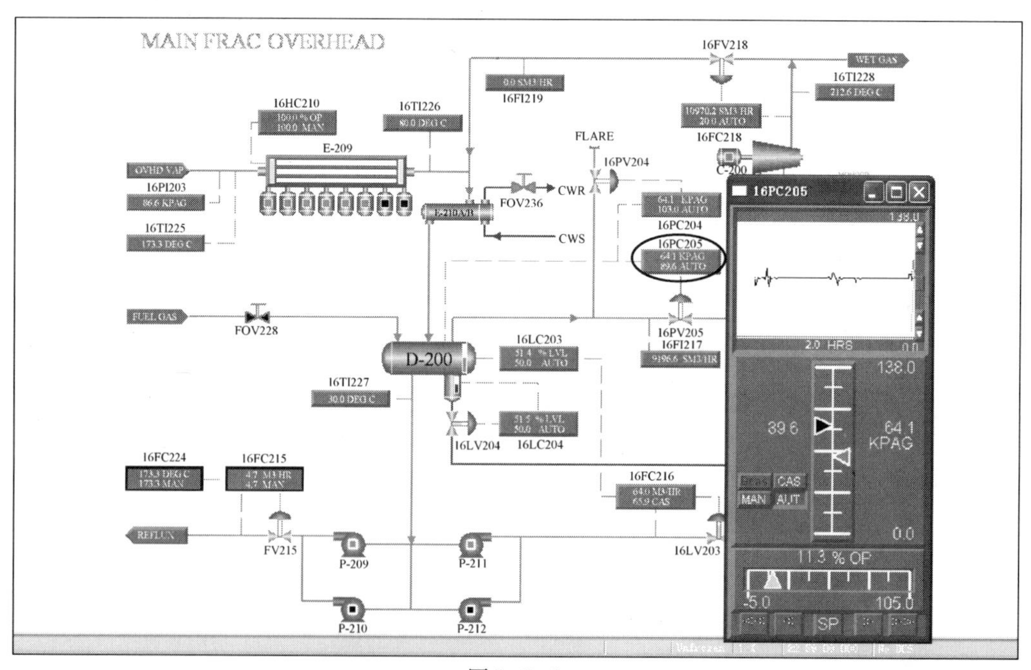

图 2-9-1

(2) 以 3.3m^3/h 的幅度增加新鲜原料量(16FC200)，如图 2-9-2 所示。

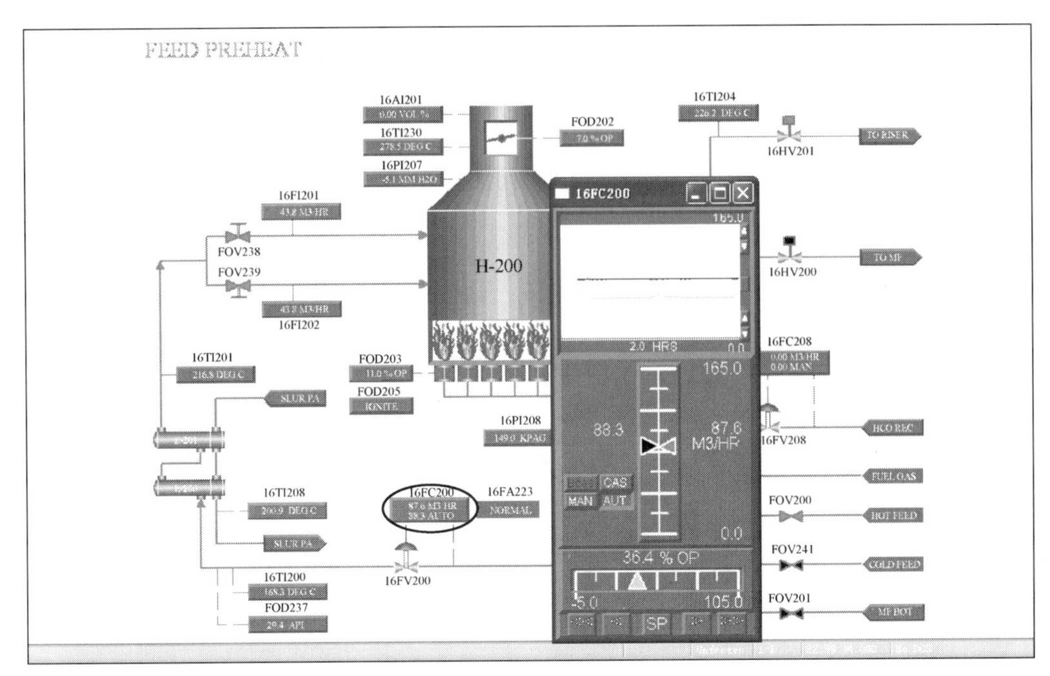

图 2-9-2

(3) 每次增加原料量之前，通过控制油浆循环，从而控制 T-200 塔底液位和温度(16FC221，级联)，如图 2-9-3 所示。

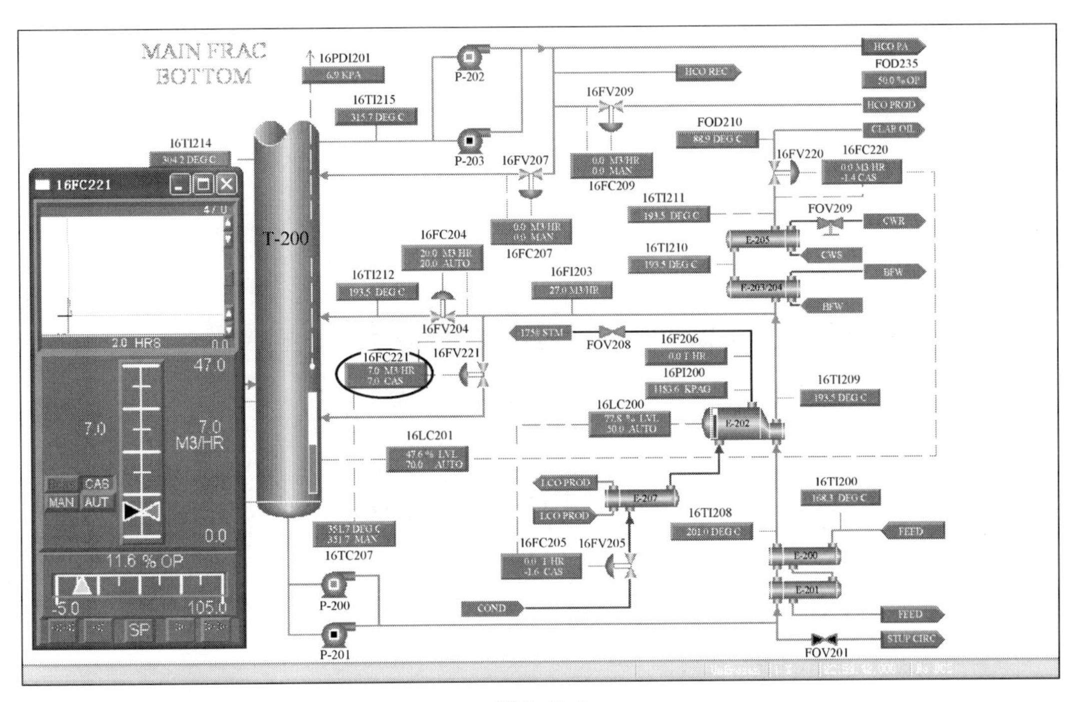

图 2-9-3

(4) 离开烟囱的烟气中氧气含量控制在 1%～3%，再生器/沉降器差压控制在 35kPa(g)，而且要相应的增加再生空气流量(16TC207，自动，设定值 354.5℃；进料速率

16FC204、16FC200 达设定值后，16TC224 设为自动)，如图 2-9-4~图 2-9-7 所示。

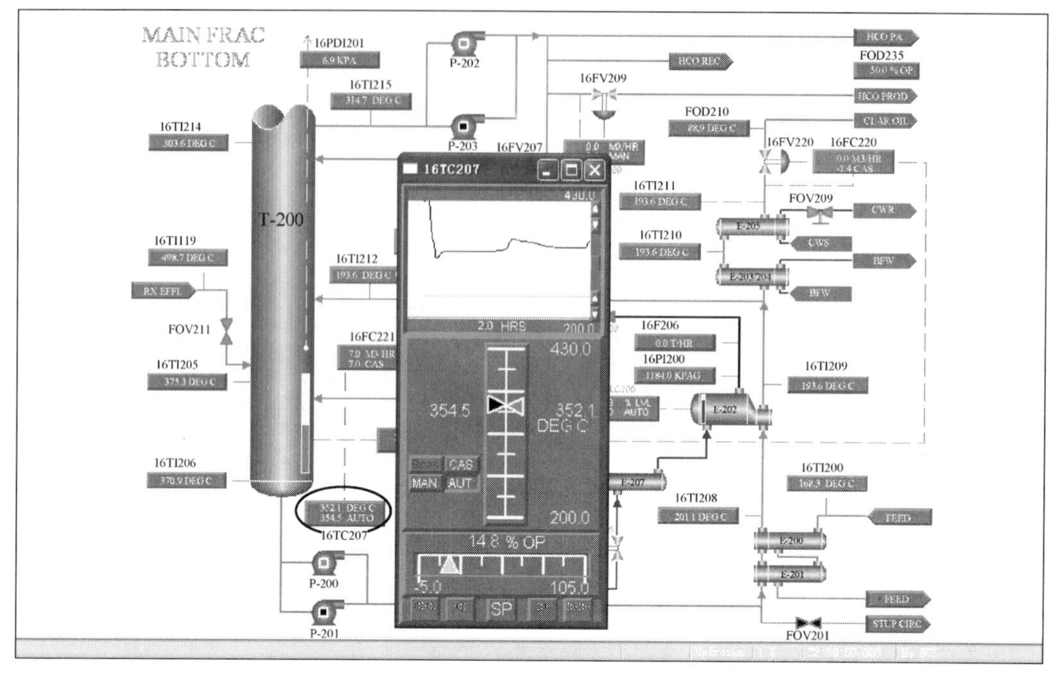

图 2-9-4

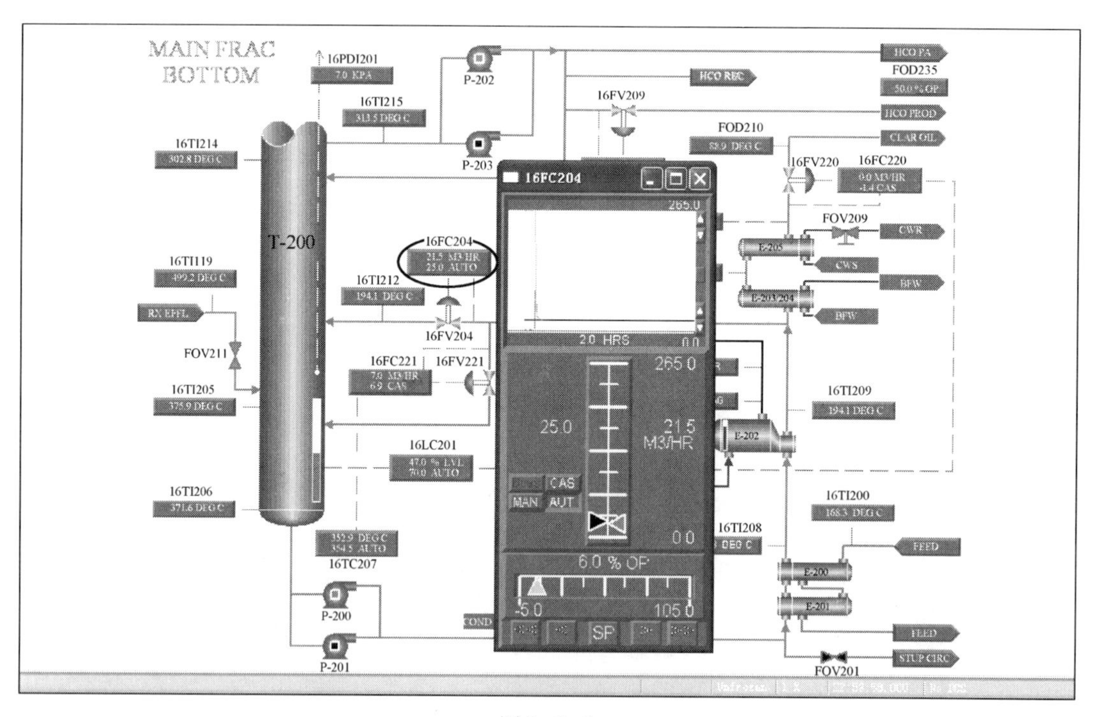

图 2-9-5

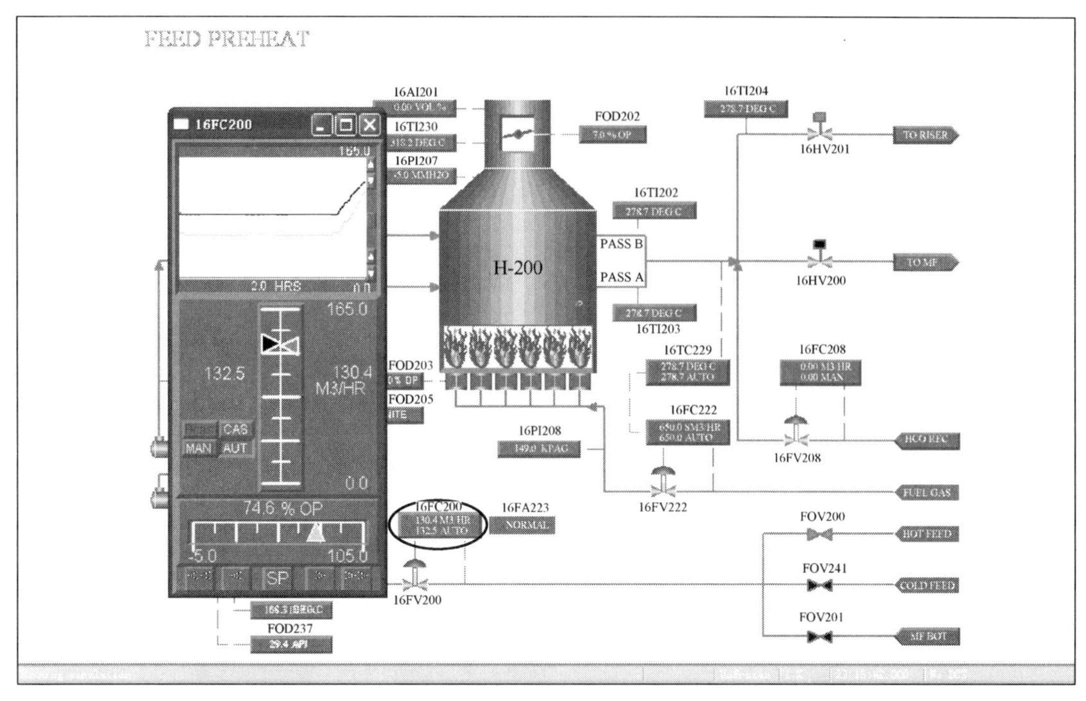

图 2-9-6

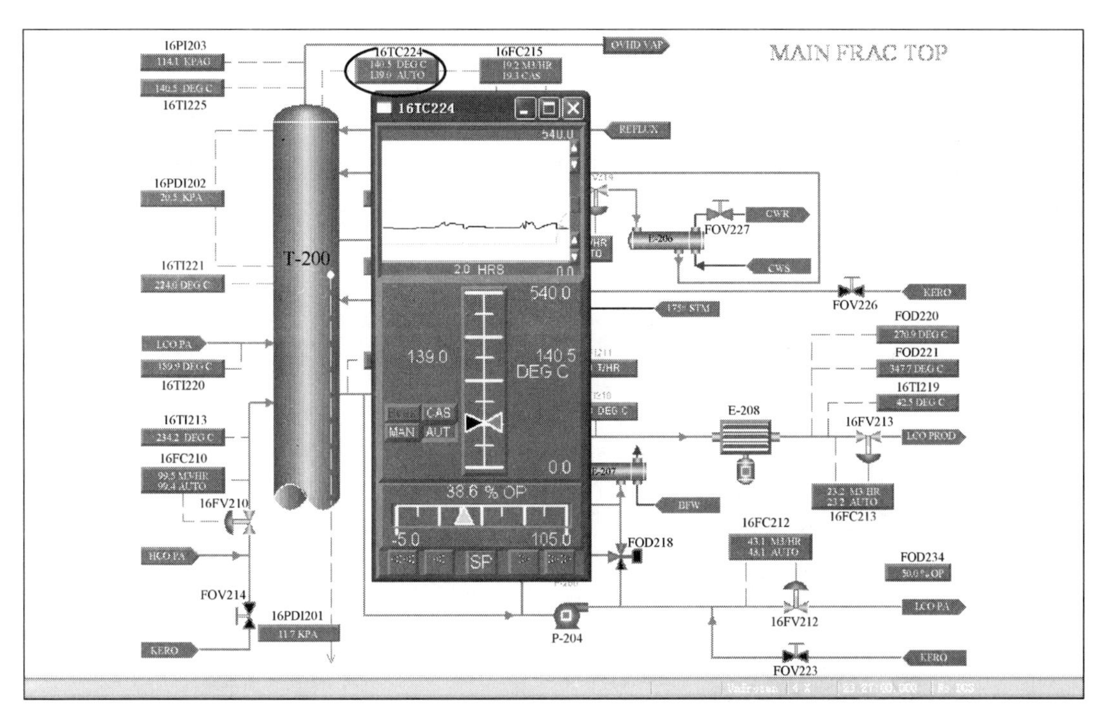

图 2-9-7

注：每次增加进料量之后，要等各处流量、温度、压力稳定后再进行下一次增加进料。

第3章　装置停工

3.1　减小进料速率

（1）关闭重循环油控制阀(16FC208，手动，输出0)，如图3-1-1所示。

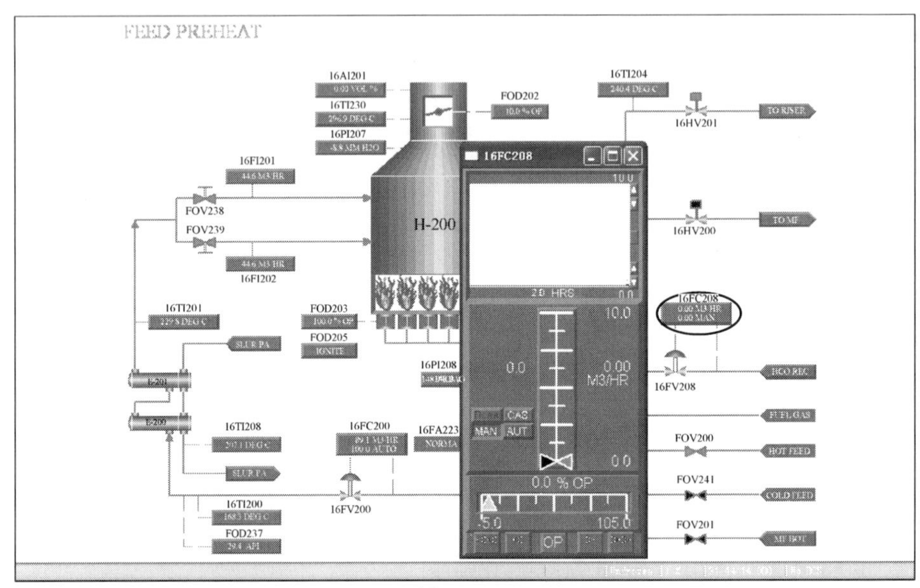

图3-1-1

（2）将进料量设定为$66m^3/h$，逐步减少进料量，并逐渐增加提升管底部的事故蒸汽量至$6800m^3/h$(16FC200，$66m^3/h$；16HC103，输出设为约46%)，如图3-1-2和图3-1-3所示。

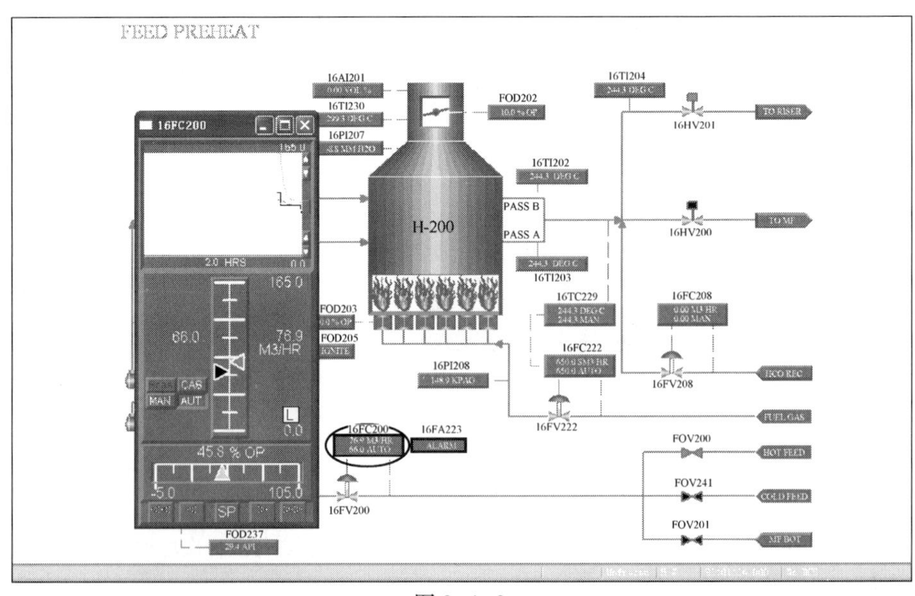

图3-1-2

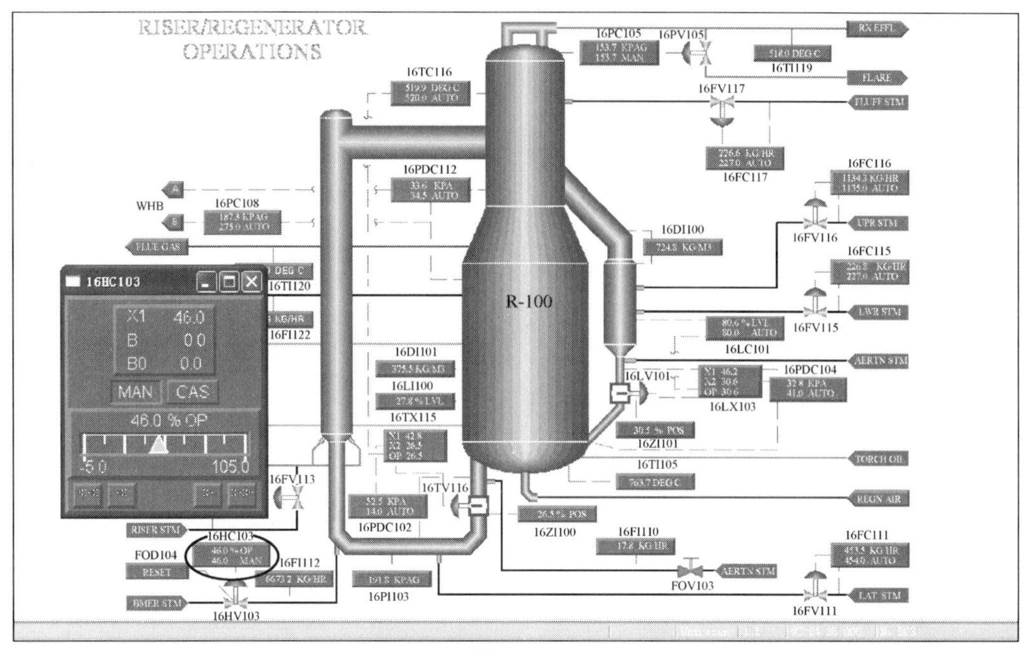

图 3-1-3

（3）随着进料量减少，通过沉降器和 T-200 的压降会减小，通过控制 D-200 压力保持沉降器压力恒定和滑阀差压稳定。

注：通过调整 LCO、HCO、重石脑油、油浆等的流动，控制 T-200 热量平衡；通过调整 E-209 风扇转速或选择性关闭风扇，控制 D-200 温度。

（4）降低提升管出口温度的设定值，减小原料预热炉出口温度设定值(16TC116，设定值 482℃；16TC229，设定值 260℃)，如图 3-1-4 和图 3-1-5 所示。

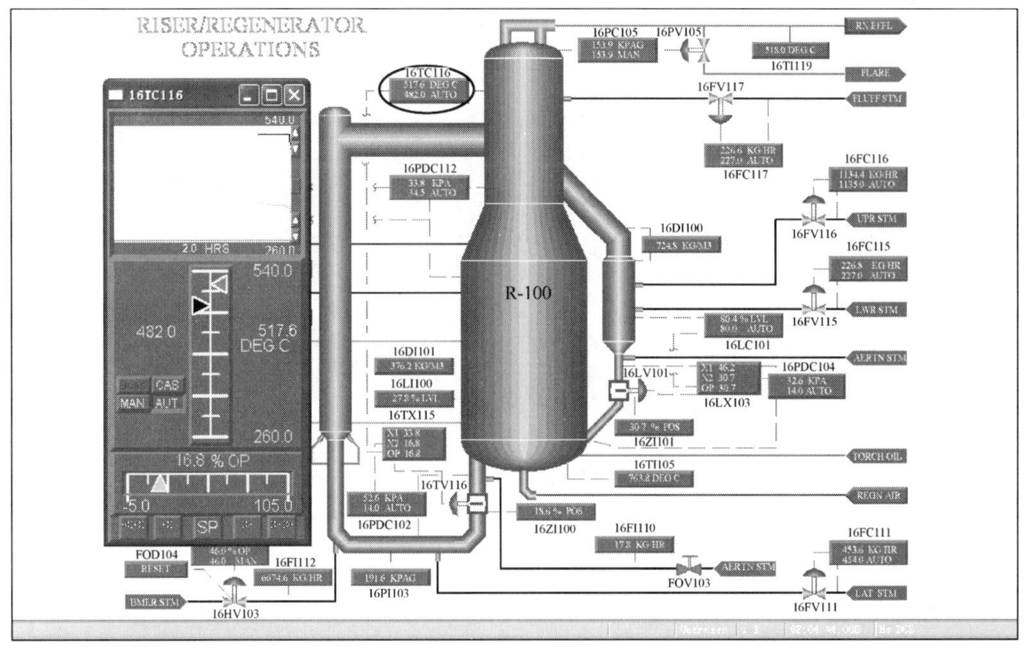

图 3-1-4

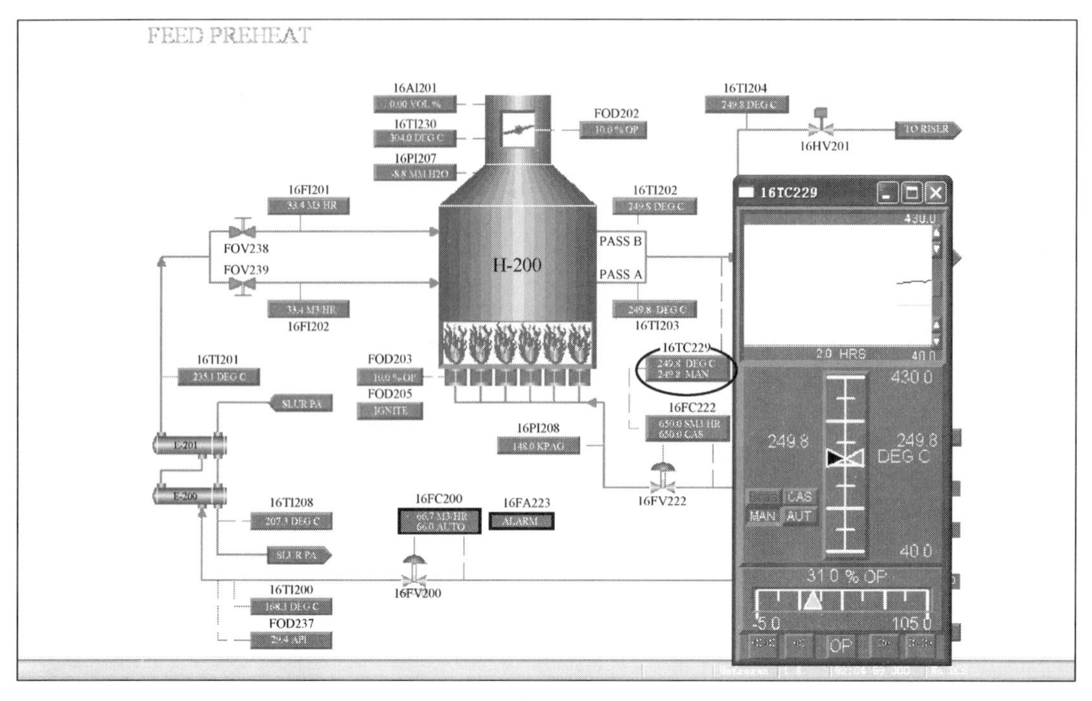

图 3-1-5

（5）停止向 R-100 加载催化剂，并通过降低 C-100 转速或通过控制 C-100 放空阀便再生空气流量降低，保持烟囱中烟气含有过量氧气(FOD106，输出 0)，如图 3-1-6 所示。

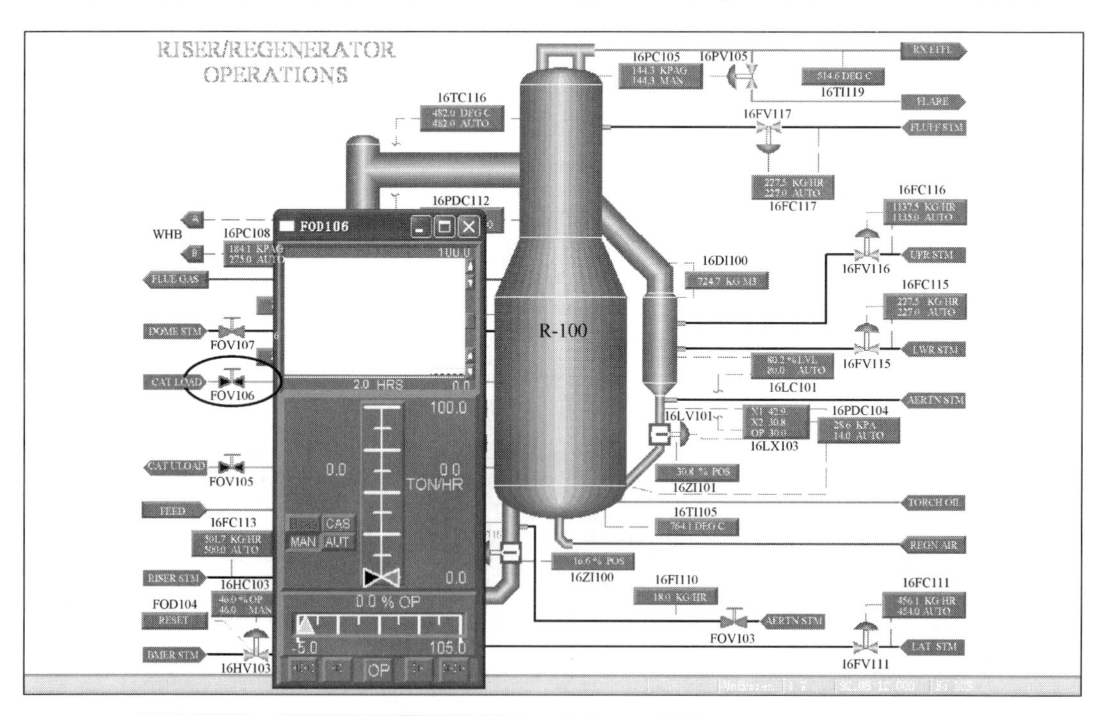

图 3-1-6

（6）切断提升管进料，切换到向主分馏塔进料(打开 16HV200，关闭 16HV201)，如图 3-1-7所示。

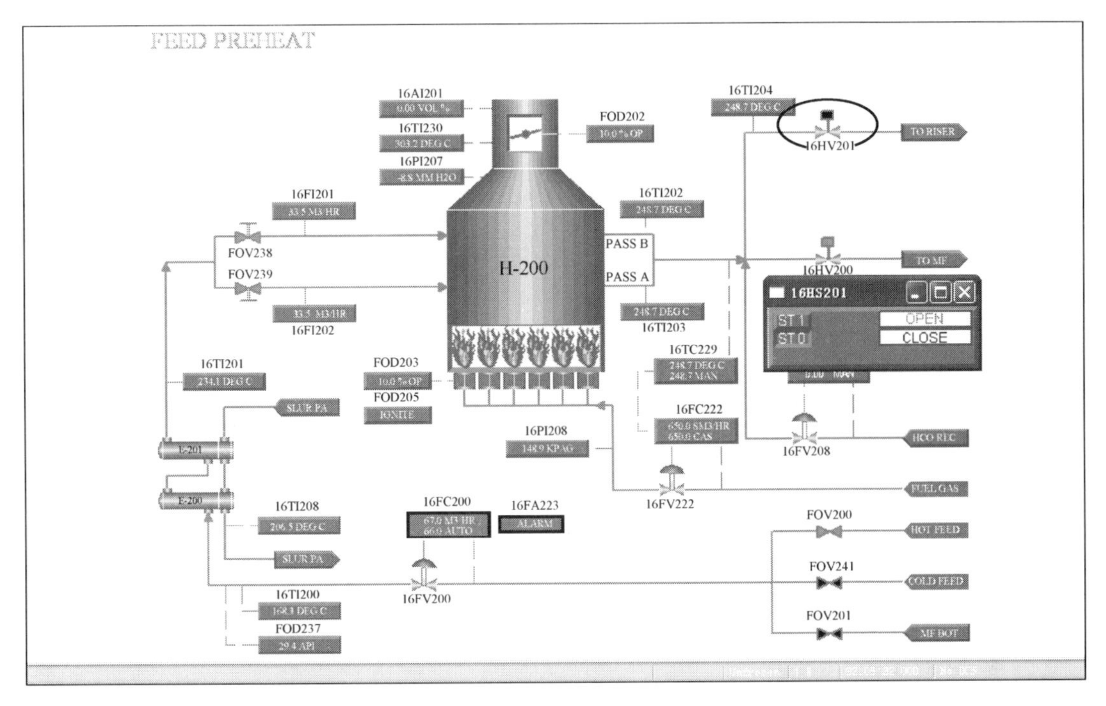

图 3-1-7

(7) H-200 进料量设为 0，增加提升管事故蒸汽量(16FC200，手动，输出 0)，如图 3-1-8所示。

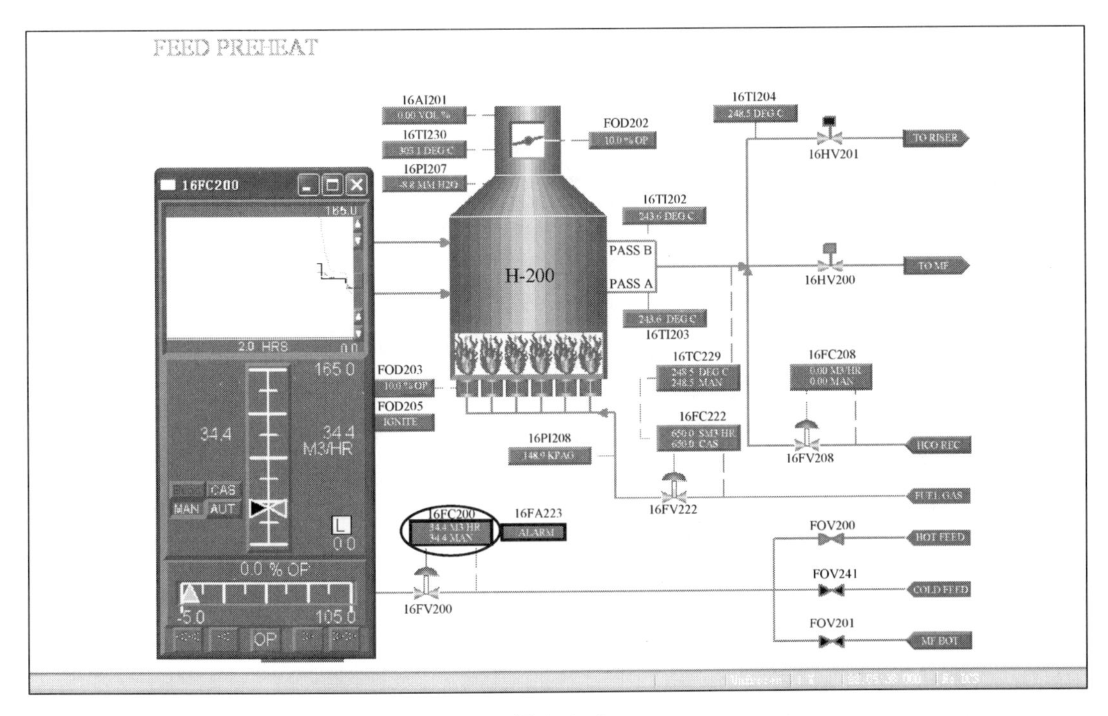

图 3-1-8

(8) 将 H-200 出口温度设定为 204℃(16TC229，减小设定值至 204℃)，如图 3-1-9 所示。

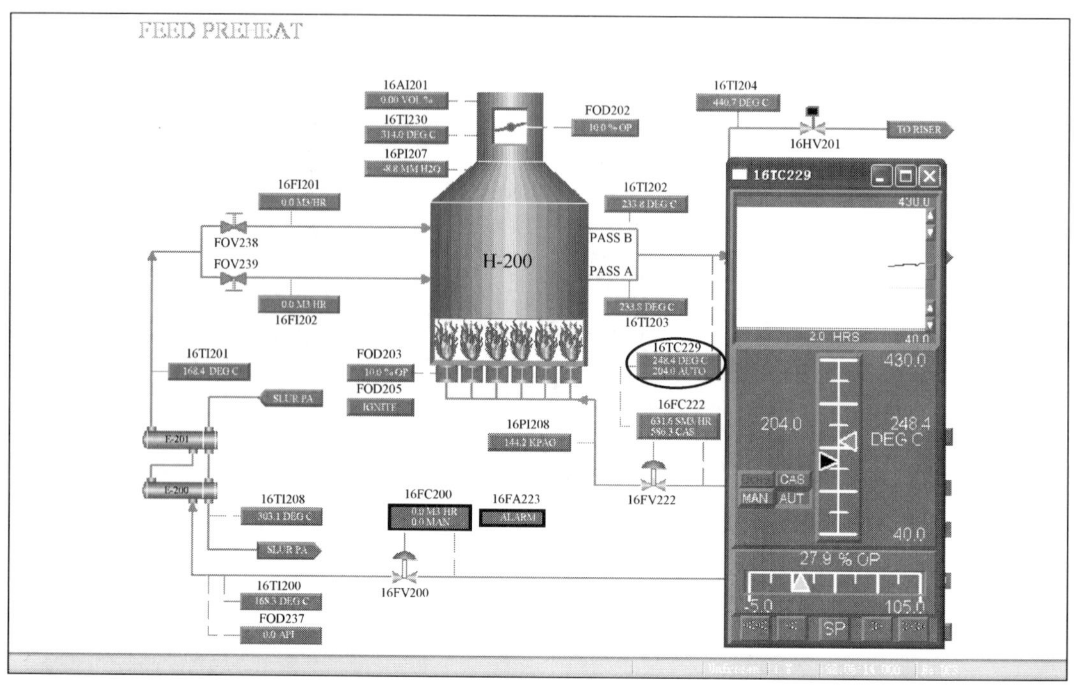

图 3-1-9

（9）关闭进料阀(关闭 FOD200、FOD241)，如图 3-1-10 所示。

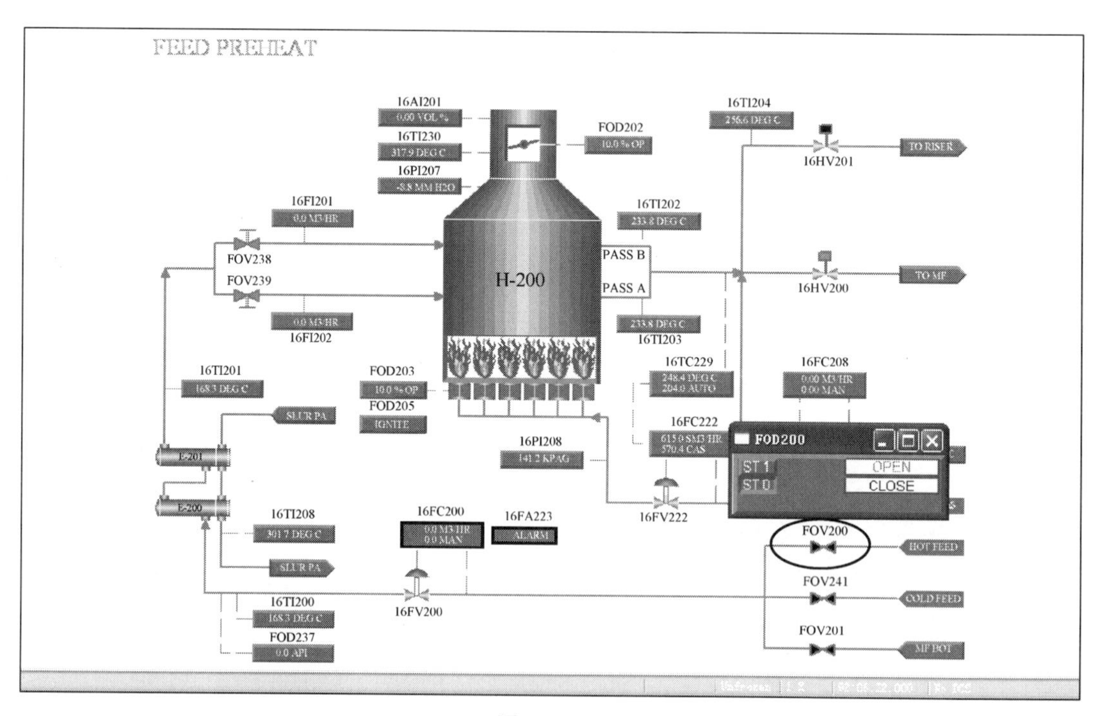

图 3-1-10

（10）将 C-100 转速减为 4000r/min，适时打开出口放空阀避免喘振发生(FOD111)，如图 3-1-11 所示。

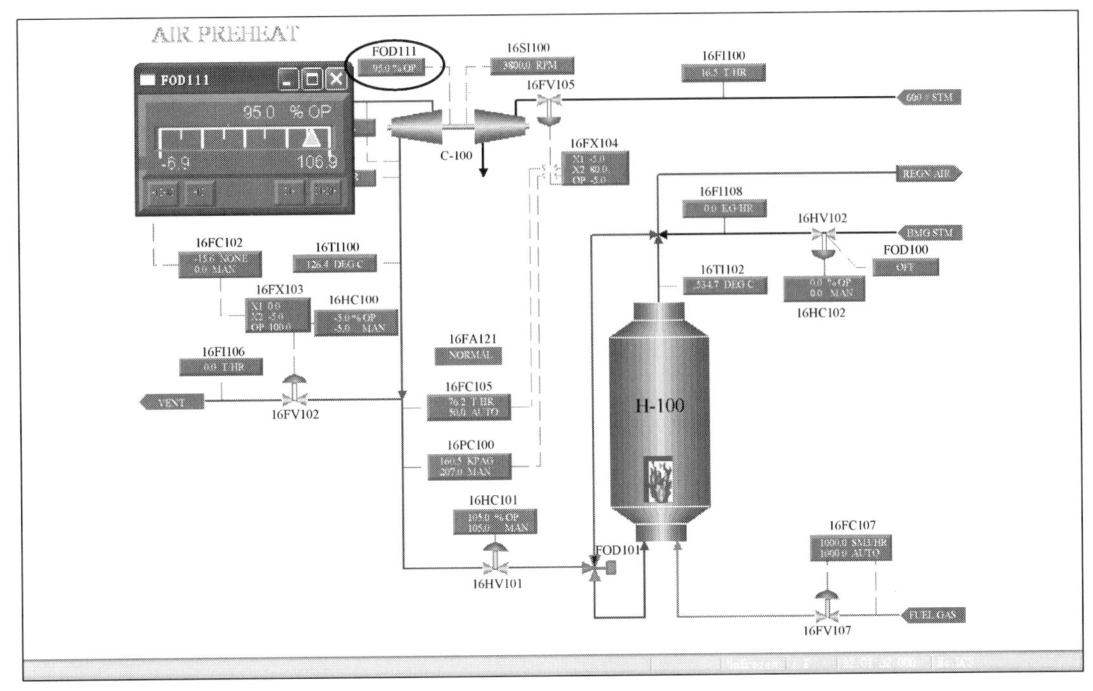

图 3-1-11

（11）关闭 H-200 燃气进料，依次关闭 H-200 各火嘴（16FC222，手动，输出 0），如图 3-1-12～图 3-1-14 所示。

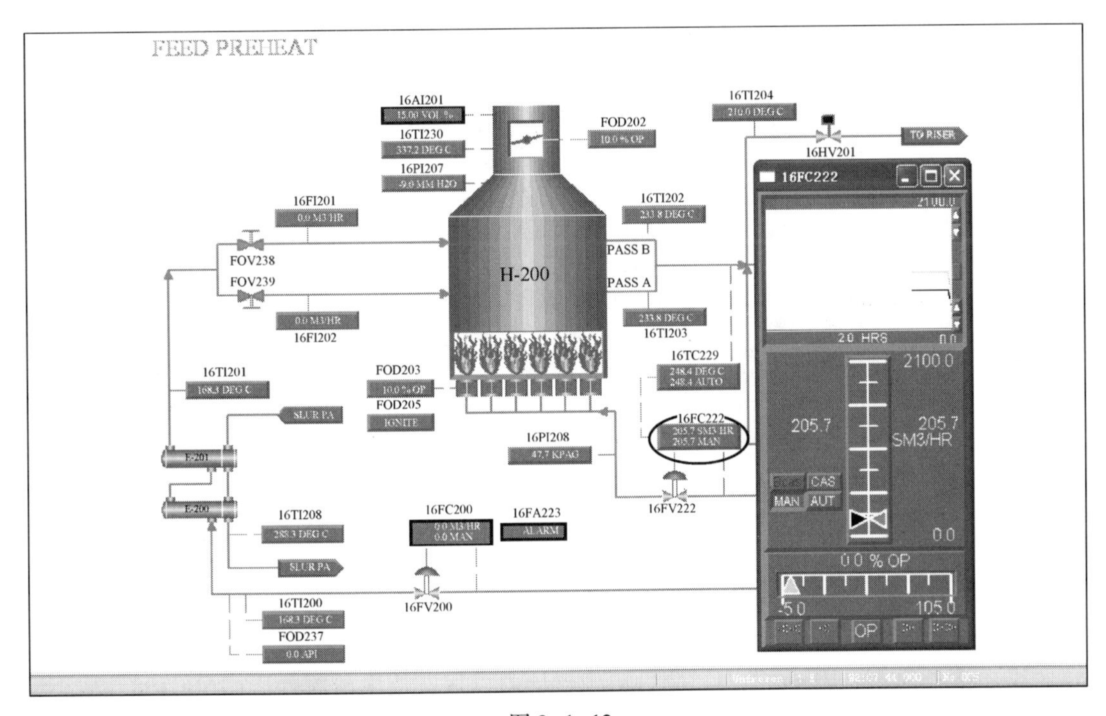

图 3-1-12

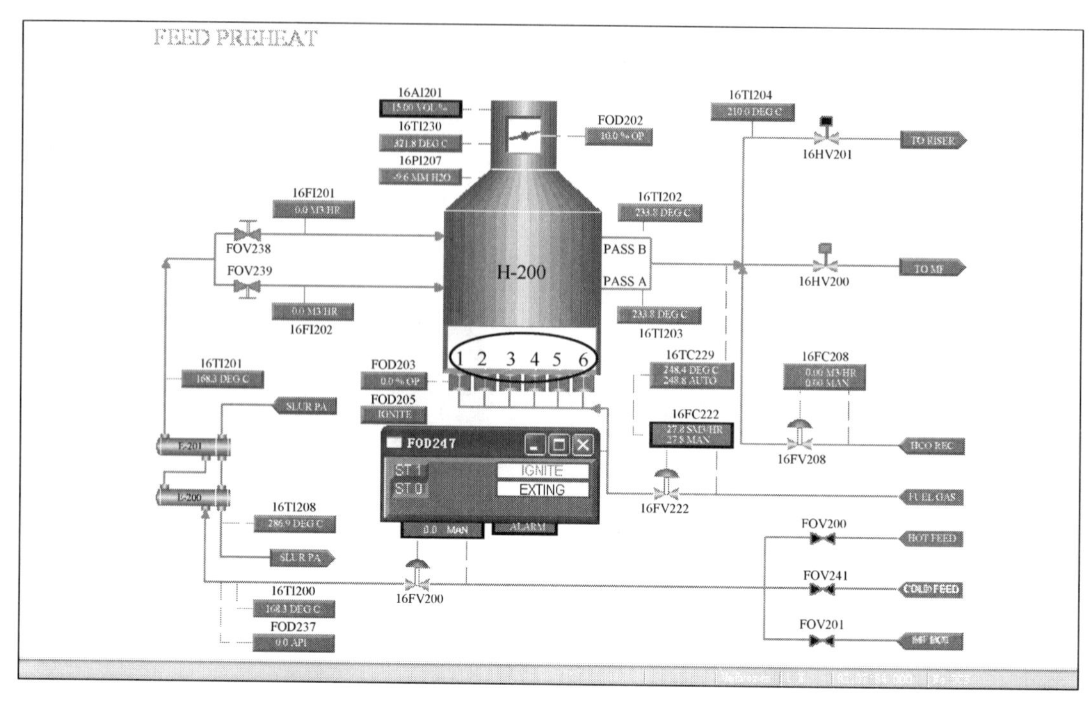

图 3-1-13

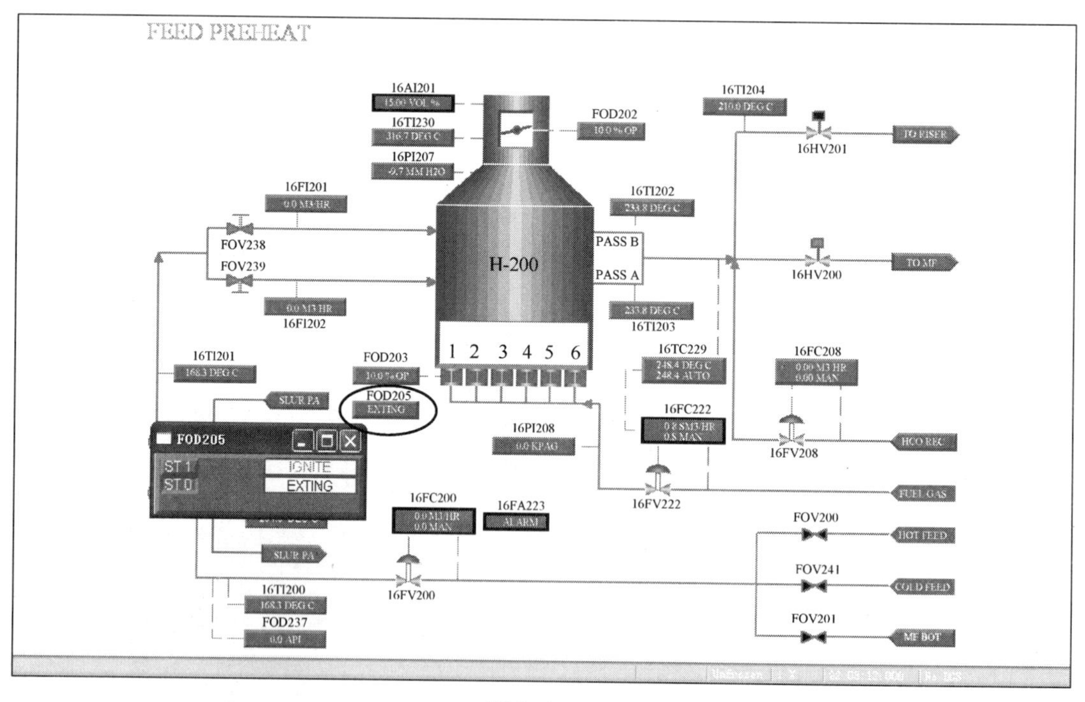

图 3-1-14

（12）催化剂循环 10min 左右，降低再生器压力以保持待生滑阀差压(16PC108，减小设定值)，如图 3-1-15 所示。

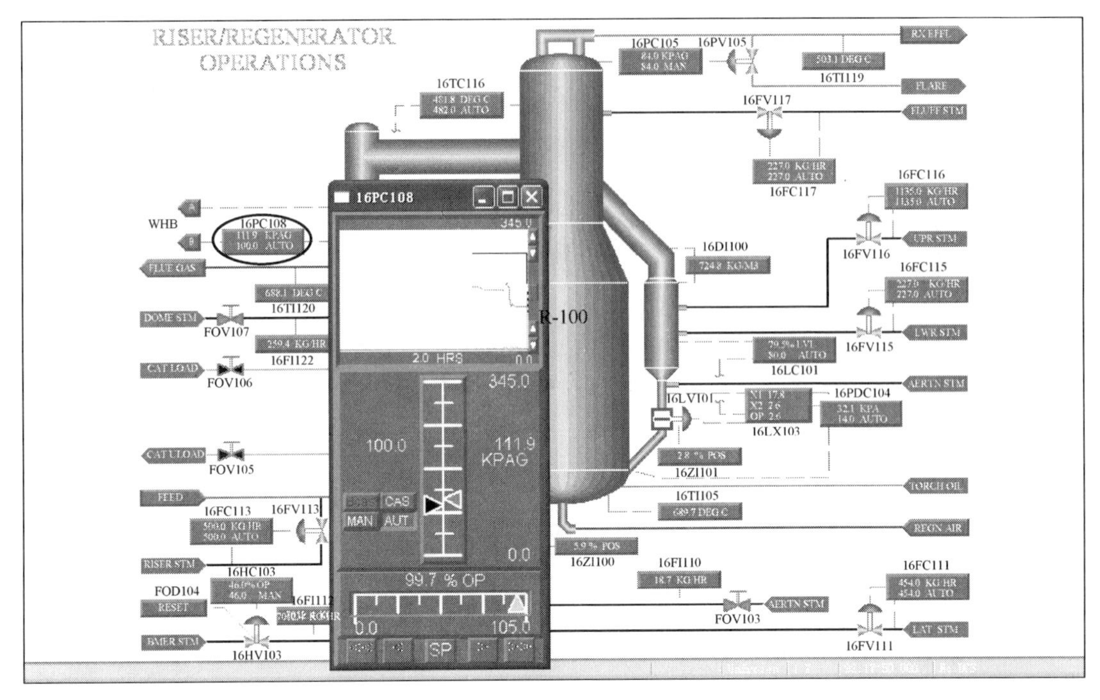

图 3-1-15

（13）关闭再生滑阀，切断催化剂循环，增加提升管事故蒸汽量，清除提升管内催化剂（16TX115，手动，输出 0），如图 3-1-16 和图 3-1-17 所示。

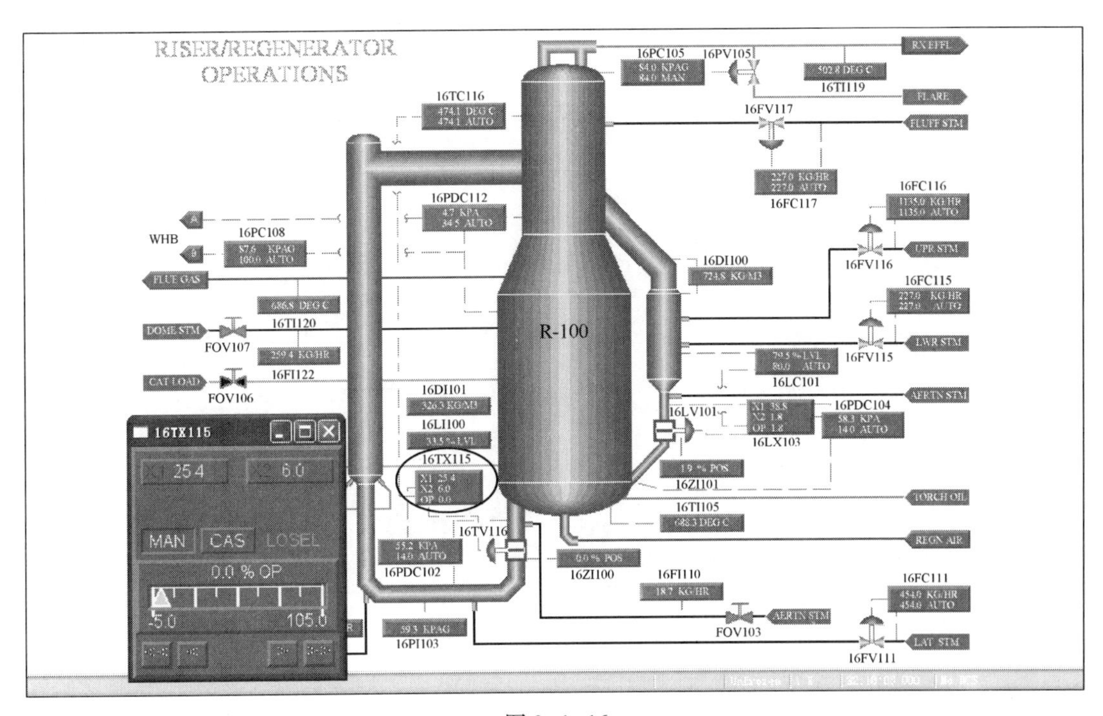

图 3-1-16

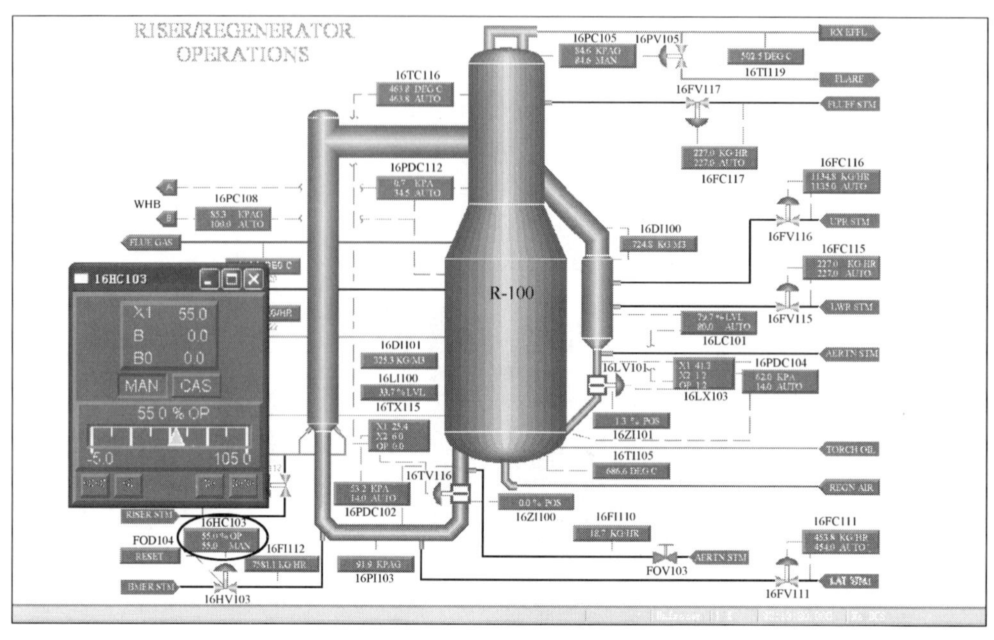

图 3-1-17

注：通过待生滑阀控制汽提段液位在 80%，使用 C-100 鼓风机，冷却 R-100 底部催化剂床层温度至 427℃。

3.2 关闭再生器 R-100

（1）控制离开再生器的烟气流量，降低再生器压力，增加 C-100 空气量，冷却催化剂至 316℃（16PC108，减小设定值；16FC107，增大设定值），如图 3-2-1 和图 3-2-2 所示。

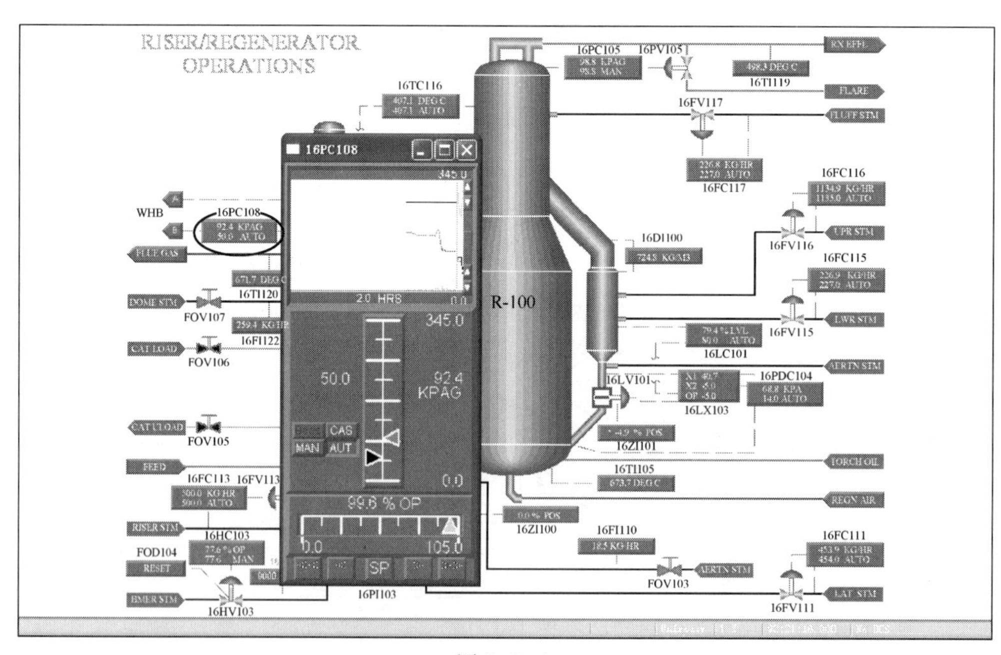

图 3-2-1

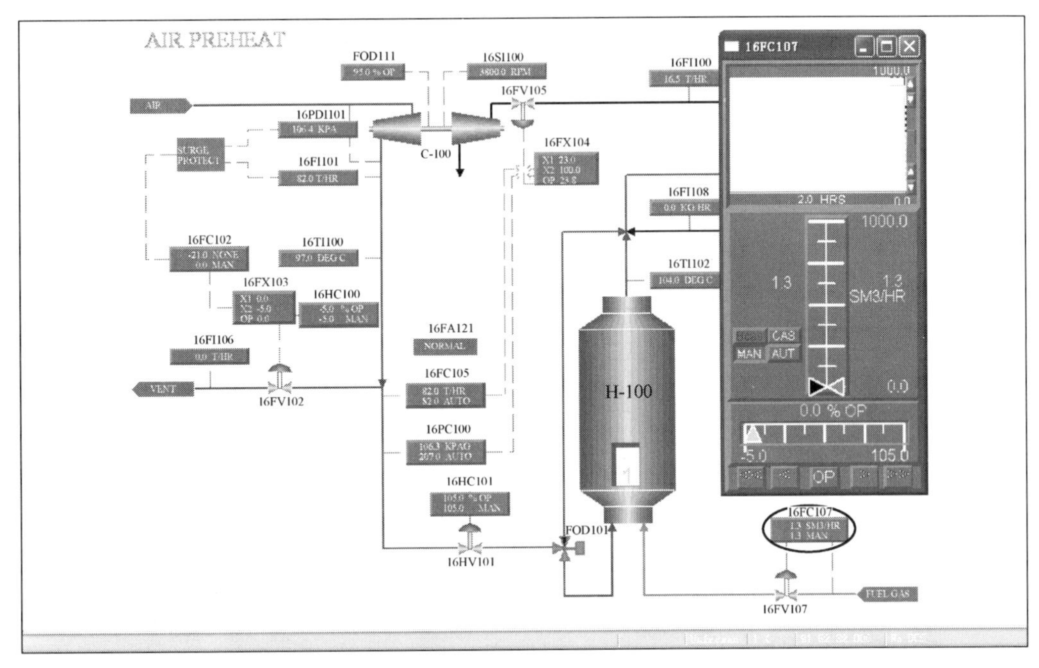

图 3-2-2

(2) 当催化剂温度降到316℃后，增加通往J型弯头的侧向蒸汽量、沉降器事故蒸汽量和汽提段上部汽提蒸汽量(16FC111、16FC116，增大设定值；16HC102，增大输出)，如图3-2-3~图3-2-5所示。

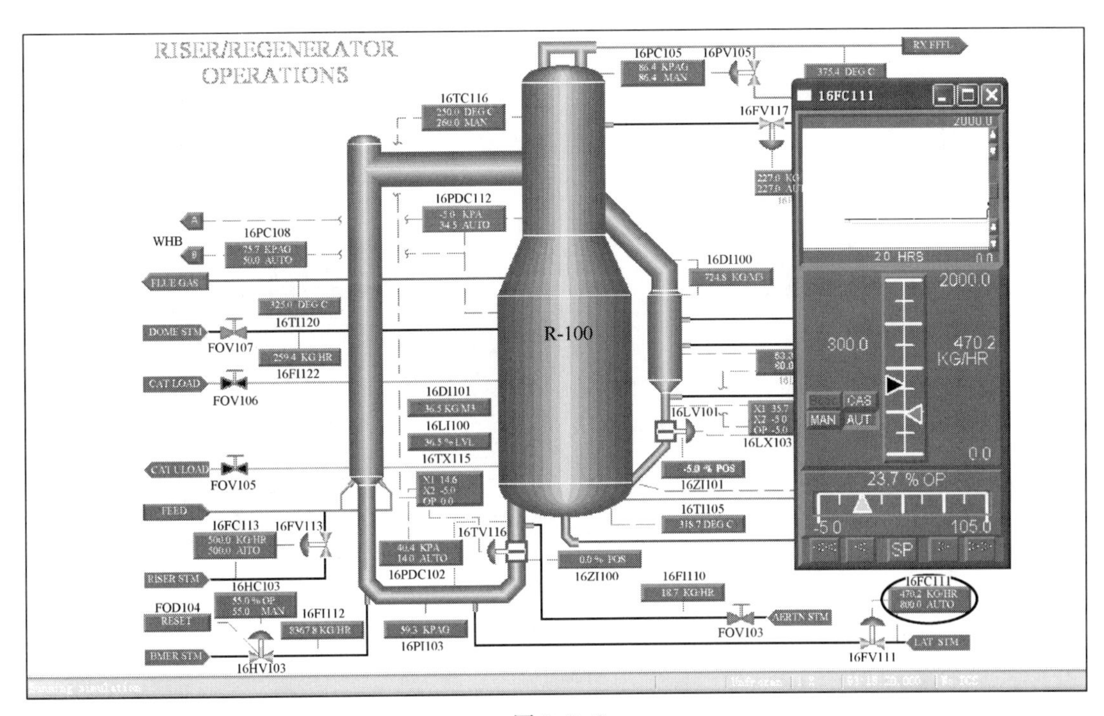

图 3-2-3

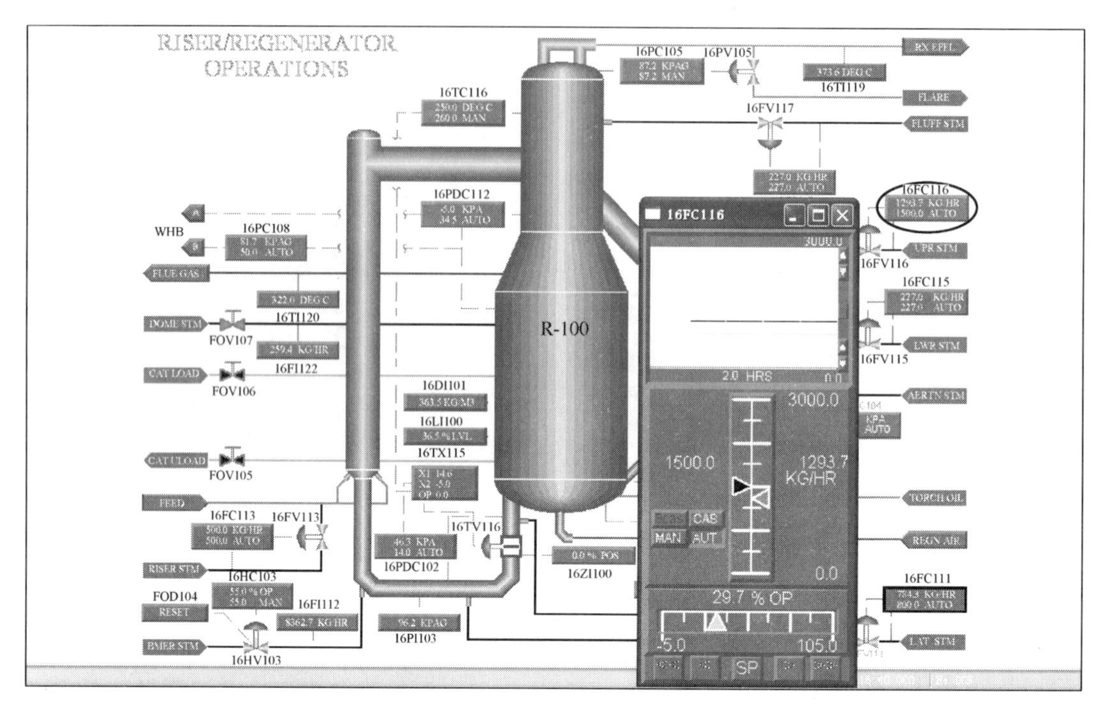

图 3-2-4

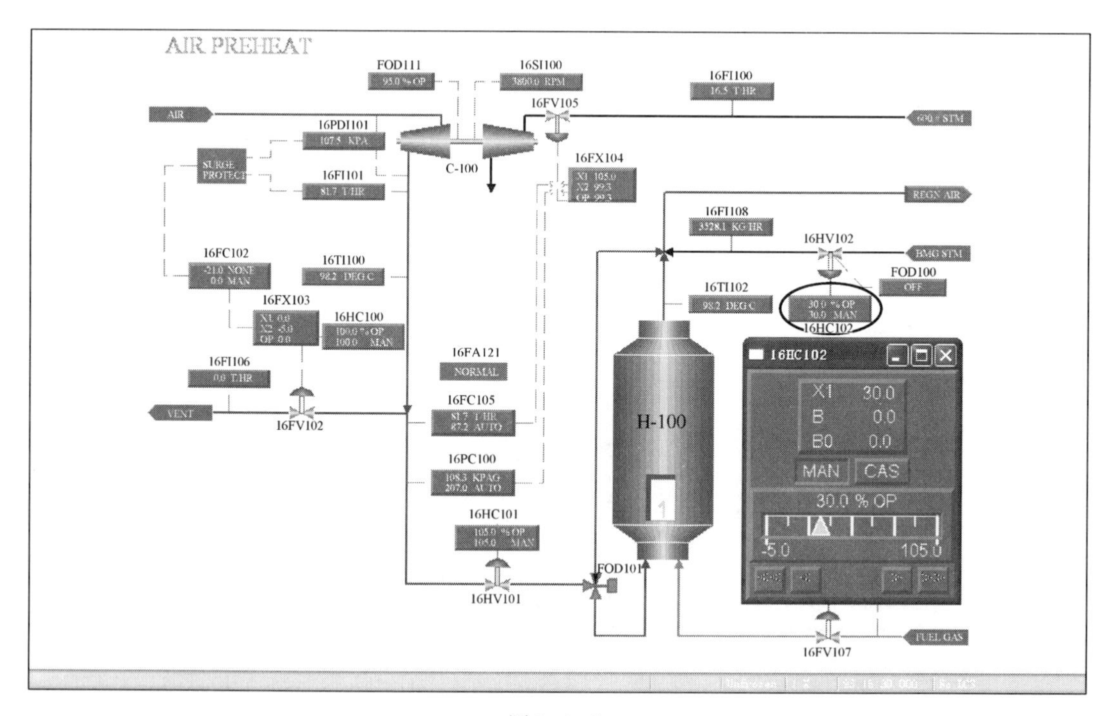

图 3-2-5

（3）全开催化剂卸载阀，增大再生器压力，帮助其卸载（FOD105，全开 100%），如图 3-2-6 所示。

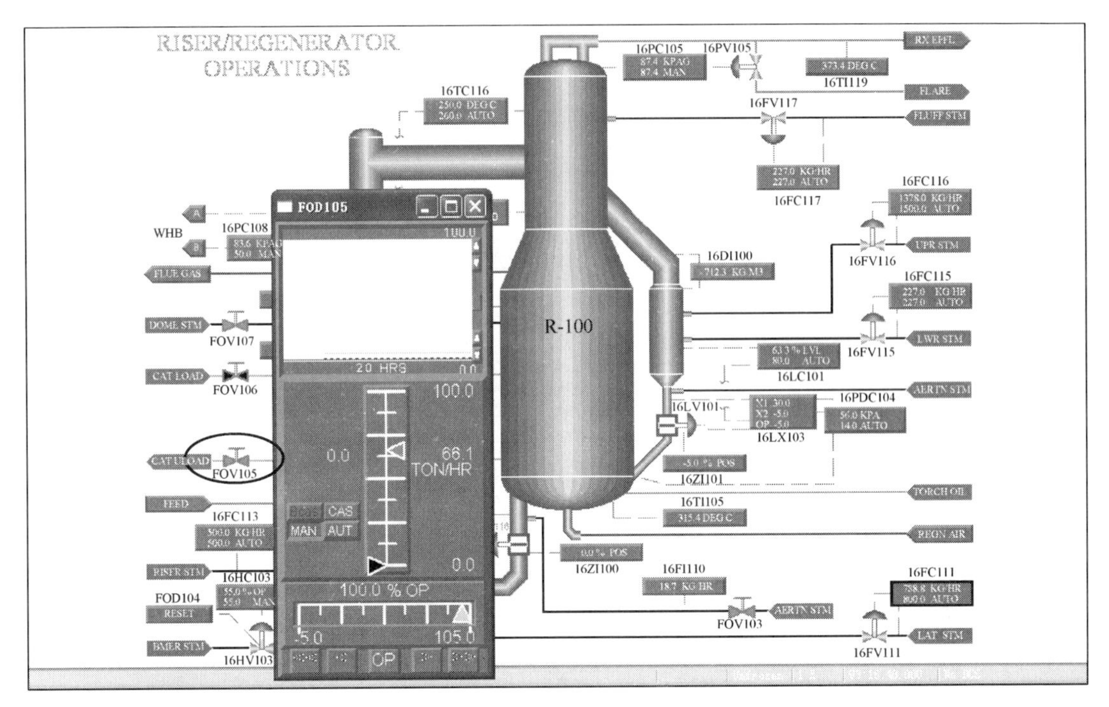

图 3-2-6

（4）打开待生滑阀，使催化剂进入再生器后卸载（16LX103，手动，输出100%），如图3-2-7所示。

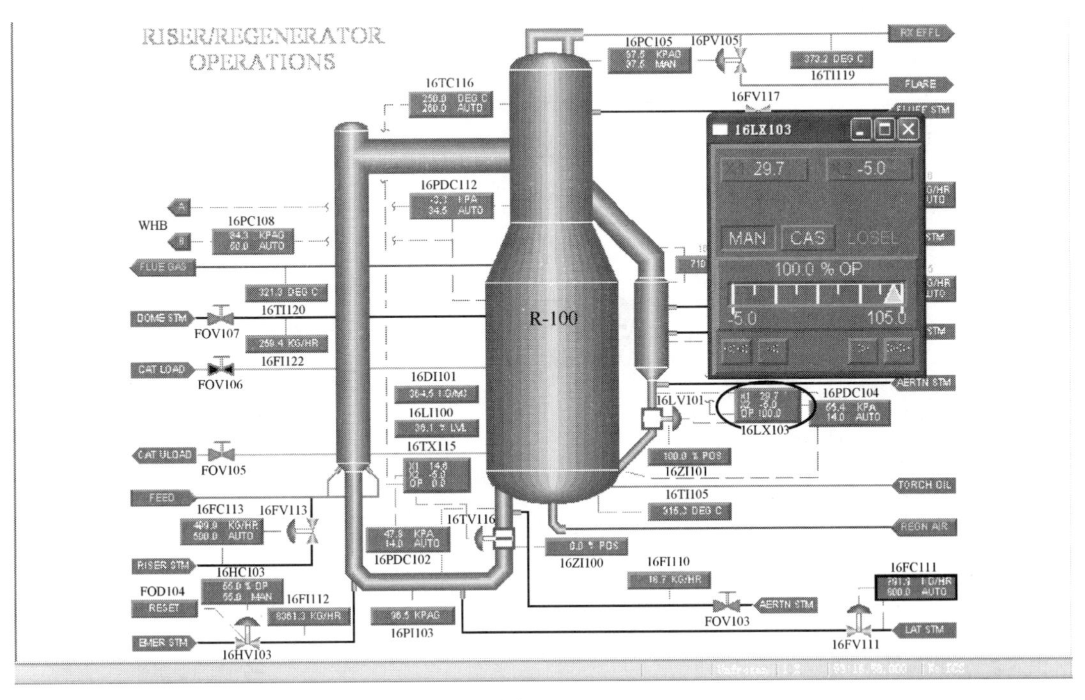

图 3-2-7

（5）在再生器温度降到150℃之前，卸载完全部的催化剂，待催化剂全部卸载后，减小供给沉降器和 T-200 的蒸汽量(16TX115，手动，输出 100%)，如图 3-2-8 所示。

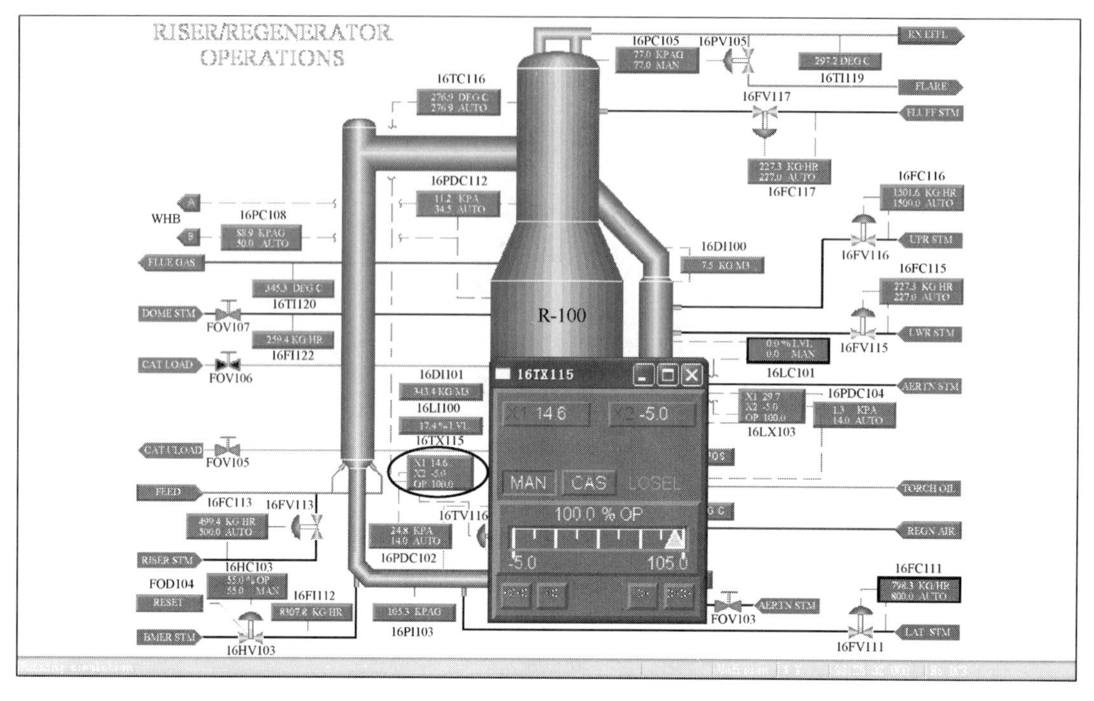

图 3-2-8

（6）关闭汽包 D-100 连续排污线(FOD109，输出 0)，如图 3-2-9 所示。

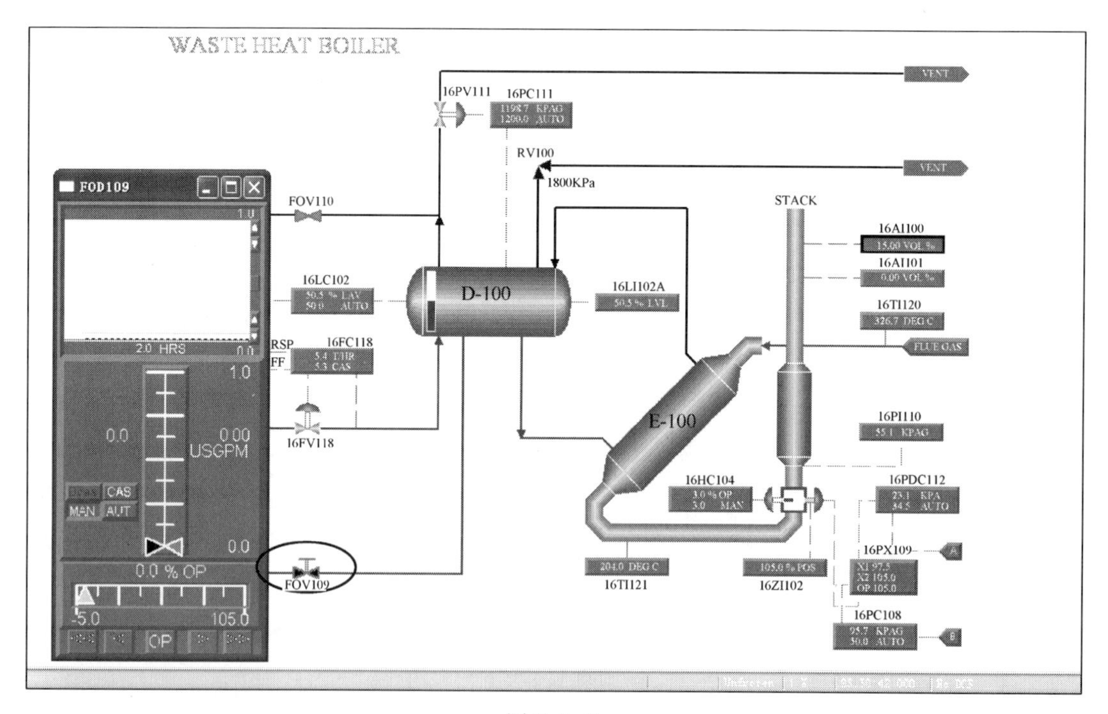

图 3-2-9

（7）关闭汽包 D-100 冷凝水进料(16FC118，手动，输出 0)，如图 3-2-10 所示。

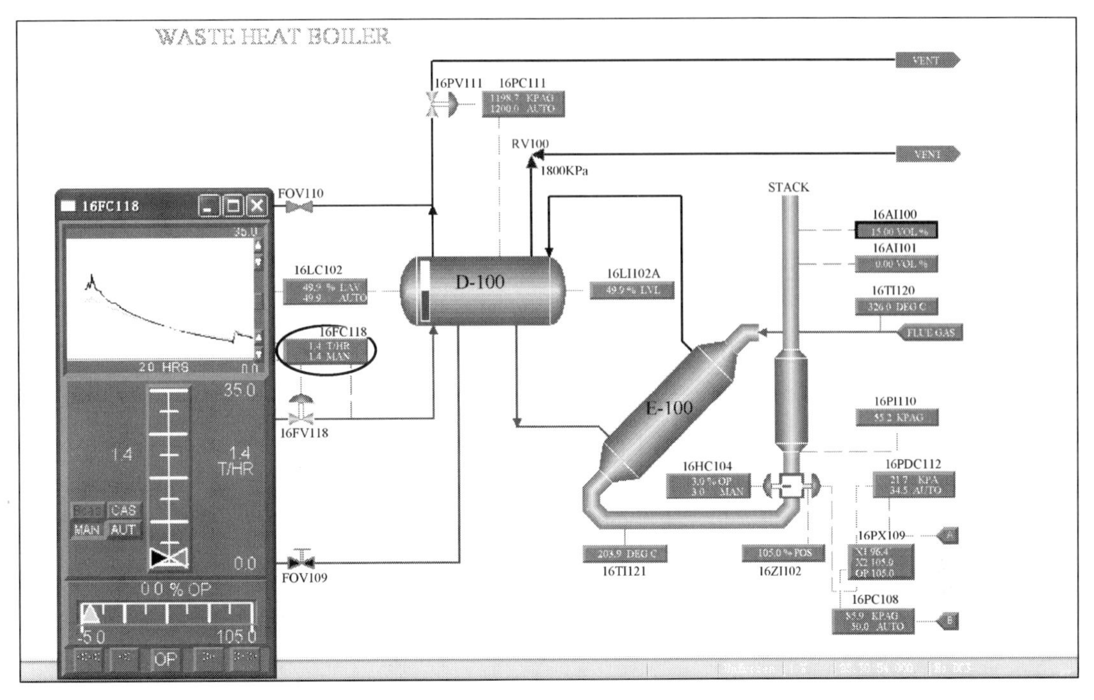

图 3-2-10

（8）关闭汽包 D-100 通往 175psi(g)蒸汽系统的截止阀(关闭 FOD110)，如图 3-2-11 所示。

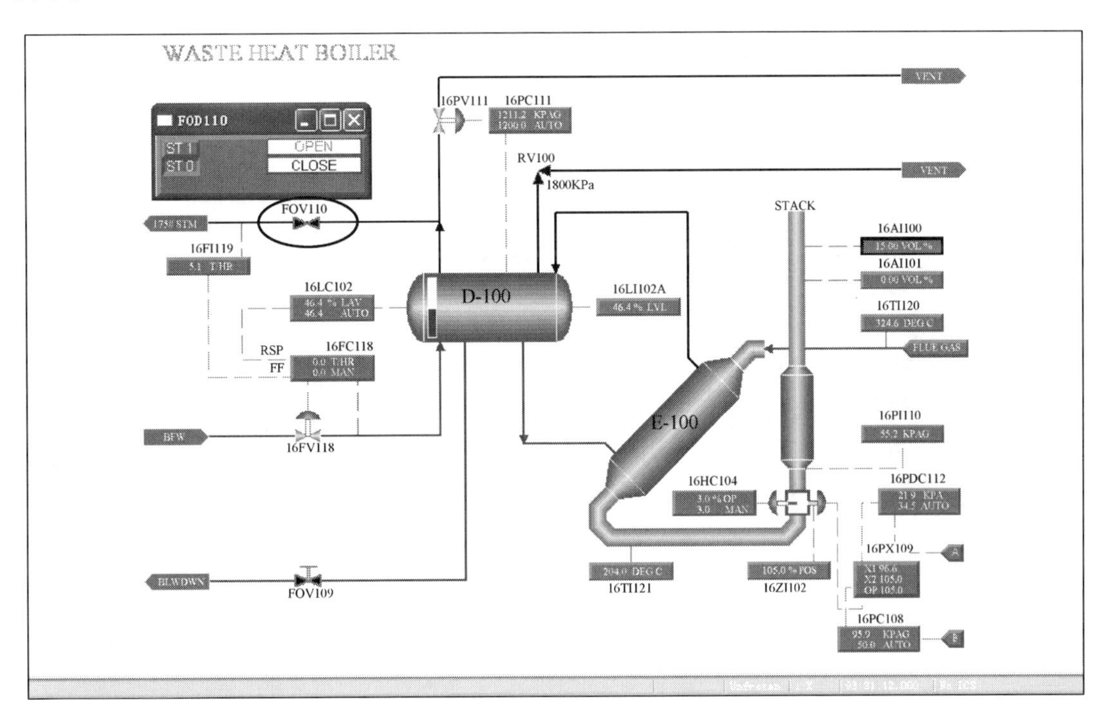

图 3-2-11

（9）排空汽包 D-100 和废热锅炉 E-100（FOD109，全开 100%），如图 3-2-12 所示。

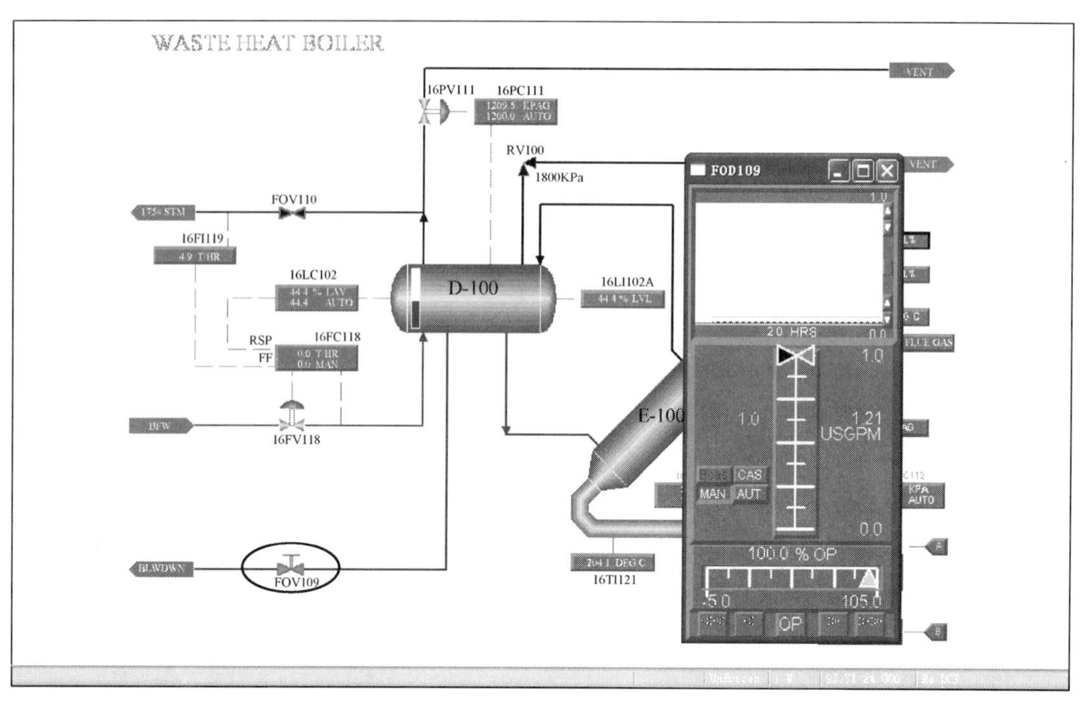

图 3-2-12

（10）打开 D-100 顶部放空阀，使其减压（16PC111，手动，输出 100%），如图 3-2-13 所示。

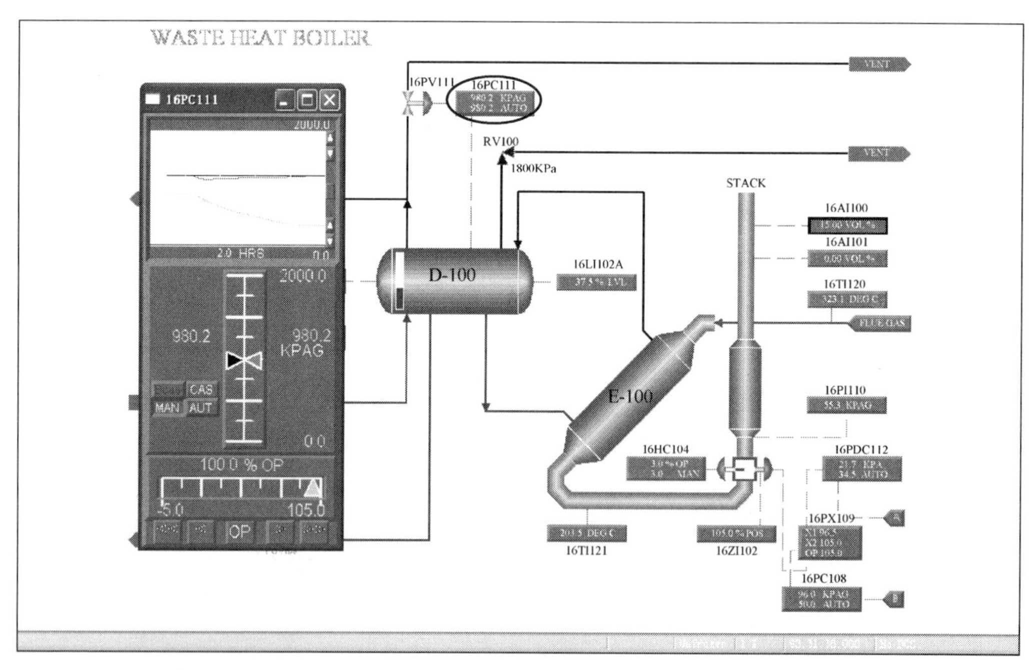

图 3-2-13

3.3 关闭主分馏塔 T-200

（1）切断主分馏塔与 LCO 侧线汽提塔 T-201 的连通(16LC202，手动，输出 0)，如图 3-3-1所示。

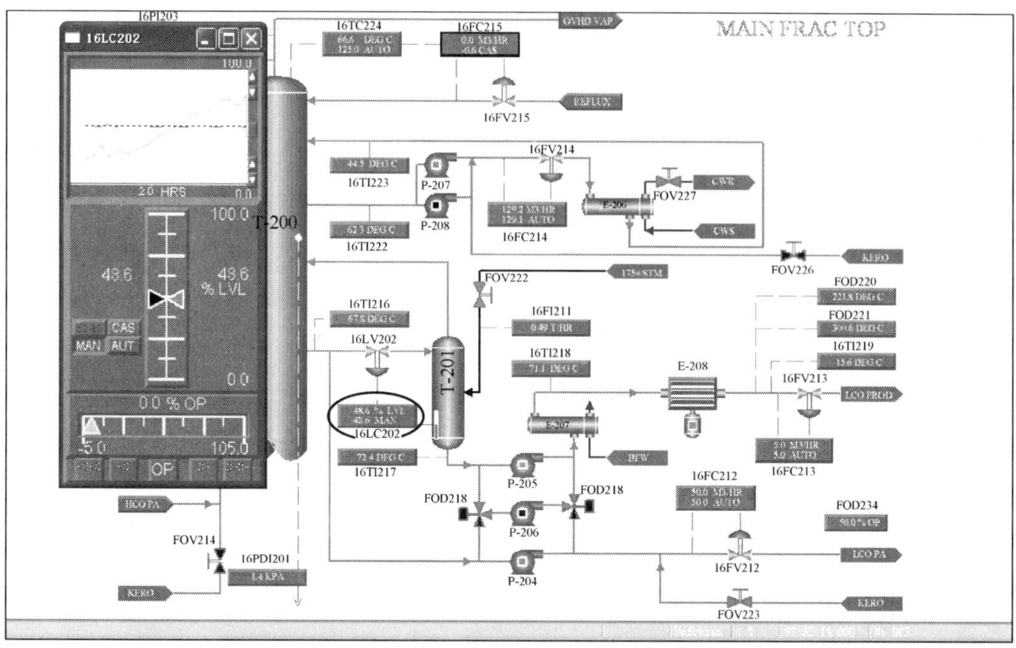

图 3-3-1

（2）切断 LCO 侧线汽提塔的汽提蒸汽(FOD222，输出 0)，如图 3-3-2 所示。

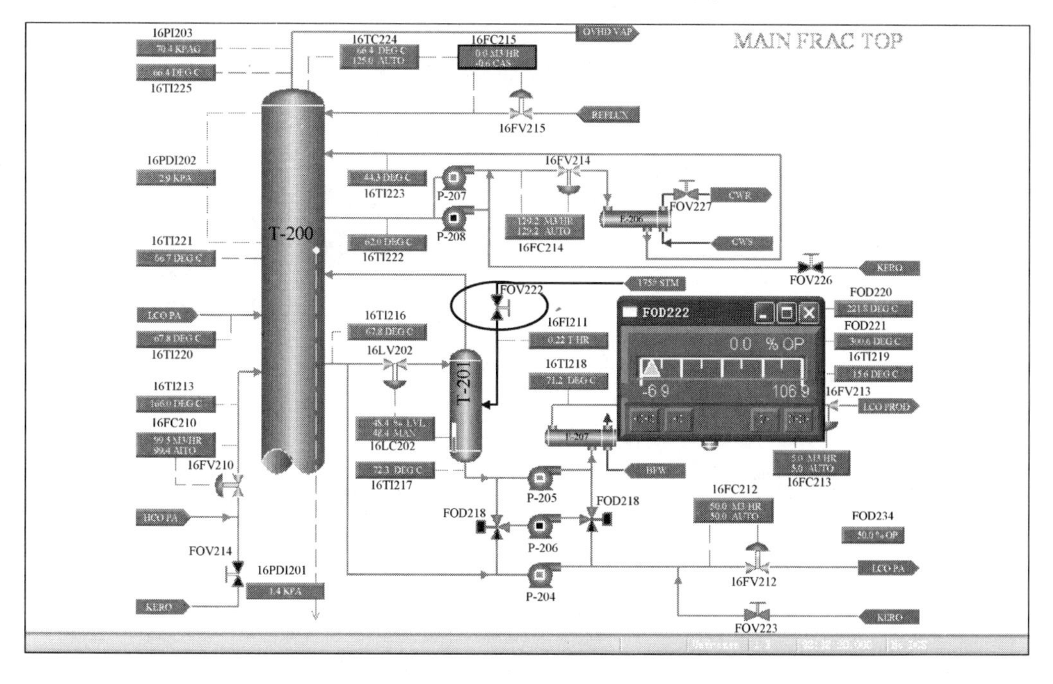

图 3-3-2

（3）用 LCO 产品泵将 T-201 抽空，抽出油品作为 LCO 产品（16FC213，手动，输出 100%），如图 3-3-3 所示。

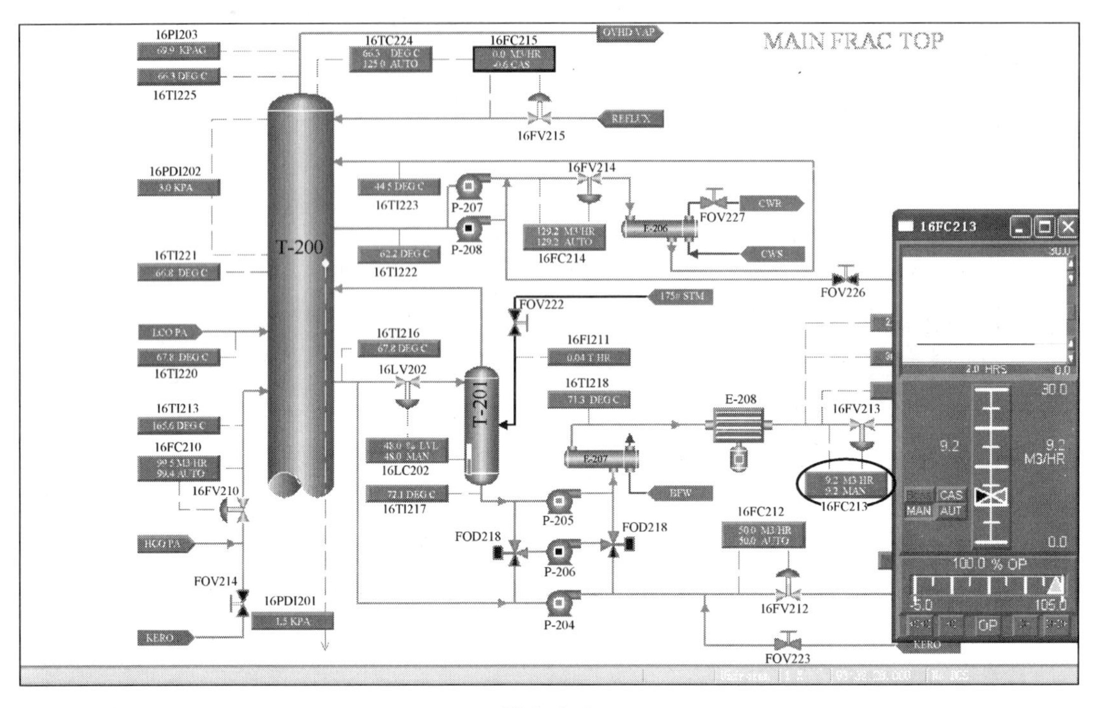

图 3-3-3

（4）关闭 C-200 湿气压缩机（FOD233），如图 3-3-4 所示。

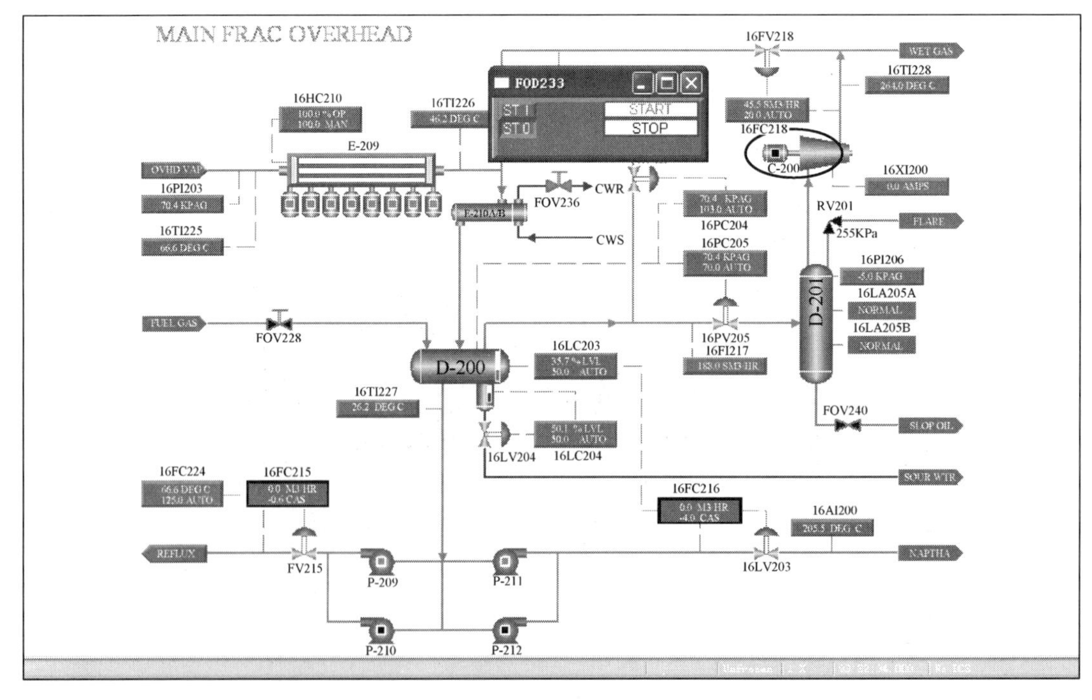

图 3-3-4

（5）关闭 HCO、LCO 和重石脑油循环抽出泵(FOD213，FOD215，FOD224)，如图3-3-5~图 3-3-7 所示。

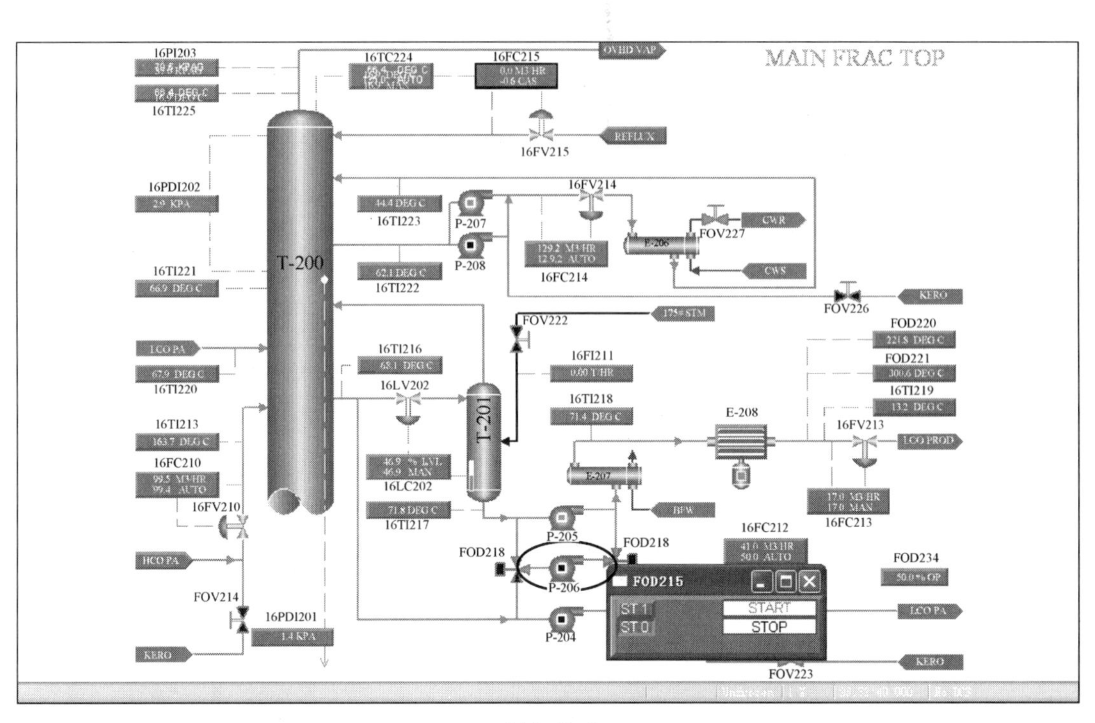

图 3-3-5

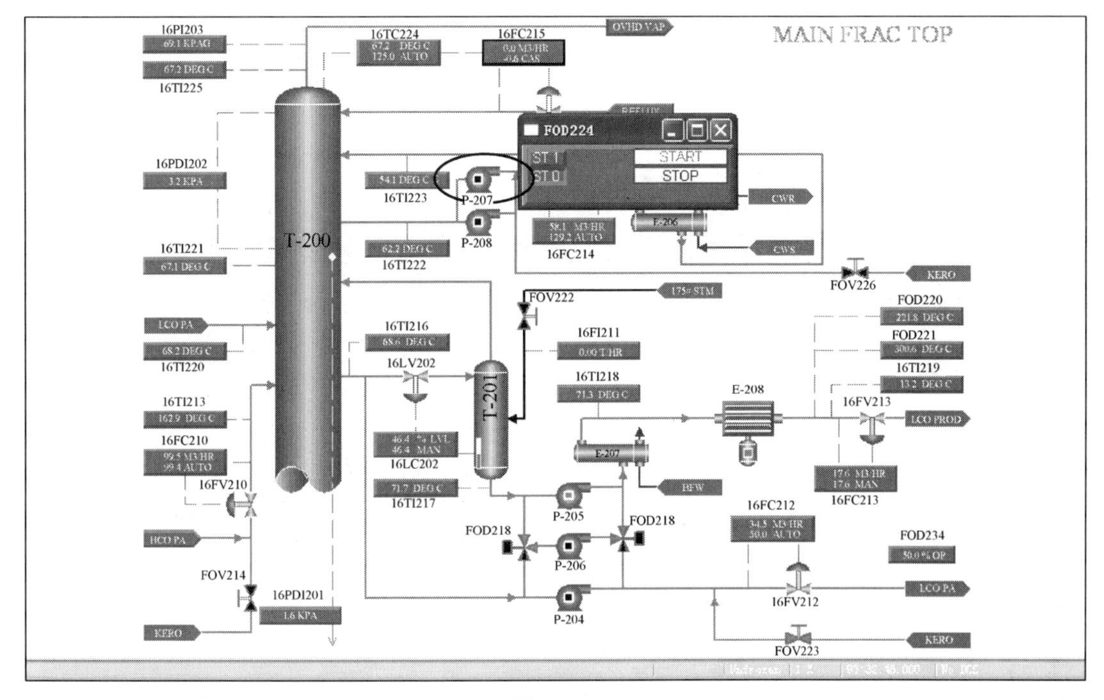

图 3-3-6

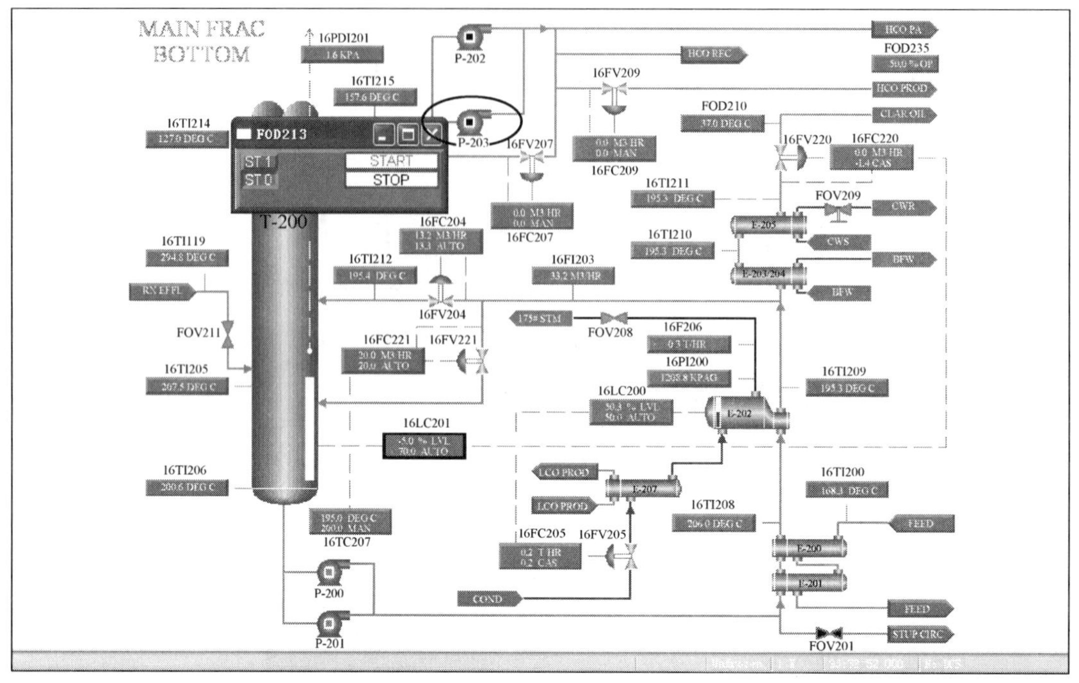

图 3-3-7

（6）用泵抽出 D-200 内液体作为石脑油产品(16FC216，手动，输出 100%)，如图 3-3-8 所示。

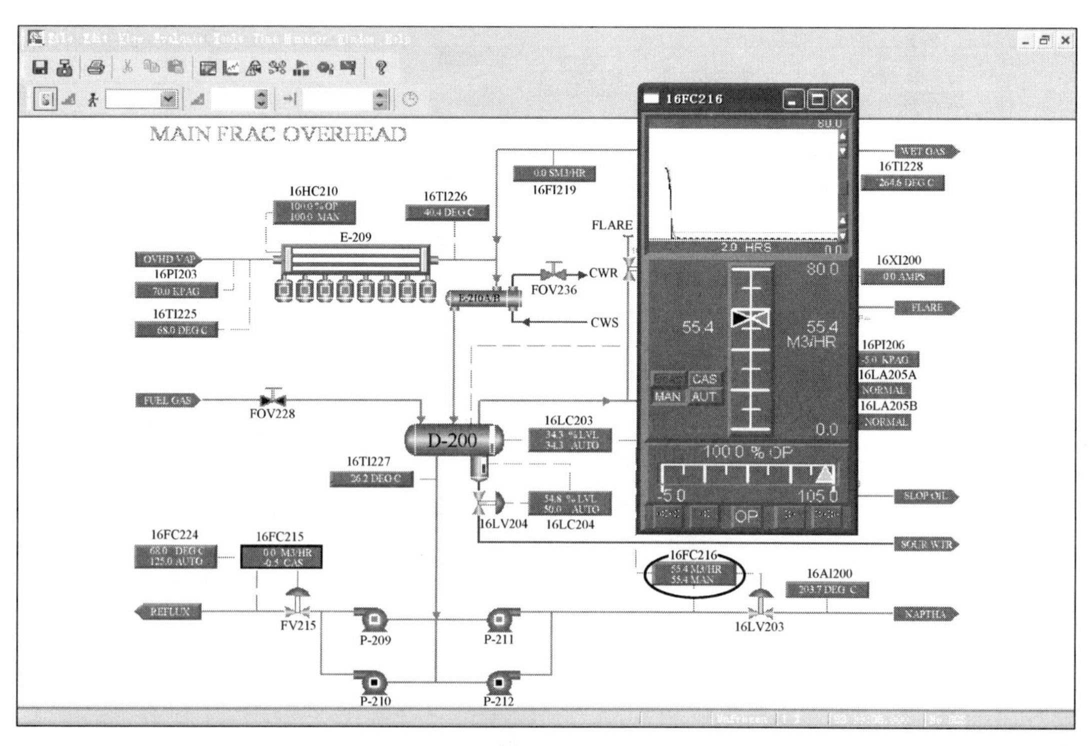

图 3-3-8

（7）待 D-200 被完全抽空之后，关闭 D-200 底部集水箱排出线截止阀（16LC204，手动，输出 100%），如图 3-3-9 所示。

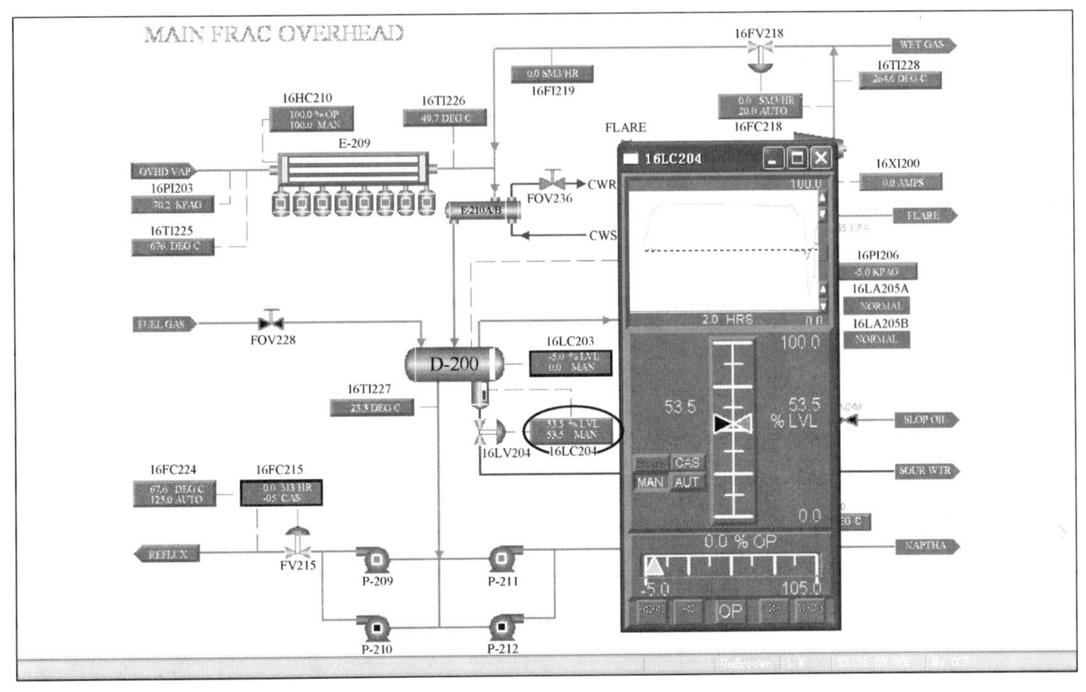

图 3-3-9

（8）抽出 T-200 塔底液体（16FC220，手动，输出 100%），如图 3-3-10 所示。

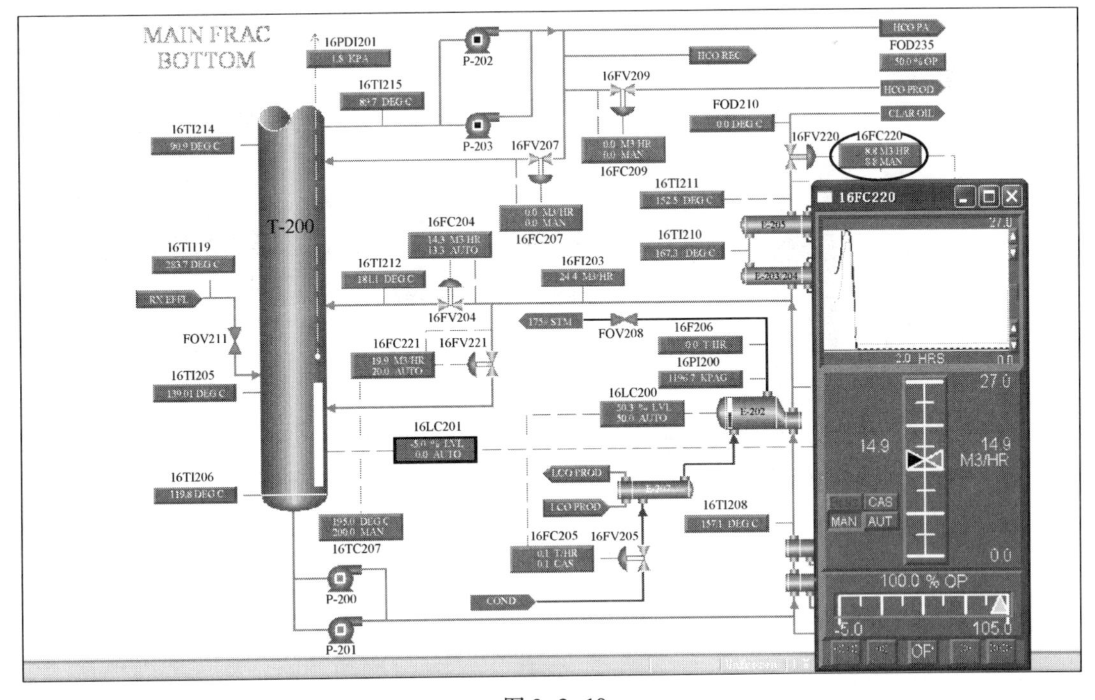

图 3-3-10

（9）关闭所有冷却器冷却水（FOD209、FOD227、FOD236，手动，输出0），如图3-3-11~图3-3-13所示。

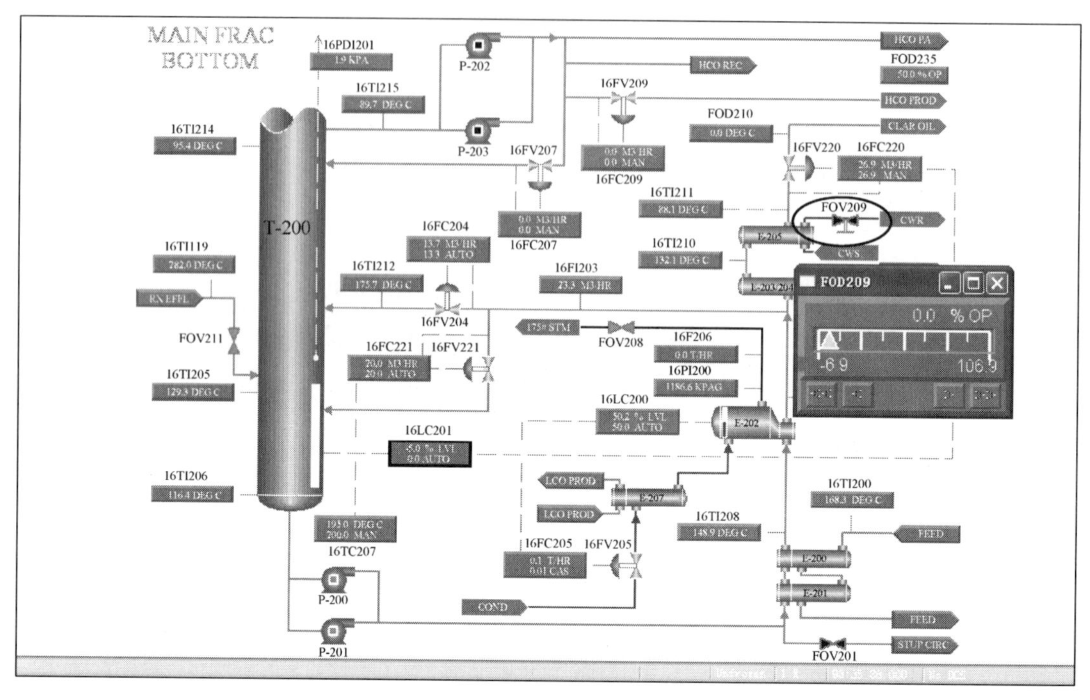

图 3-3-11

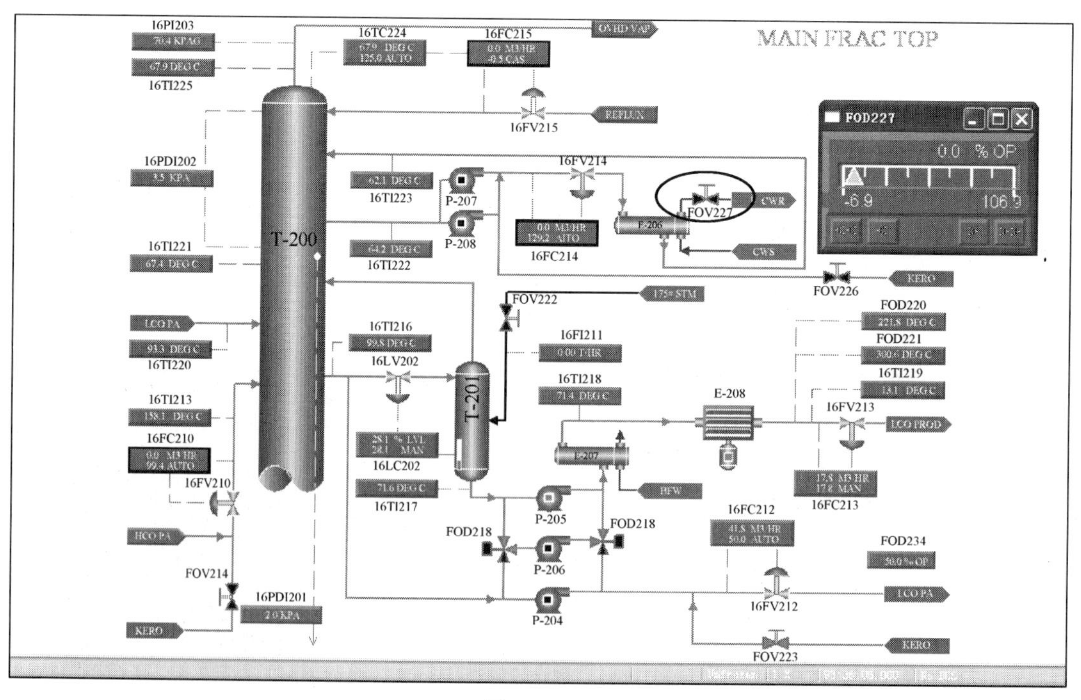

图 3-3-12

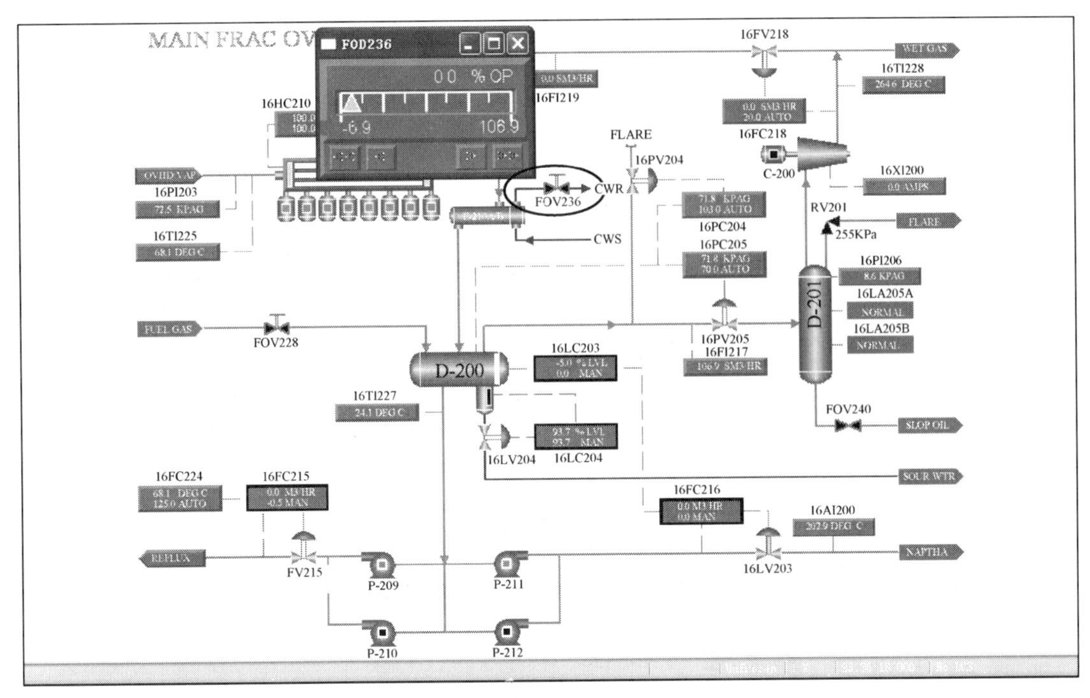

图 3-3-13

（10）关闭 E-209 所有风扇（16HS202～16HS209），如图 3-3-14 所示。

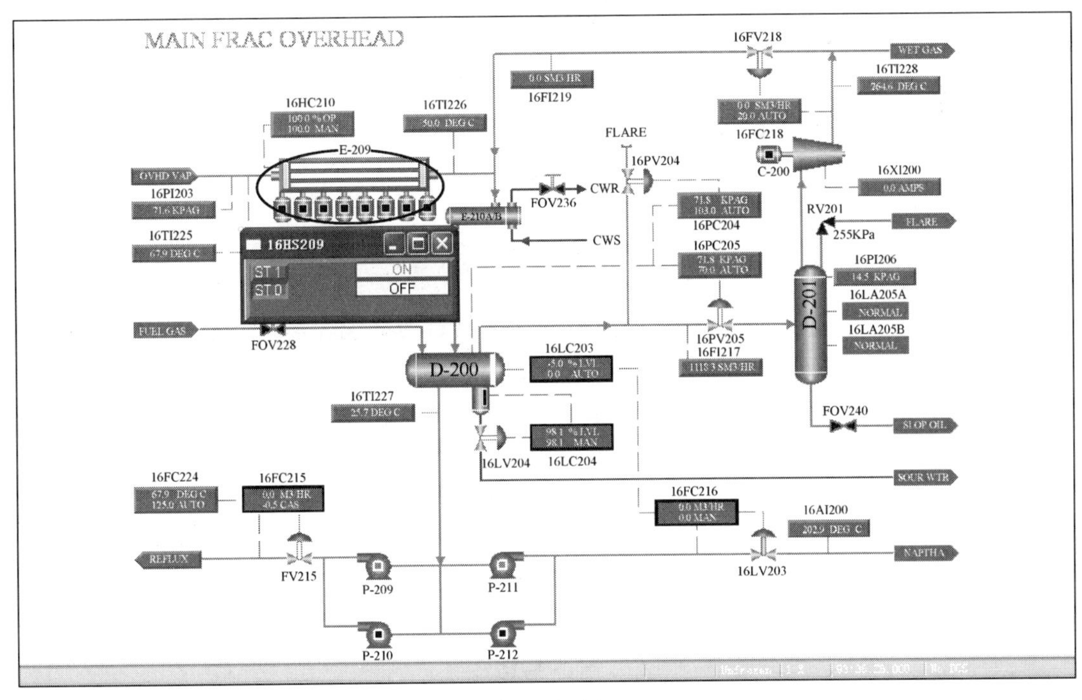

图 3-3-14

（11）关闭 LCO 空冷器 E-208(16HC210，输出 0；FOD219)，如图 3-3-15 和图 3-3-16 所示。

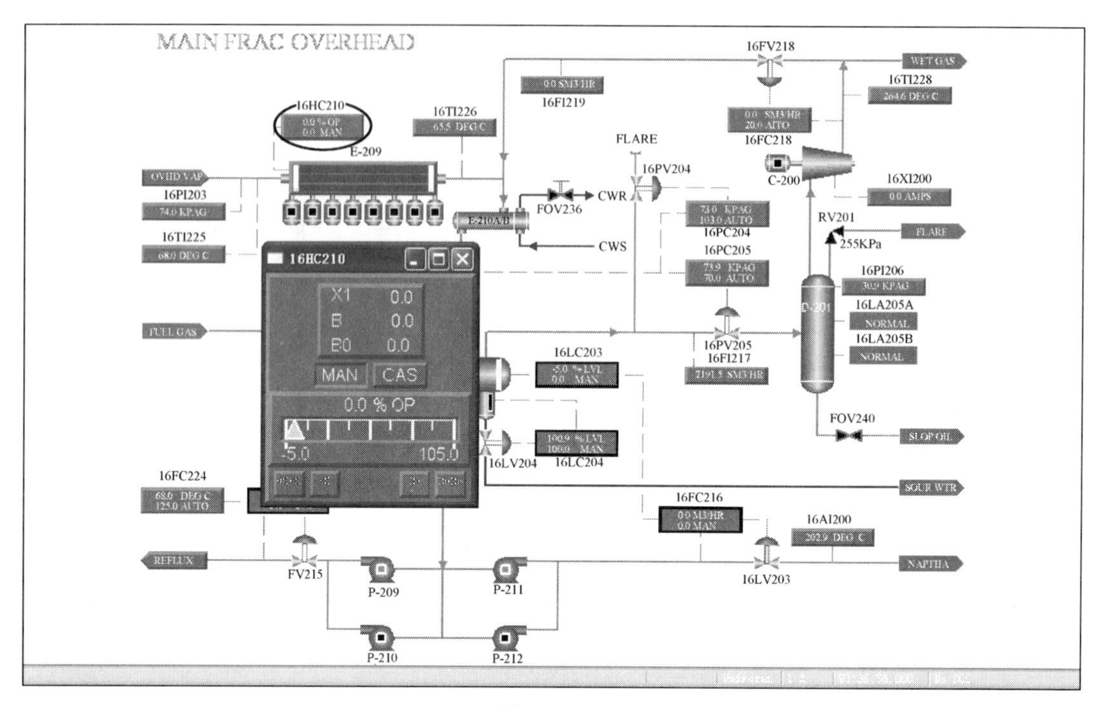

图 3-3-15

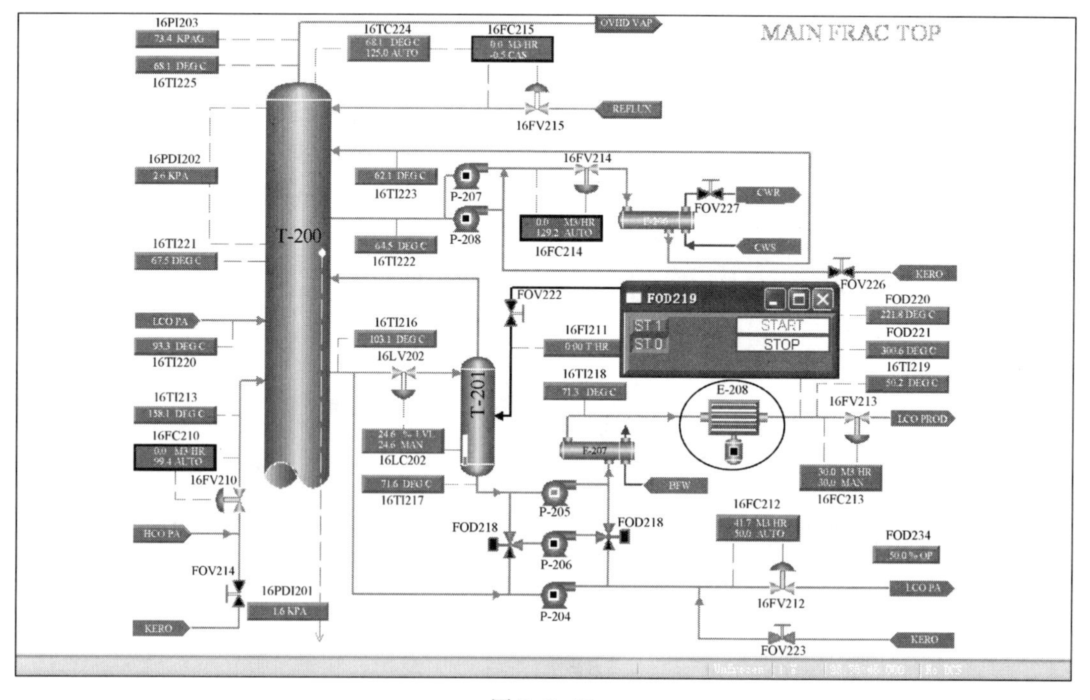

图 3-3-16

第 4 章　故障分析及处理

常见故障可分为三类：工艺约束、设备故障和紧急停车。下面分析处理进料带水、汽包 D-100 给水、催化剂活性降低、装置停冷却水、开车过程再生器燃烧油中断五个工艺约束故障；原料油预热换热器 E-200/201 结垢、再生阀失灵全关、回流泵 P-209 性能劣化、压缩机 C-200 停运、加热炉 H-200 结焦等五个设备故障。

4.1　进料带水

进料带水时，原料加热炉进口压力升高，炉出口温度下降，提升管和沉降器压力迅速升高，反应压力和反应温度以及进料量剧烈波动大，影响主分馏塔的运行。同时，当原料油补入装置内原料缓冲罐温度较高时会引起分馏塔压力升高，也会影响反应。

解决办法：大幅降低并控制好进料量，使炉出口温度适当降低，以减少汽化量，严防超压和烧坏炉管。原料油带水严重时，应切断进料，同时，及时与调度和罐区联系采取换罐或其他措施。

设置故障：

（1）点击菜单栏上的“File”选项，在下拉菜单中选择“Account Manager”，在“Access Level”的下拉列表中选择“Instructor”，选择“OK”，重新启动软件。

（2）载入 FCC 标准模型，点击工具栏上的“Process Upsets”（流程故障）图标，弹出窗口，如图 4-1-1 所示。

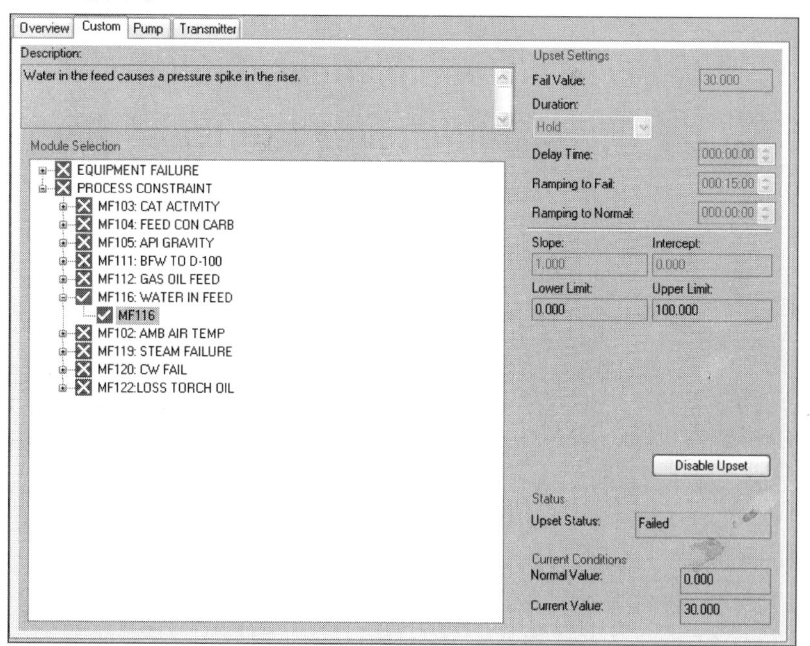

图 4-1-1　Process Upsets 窗口

(3) 在“Custom”选项卡的“Module Selection”窗口中，依次选择“PROCESS CONTRAINT”，“MF116：WATER IN FEED”，“MF116”。

Fail Value：在故障过程中，模型被设置的故障值。为方便趋势图观察，此处设置为30.0(范围为0.0~100.0)。

Duration：此处有两个选项，“Timed”，设置故障持续时间，经过此段时间后故障消除，恢复正常；“Hold”，手动调整，待故障人为消除后，恢复正常。此处选择“Hold”。

Delay Time：启动故障至故障出现的时间间隔，时间格式是“小时：分：秒”，下面的时间格式与此相同。设置此值为00：00：00。

Ramping To Fail：设置故障处从正常操作值转换到故障设定值(Fail Value)所需的时间，设置此值为00：15：00，“Ramping To Normal”与此相似。

Slope：设定斜率值可以调整“Ramping To Fail”与“Ramping To Normal”曲线的斜率。

Intercept：设定“Ramping To Fail”与“Ramping To Normal”曲线的截距，默认“Slope”(斜率)值为1.0，“Intercept”(截距)值为0.0。

Lower Limit、High Limit：分别为“Fail Value”的上下限。

(4) 点击下面的“Enable Upset”按钮，按钮变为“Disable Upset”。

(5) 使用“UniSim Operations”中的“Trends”(趋势线)功能，以图表的形式显示过程变量随时间的变化轨迹。

点击工具栏的“Trends”(趋势线)图标，弹出设置窗口，如图4-1-2所示。

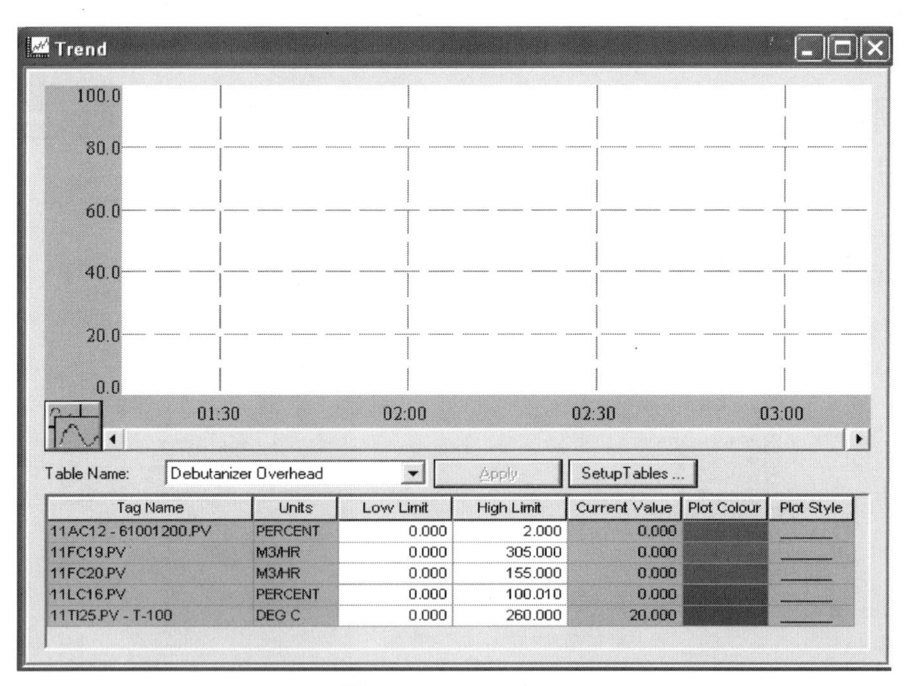

图4-1-2 Trend窗口

点击“Setup Tables”，添加新趋势图，弹出窗口，如图4-1-3所示。

新趋势图命名为“进料带水”，添加16FC200PV(原料油进料量)、16FI201PV(原料加热炉进口流量)、16PDI106PV(提升管差压)、16TI116PV(提升管出口温度)、16TI201PV(加热炉进料温度)、16TI202PV(加热炉出口温度),将绘出各处参数实测值与时间的曲线。点击“Apply”,选择“OK”。

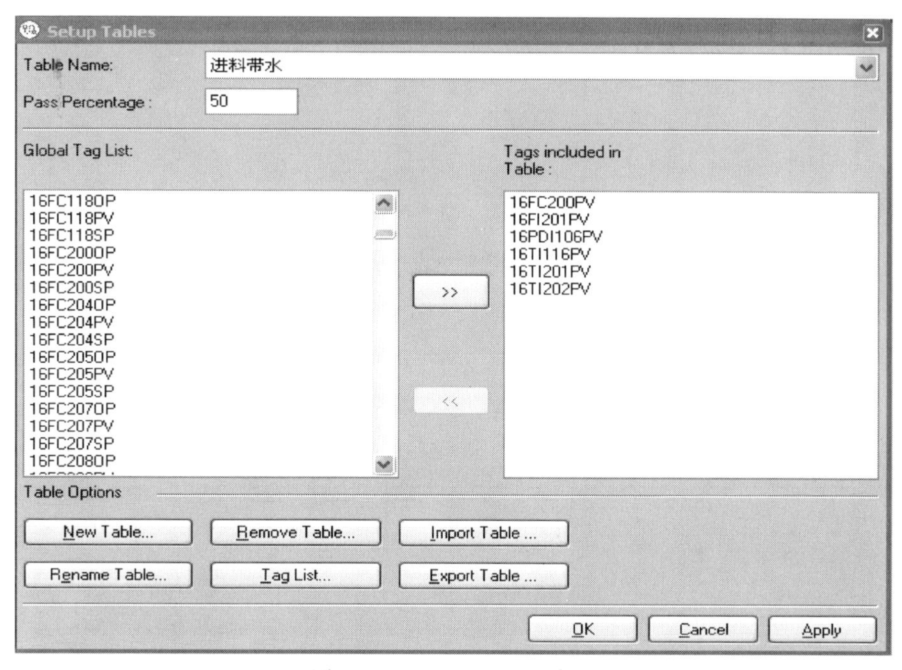

图 4-1-3　Setup Tables 窗口

(6) 运行模型,得到趋势图,如图 4-1-4 所示。

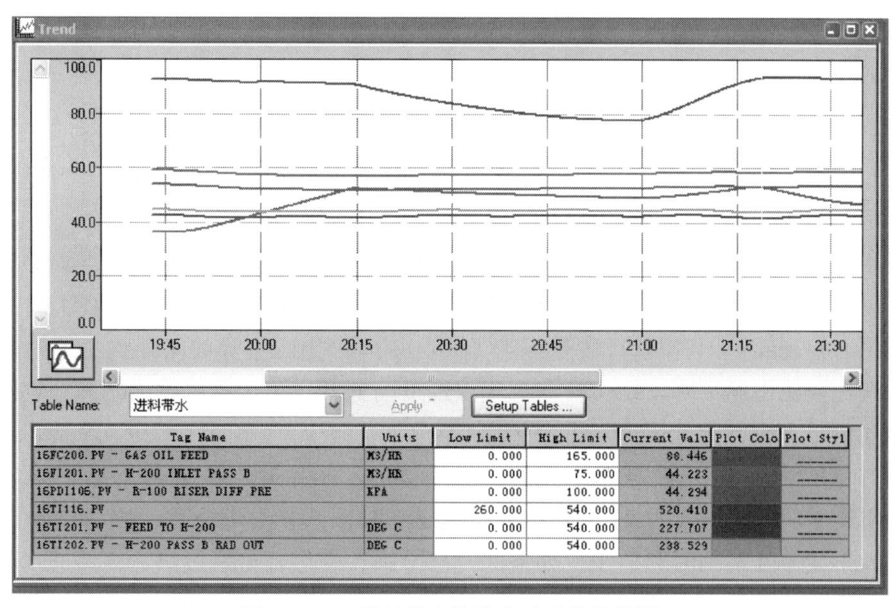

图 4-1-4　进料带水故障启动后的趋势图

从图 4-1-4 可以看出,进料带水,水吸热汽化,提升管出口温度下降,加热炉进口流量和原料油进料量先下降后上升,提升管差压发生剧烈波动,加热炉进料温度基本不变,出口温度有下降趋势。

(7) 将 16FC200(原料油进料量控制器)设定值由 121.6m^3/h 改为 61.0m^3/h，得到趋势图，如图 4-1-5 所示。

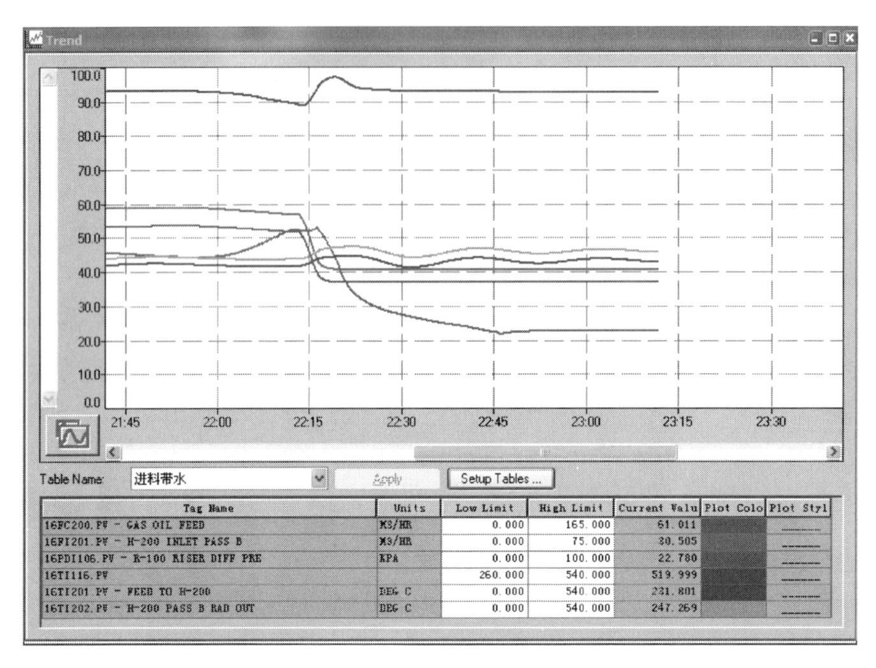

图 4-1-5　降低进料量后得到的趋势图

降低进料量后，反应量下降，提升管差压降低，提升管出口温度趋于正常值，原料油进料量和加热炉进口流量降低，一段时间后，操作趋于稳定。

4.2　汽包给水减少甚至中断

进入“Process Upsets”设置故障。依次选择“PROCESS CONSTRAINT”—“MF111：BFW TO D-100”—“VALVE”。“FAIL VALUE”设置为 15，启动故障。

如图 4-2-1 所示，绘出当发生轻微缺水时，关闭蒸汽输出阀和放空阀的过程中，16FI119(D-100 产生蒸汽流量指示器)、16LI102A(汽包液位指示器)、16PC111(D-100 汽包放空阀压力控制器)、16TI121(废热锅炉 E-100 内烟气温度)等的实际输出值随时间的变化趋势。汽包液位迅速下降，E-100 内烟气温度逐渐上升，关闭蒸汽输出阀和放空阀后，烟气温度温度恒定，放空阀处压力不再变化。

解决方法：当发生轻微缺水时，可以关闭蒸汽输出阀和放空阀(关闭阀 FOD110，16PC111 调到手动，输出改为 0)。当发生严重缺水时，不能立即进水，因为锅炉严重缺水时水位已经不能被准确判断和监视，如果此时已干锅，受热管可能过热，突然进水就会使这些受热管急剧冷却，炉水立即蒸发，气压突然升高，金属受到强大的热应力而炸裂，造成设备严重损坏。在本模拟平台中，发生严重缺水时，应立即紧急停车，同时关闭蒸汽输出阀和放空阀，在实际生产中，当发现严重缺水时，汽包内水位迅速下降，来不及解决故障，应立即紧急停炉，禁止上水，锅炉停止排污，自然冷却，查明原因，解决故障后再投入生产。

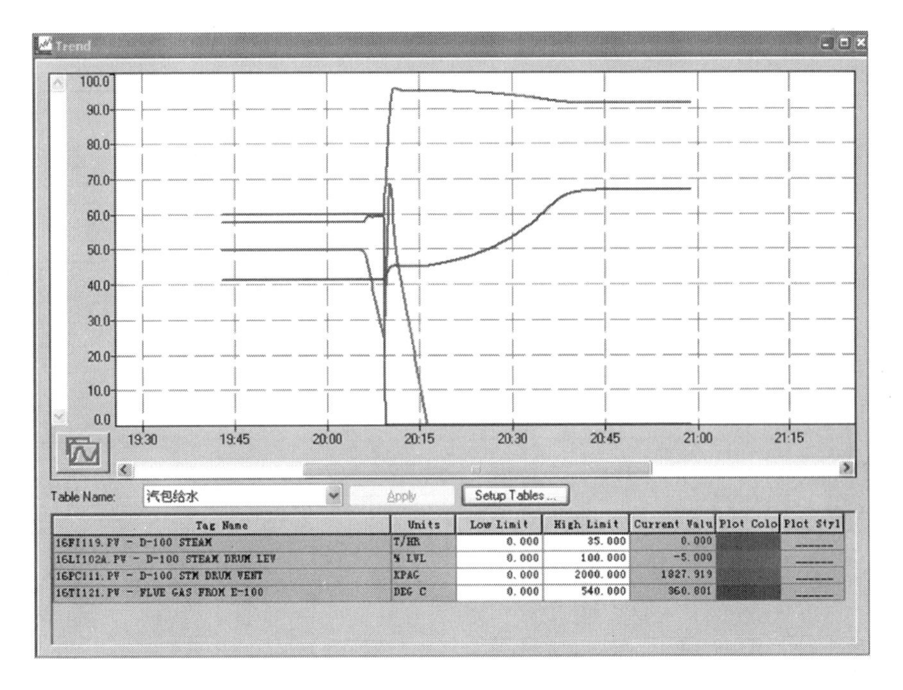

图 4-2-1　启动汽包给水故障后的趋势图

4.3　催化剂活性降低

进入“Process Upsets”设置故障。依次选择“PROCESS CONSTRAINT”—“MF103：CAT ACTIVITY”—“FCCRISER”。

在故障设置中，正常值为 69.000，故障值设置为 66.000。在“Duration”(持续时间)选项中，选择“Timed”，时间设定为 1h(在故障发生 1h 后，故障自动消除，操作恢复正常。选择“Hold”选项时，人工排除故障后，故障才会消除)。到达故障时间设置为 15min，回归正常时间设置为 15min，启动故障。

如图 4-3-1 所示，绘出在整个过程中 16AI100(烟气中 O_2 的体积分数)、16AI101(烟气中 CO 的体积分数)、16FC105(再生空气流量控制器)、16LI100(R-100 再生器催化剂料位)、16PDC112(R-100 再生器/沉降器差压控制器)、16TC229(原料加热炉 H-200 出口温度控制器)、16TI105(R-100 再生器床层温度)等的实际输出随时间变化的曲线。

为能够明显观察曲线变化趋势，经局部放大后可以看出，提升管内催化剂活性降低后，烟气中 O_2的体积分数立刻增加；CO 的体积分数略为下降；再生空气流量增加以改善烧焦效果；主风增加，催化剂损耗增加，再生器床层料位略为下降；R-100 差压基本不变；H-200 出口温度产生轻微波动后趋于稳定；R-100 床层温度明显下降。

对于本模型，减少原料进料流量控制器 16FC200 的设定值，降低 H-200 出口温度控制器 16TC229 的设定值以降低进料温度，增加 C-100 出口空气流量控制器 16FC105 的设定值以增加主风。必要时，可以打开催化剂加载阀 FOD106 和催化剂卸载阀 FOD105 置换催化剂。

在生产中，若发生催化剂活性降低的情况，可适当降低再生温度，开大催化剂循环量，

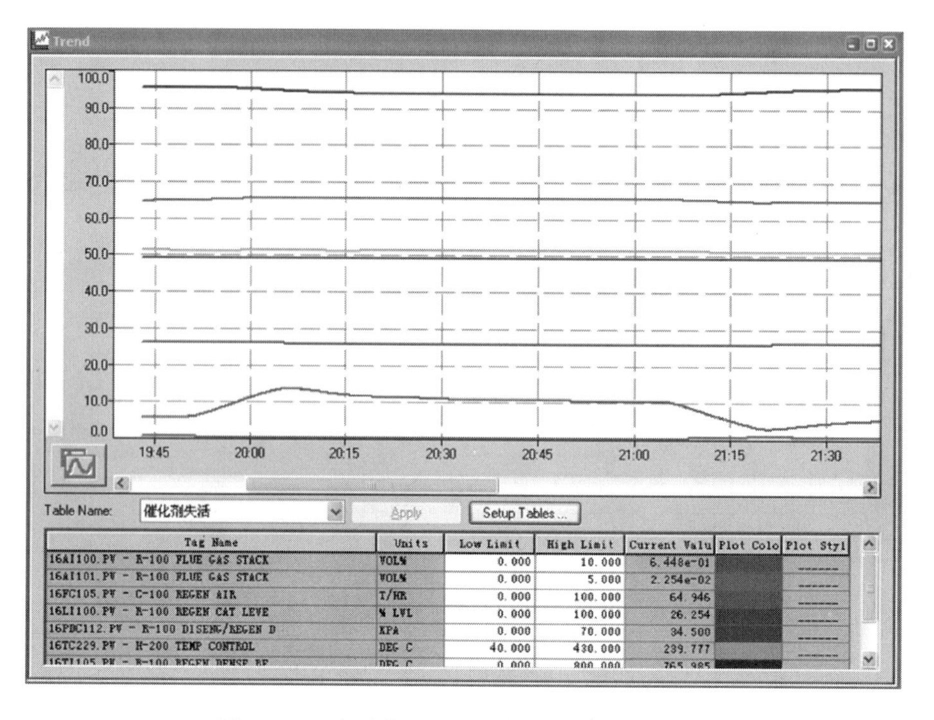

图 4-3-1　启动催化剂活性降低故障后的趋势图

降低处理量，调整原料性质，也可以通过降低进料温度，以增加催化剂循环量来增加热量。

同时应对催化剂取样，化验分析催化剂活性是什么原因降低的。若是因重金属中毒活性降低，需要加入钝化剂，大量置换催化剂，同时注意原料预处理的情况；若是烧焦问题，则增加主风量，提高烧焦效果。现场处理最根本的方法是补充新鲜剂，迅速找出活性下降的原因。

因为反应进料量突增或进料性质变化、反应深度过大，如回炼油或回炼油浆量增大，造成反应生焦量增大，而主风量偏小，烧焦能力不足，使再生催化剂含碳量像“滚雪球”一样越来越高，造成炭堆积。

出现炭堆积时，再生烟气氧含量迅速降低回零，再生催化剂颜色变黑，反应深度减小，再生温度降低，严重时，反、再两器催化剂藏量上升。

处理炭堆积，要大幅度降低反应进料量，适当降低再生压力，提高主风流量，及时对再生催化剂做比色分析，直到再生催化剂颜色恢复正常。在处理过程中严禁两器超温，以免造成关键设备的损坏。

为避免新鲜剂中的细微颗粒在进入再生器后被气流夹带损失掉，补充新鲜剂时应控制量要小一些，采用“细水长流”的补充原则，同时要使两器操作保持平稳。

4.4　装置停冷却水

此故障包括主分馏塔顶调温冷凝器 E-210A/B，石脑油循环冷却器 E-206 和澄清油产品调温冷却器 E-205 等三个换热器停冷却水。

澄清油产品调温冷却器 E-205 冷却水停，导致澄清油产品达不到设定的温度标准，而

E-210A/B 和 E-206 停冷却水导致分馏塔回流温度过高，对操作带来极大的不利影响。

“Fail Value”设置为“0”，“Duration”设置为“Timed”，时间为 1h，启动故障。

从图 4-4-1 可以看出，塔顶回流温度升高导致塔顶压力(16PI203)迅速升高，塔顶温度(16TC224)升高。重石脑油回流温度(16TI223)升高，导致 5~6 块板液相温度(16TI221)上升，增加塔温上升幅度，使得塔釜液体挥发，塔釜液位(16LC201)迅速降低到 0。塔底温度(16TI206)很快变成气相温度，发生微小波动，趋于定值。塔内液体大量挥发，塔顶有空冷器发挥冷却作用，冷却下来的液相量增加，导致回流罐液位(16LC203)上升，而 P-209 和 P-211 泵出罐内液相，使其液位下降，维持在设定液位的 50%。由于失去冷却介质，澄清油产品温度(FOD210)上升至定值。

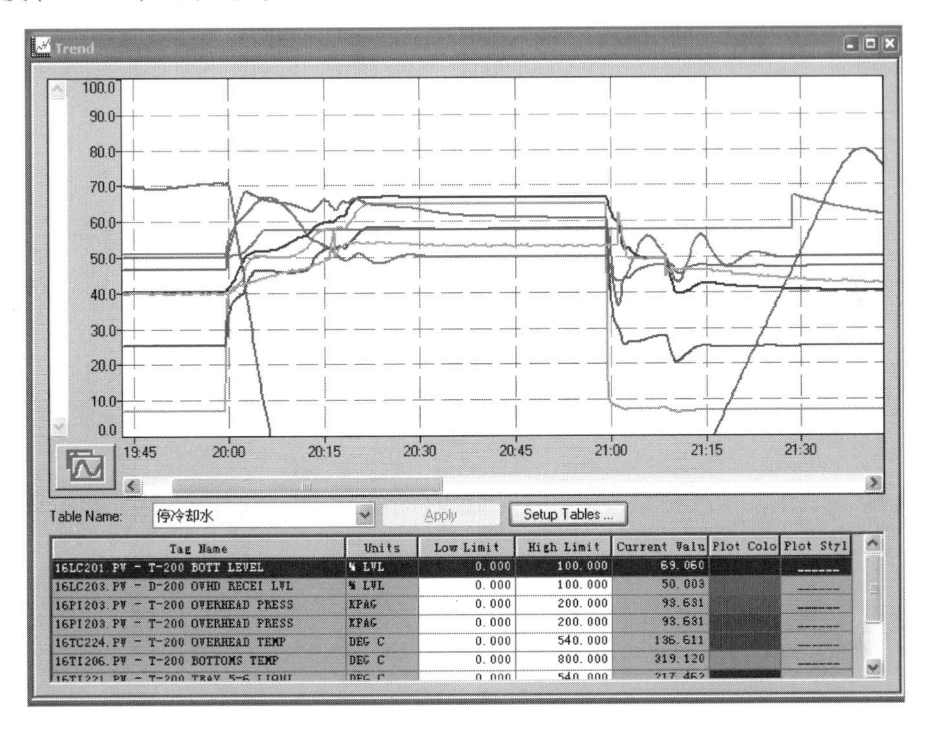

图 4-4-1　启动装置停冷却水故障后的趋势图

解决办法：立即打开冷却水给水阀，实际生产中不能立即提供冷却水而要进行紧急停车。

由上可知，失去冷却水导致回流温度升高，会产生十分严重的后果。回流提供气、液两相接触的条件，回流量和回流返塔温度直接影响全塔热平衡，从而影响分馏效果的好坏。对催化分馏塔，回流量大小和回流返塔温度的高低由全塔热平衡决定，随着塔内温度条件的改变，适当调节塔顶回流量和回流温度是维持塔顶温度平衡的手段，以达到调节产品质量的目的。一般调节时以调节回流返塔温度为主。回流温度高造成塔顶温度升高，使塔顶产品重组分含量升高，导致产品质量不合格。

中段回流温度受工艺限制，最低要满足回流液在入塔后能达到饱和状态，另外还有热交换设备能力限制。

中段回流取热量要服从整塔质量及气液负荷要求，具体可由回流温差、回流量两者调节。中段回流取热量在满足质量要求的前提下，还要考虑能量的回收利用，尽量利用高温位热能，减少塔顶低温位热源。中段回流取热是根本目的，但是一定要看此中段上下塔板有无产品馏出，如果有，一定要先满足产品要求，这样基本确定了回流温差，再适当提高它的热能利用率，并入换热器，则回流量也基本确定了。

实际操作中，要确定适宜的回流比。回流比过大，不仅使加热蒸汽及冷却水的消耗量增大，操作费用增大，还可能影响塔径，使设备投资费用也增大。同时，过大的回流比使塔在操作时需改变回流比，这样调节塔的分离能力的作用也大大减小。回流比太小，生产操作费用减少，但所需的塔板数增加，投资费用增加。因此，无论从经济上考虑，还是操作上考虑，在设计过程中都要对回流比进行优化选择来找出最优的回流比。

总之取热的前提是保障产品合格，塔内汽液相负荷平衡。操作中要采用冷却水副线，使用冷却水上水备用泵，紧密观测上水情况，循环水停止可以采用新鲜水进行冷却，极力避免此故障的发生。

4.5　开车过程燃烧油中断

在开车过程中，当再生器温度(16TI105)达到 370℃时，开始喷燃烧油加热，温度到540℃时，缓慢增加燃烧油供应量，同时减少空气预热炉的燃料气供给量至 0。燃烧油中断使再生器内催化剂床层达不到足够高的温度，延长开车时间。

在“Process Upsets”中，“Fail Value”设置为“0”，“Duration”设置为“Timed”，时间设置为 1h，启动故障，如图 4-5-1 所示。

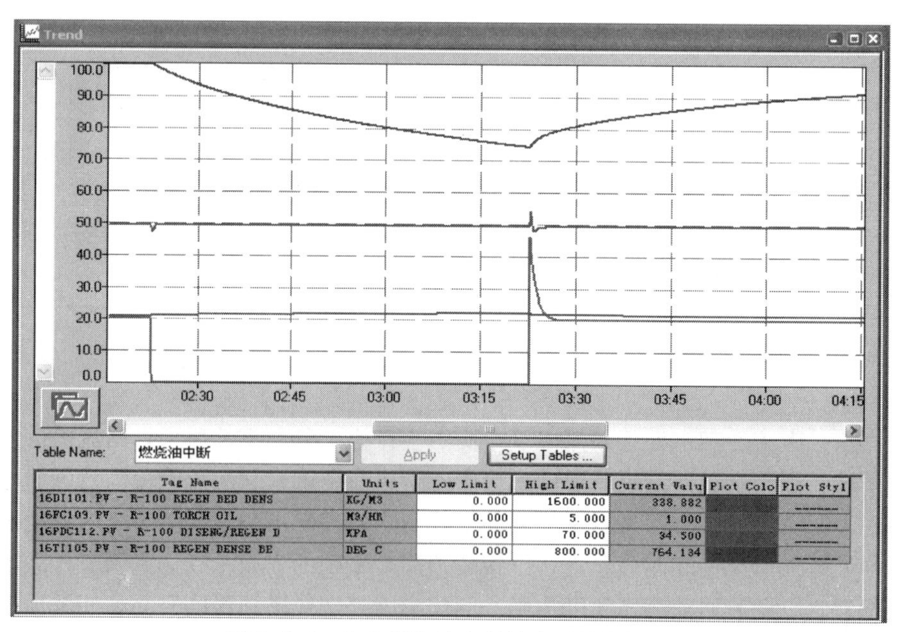

图 4-5-1　启动燃烧油中断故障后的趋势图

停燃烧油后，R-100 燃烧油流量(16FC109)迅速降低为 0，催化剂流化程度降低，R-100催化剂床层密度(16DI101)缓慢上升；依靠主风加热，加热量不够，R-100 床层温度(16TI105)逐渐下降，燃烧恢复后又逐渐上升；燃烧油中断和恢复的短时间内，由于催化剂流化程度的明显改变，导致 R-100 差压(16PDC112)发生波动。

解决方法：燃烧油中断后，增加再生空气预热炉燃料气的供给量，增加 16FC107 的设定值，通过增加主风温度减少催化剂床层温度下降幅度。

开工时，当再生器内催化剂被烟气-空气混合物加热至大于燃烧油的自燃点后，即可以喷燃烧油。在生产中，当生焦量少，两器热平衡不足时，可使用燃烧油以补足热量，反应器切断进料后，也可以使用燃烧油补充热量。

使用燃烧油主要是要注意再生器密相温度要大于燃烧油的自燃点，调节幅度要小，使用前要脱净水。此外，还有一个重要条件是床层催化剂必须淹没燃烧油喷嘴。

当再生器不进主风时，其中的氧气只有松动风一个来源，量很小。如果燃烧油不燃烧，就会积在催化剂上，一旦遇到空气，就会有爆燃的危险。所以，当再生器不进主风时，关闭燃烧油总阀，以防燃烧油漏入而造成危险。

对于燃烧油的量，要视再生温度和烟气氧含量来调整喷燃烧油量，再生温度一般控制在 600~650℃，烟气氧含量 2%~5%(体积)。喷燃烧油后，要及时观察再生器稀密相温度，防止超高，防止二次燃烧和碳堆，及时对催化剂、烟气进行采样分析，同时要防止尾燃。

一般采用柴油作燃烧油。柴油有比较合适的燃点、流动性和发热值等。实际生产中，还要考虑装置的自身资源，一般炼油厂在选择时既要考虑实用性，又要考虑安全性，柴油是较好的选择。

生产中，开车阶段非进料时，若燃烧油中断，应立即关闭燃烧油调节阀及其手阀，待处理好后恢复。

4.6 原料油预热换热器 E-200/201 结垢

进入“Process Upsets”设置故障。依次选择“EQUIPMENT FAILURE，MF100”—“E-200/1”—“FOUL”。“FAIL VALUE”设置为 60.0。

换热器结垢，不仅导致能源的浪费，而且使装置在运行时易发生问题，主要表现在：垢阻的存在，使换热器传热阻力增加，传热量减少，迫使换热器的传热面积增加或能量的浪费；减少了流体的流通面积，导致输送动力的增加；造成传热量的降低，导致达不到工艺参数要求，直至生产非计划停工；增加大检修的清洗工作量，延长设备检修时间；导致管子垢下腐蚀穿孔，直至威胁生产的正常运行。

原料预热温度的变化会直接影响催化剂循环量，影响反应深度和反应温度，同时还影响原料油的黏度，从而影响雾化效果和产品分布。进料温度低，在其他条件不变的情况下，反应温度降低；若维持提升管出口温度不变，则剂油比增大，剂油比焦变大，床温升高。

目前清理换热器污垢有三种方法：机械清理、高压水冲洗清理和化学除垢。

16FC222(原料加热炉 H-200 燃料气流量)、16TI200(原料进 E-200/1 的温度)、16TI201(原料出 E-200/1 的温度)、16TI202(H-200 出口原油温度)、16TI208(在 E-200/1 中换热后的油浆的温度)等的实际输出值随时间的变化如图 4-6-1 所示。E-200/1 结垢后，出换热器原料油温度降低，炉出口处原料油温度下降，换热后的油浆温度升高，换热效果变差。

解决方法：将 H-200 的燃气流量由 650.3Sm^3/h 提高到 800 Sm^3/h，H-200 出口原油温度略有升高，这样一来增加了 H-200 的负荷，而起到的弥补作用并不大。在实际生产中，根本方法还是清理换热器，提高其换热效果。

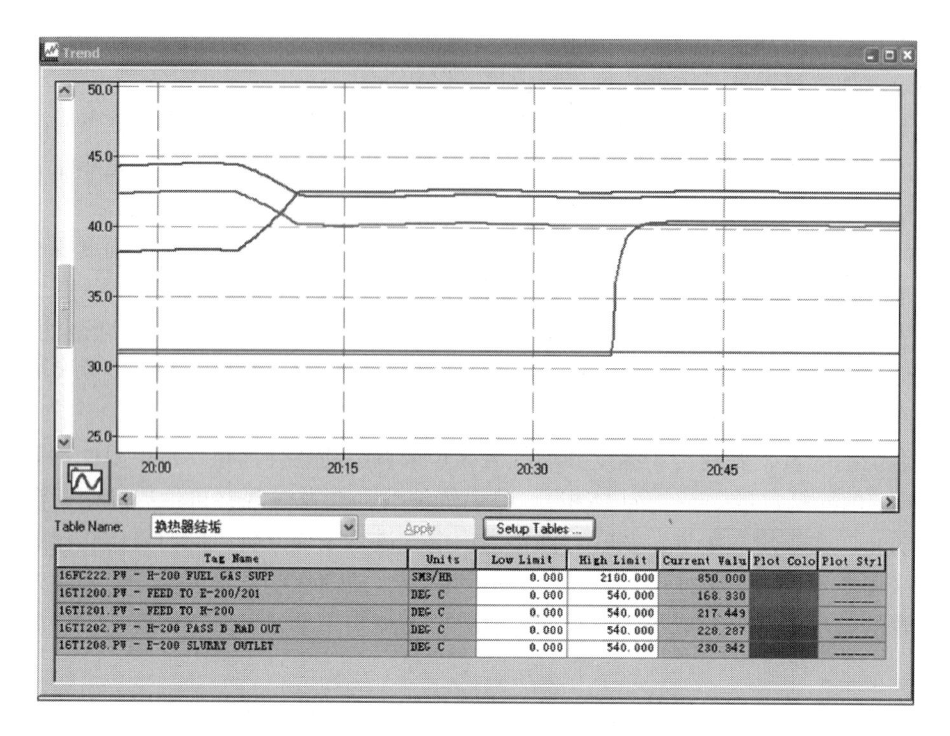

图 4-6-1　启动换热器故障后的趋势图

4.7　再生滑阀失灵全关

再生漏阀失灵全关的现象表现为沉降器藏量下降，再生藏量迅速上升，再生滑阀压降上升，反应温度大幅下降。

解决方法：如果是滑阀失灵全关，短时间内不可能处理好，现场手动摇开阀门也是太慢。即使在很短的时间内处理好故障，在这段时间内也会有很多油气进入汽提段，造成催化剂带油，后面派生事故非常严重。应马上切断进料，通入事故蒸汽，阀门立刻设置打开或手动打开。

设置故障为“MF115：RISER VLV”，故障值设置为 100，故障模式选择“Hold”，启动故障。

新趋势图命名为“再生滑阀失灵全关”，观察 16LC101（汽提段催化剂料位控制器）、16LI100（再生器催化剂料位指示器）、16PDC102（R-100 再生滑阀差压控制器）、16PDC104（待生阀差压控制器）、16TI105（再生器催化剂床层温度指示器）、16TI116A（R-100 提升管出口温度指示器）。如图 4-7-1 所示可以看出 R-100 再生滑阀差压增加，再生器催化剂料位上升，待生阀差压和再生器催化剂床层温度发生波动，总体呈下降趋势，提升管出口温度下降，反应温度下降，

手动打开提升管事故蒸汽阀（FOD104），全开（OP 设置为 100%），全部关闭蜡油进料（关闭阀 FOD200，FOD241，FOD201）。

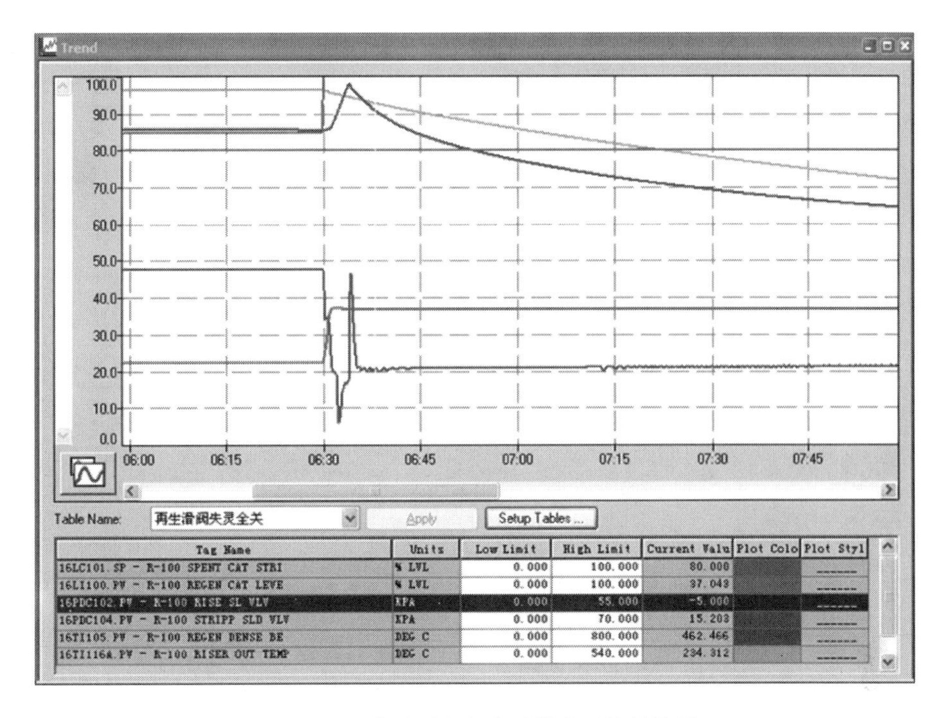

图 4-7-1　启动再生阀失灵故障后的趋势图

4.8　回流泵 P-209 性能劣化

在“UniSim Operations”的模拟中，泵的故障分为三种：

(1)“Total Failure”完全故障，在实际的工厂环境下，该故障可能是由轴承失效、齿轮胶合、轴接或叶轮破碎引起的。该故障启动之后，在模拟经过设定的延迟时间后，选中的泵会完全停止运行。

(2)“Pump Overheating”泵过热，在工厂中，泵的流量低于最小安全设定值会引起泵过热，最终导致泵完全失效。

(3)“Performance Deterioration”性能劣化，泵的性能劣化在实际情况中可能是由结垢或泵的吸力损失引起的。

下面模拟的是 T-200 塔顶回流泵出现性能劣化故障，所引起的后果及采取的措施。

在故障类型中选择“Performance Deterioration”，“Failed Performance”(故障参数，泵发生性能劣化故障时，泵的实际性能占正常操作下其性能的百分比)设置为 80%，故障延迟时间为 0，“Ramp Interval”(启动故障后到达故障设定值所需的时间)设置为 15min，启动故障。

故障启动后，从 16FC215(塔顶回流量)、16LC201(塔底液位)、16LC203(回流罐液位)、16PC204(回流罐顶放火炬处压力)、16PI203(塔顶压力)、16TI206(塔底温度)、16TI225(塔顶温度)的趋势图，如图 4-8-1 所示可以看出，塔顶回流量下降很快。

塔顶冷回流的作用一是成为最上一层塔盘的回流，随之而下的各层塔盘就都有了内回流；二是担负着冷却取热，维持全塔热平衡的部分任务。顶回流除具有回收余热及使塔中气液相负荷均匀的作用外，还担负着使粗汽油干点合格的任务。塔顶冷回流量降低，引起塔顶温度和塔底温度上升，塔顶压力下降，塔底液位发生波动并于一段时间后稳定。

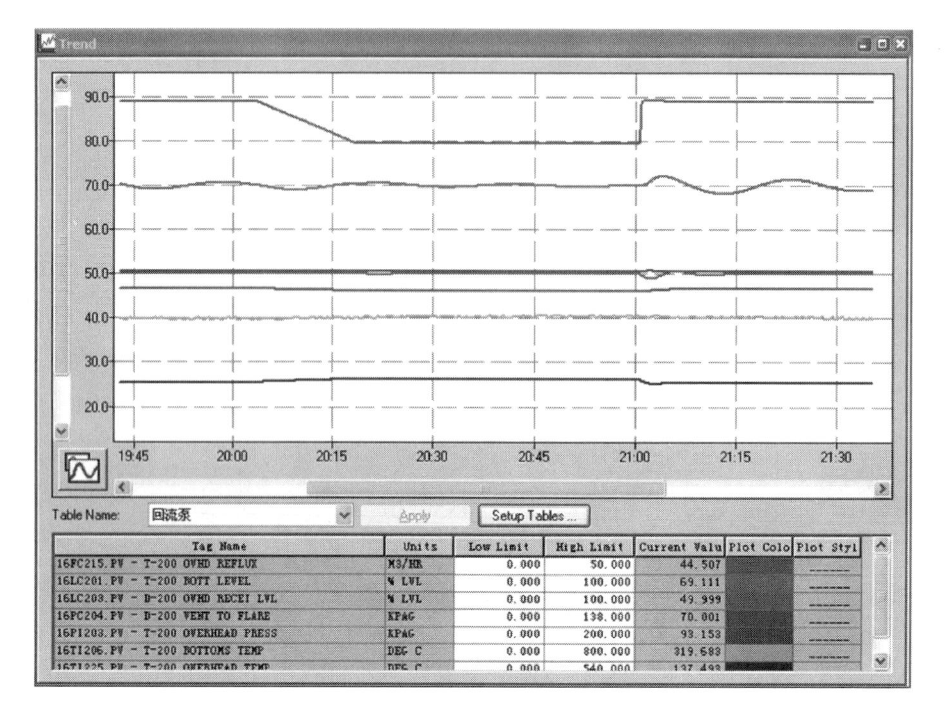

图 4-8-1 启动回流泵故障后的趋势图

用鼠标拖曳曲线趋势不明显的区域可以放大该区域，更好地观察曲线走势，点击曲线图左下角的图标可以回到大图上。另外，还可以多次拖曳进行多次放大。

对该故障的处理方法是切换备用泵，从趋势图上可以看到回流量马上回到正常值，各处参数波动随后回到正常操作值范围。

实际情况中，发现回流泵发生故障时，已经对产品质量和塔的操作条件产生了影响，回流量减少，塔顶温度升高，塔顶馏分中重组分含量增加，纯度下降，应适当降低塔顶采出量，适当降低塔底温度，控制好塔底液面在正常位置，维持好塔顶回流罐的液面、压力。

在操作中可先增加冷回流量，以控制住塔顶温度，但必须注意系统压力，及时切换备用泵，当机泵上量后，应逐步提高至正常。若分流塔顶温度没有控制住，引起冲塔，必要时还可降低反应进料量，并采取措施进行处理。

在生产中，引起泵性能降低可能的原因是：

（1）吸入管线内有空气或有堵塞，造成管路不通或吸入液体不连续；

（2）泵体没放空，其内部存有空气；

（3）叶轮损坏，吸不上液体或流道堵塞；

（4）泵的吸入高度低，吸入压力低；

（5）吸入液体的黏度太大；

（6）泵体、口环损坏。

回流泵的运行情况影响整个催化裂化装置，其重要性不言而喻。为避免其故障影响生产，应严格按照标准定期对泵进行检修。

4.9 压缩机 C-200 停运

“Fail Value”选择“ON”，“Duration”选择“Hold”，启动故障。得到趋势图，如图 4-9-1 所示。

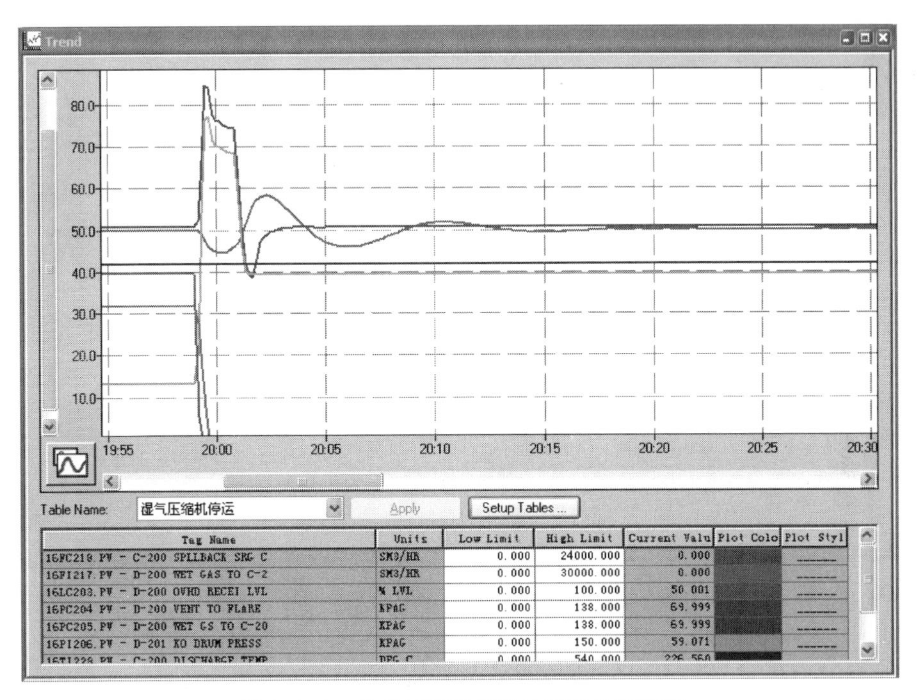

图 4-9-1 启动压缩机停运故障后的趋势图

压缩机停运后，分馏系统压缩湿气中断，系统压力和温度难以控制。进入塔顶冷凝器的湿气量减少，打破气液平衡，冷凝器液位发生波动。气体在 C-200 气液分离罐内聚集，罐内压力升高。通过 16PC205 关闭压缩机进线并通过 16PC204 将湿气通往火炬燃烧后，塔压稳定，各处温度稳定。

关闭压缩机出入口阀，开压缩机入口放火炬阀。使用 16PC204 放空阀控制装置系统压力(16PC204 设置为自动模式，压力设置为 70kPa 以维持塔压)。关闭 C-200 出、入口阀门，泄压(16PC205 设置为手动模式，输出设置为 0)。最好同时适当降低反应进料和反应深度，降低分馏塔塔顶压力，控制好分馏塔塔顶温度，维持系统操作。

实际操作中还应及时查明压缩机停车原因，排除隐患后重新启动压缩机，转速正常后，打开进、出口阀，与分馏塔均压，压缩机逐渐增加负荷，进入正常运行。

为避免此种现象的发生，保证压缩机长周期无故障地运行，应做好压缩机的维护工作，加强操作人员的技术培训，使设备稳定运行、降低维修费用、提高经济效益。

4.10 原料预热炉 H-200 结焦

这个故障导致原料预热炉出口分流温度不同。通过控制预热炉进口支路 A 和支路 B 的阀门开度，调节流量来补偿结焦引起的温差。

故障设置中“Fail Value”设置为0.05(正常值为0.353)，“Duration”设置为“Hold”，启动故障。结焦使支路A管侧传热系数降低，支路A和支路B出现出口温差。

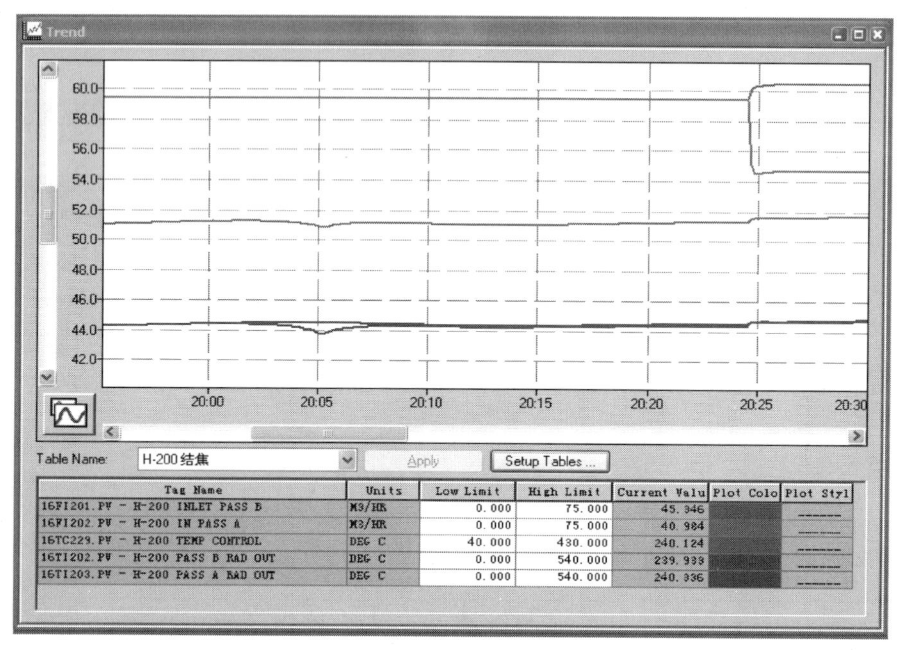

Tag Name	Units	Low Limit	High Limit	Current Valu	Plot Colo	Plot Styl
16FI201.PV - H-200 INLET PASS B	M3/HR	0.000	75.000	45.346		
16FI202.PV - H-200 IN PASS A	M3/HR	0.000	75.000	40.984		
16TC229.PV - H-200 TEMP CONTROL	DEG C	40.000	430.000	240.124		
16TI202.PV - H-200 PASS B RAD OUT	DEG C	0.000	540.000	239.939		
16TI203.PV - H-200 PASS A RAD OUT	DEG C	0.000	540.000	240.336		

图4-10-1　启动加热炉结焦故障后的趋势图

结焦后，支路A温度(16TI203)降低，将阀门FOD239开度由10%调节为8%后，因为H-200的进料量基本不变，支路A和支路B的流量从44.561m^3/h，分别变为40.984m^3/h和45.346m^3/h(支路A流量指示器16FI202，支路B为16FI201)。支路A和支路B温度原为240.180℃，结焦调节流量后，支路A温度变为240.384℃(16TI203)，支路B温度变为239.982℃(16TI202)，温差很小，基本解决故障。通过H-200出口温度控制器的趋势图，如图4-10-1所示，可以看出H-200的出口温度比正常操作时的温度略有提高。

一般负荷大的炉子的物料总是分组并联的，正常时，各组流量、压降、温度均应差不多，但当某组炉管内部有问题时，各组流量、压降、温度便要发生变化。此时，应作调节，否则，流量小的炉管就可能因结焦造成超温、局部过热、炉管堵塞，甚至因干烧而损坏。炉管结焦后要停炉进行烧焦。

此模型采用炉出口温度与燃料流量的双参数串级控制，以炉出口温度组成主调节回路，以燃料量组成副调节回路。这样，在燃料量由于某种原因发生变化，在影响到炉膛温度之前，此副调节回路便进行超前调节来减少并防止炉出口温度的波动。

加热炉结焦的原因有以下几方面：

(1)原料性质：原料盐含量、固体杂质含量、饱和烃芳烃含量、胶质沥青质含量等；

(2)操作参数：炉管线速的影响、炉管受热强度及均匀程度的影响、火焰的影响；

(3)设计方面：炉管管径及中心距、炉管长度、管内循环油停留时间、火嘴炉管的布置、系统压力等。

防止结焦的具体措施：

(1)控温按工艺规定的炉出口温度指标控制平稳加热炉出口温度，防止由于炉温度波动造成局部过热发生结焦现象，整个装置结焦倾向就从整体上基本得到遏制。

（2）设备方面经常检查火盆情况，判定是否存在有损坏现象，保证火盆的形状符合要求，从而保证火焰不偏烧；经常检查火嘴情况，判定是否存在堵塞现象，及时清焦，防止偏烧。

（3）仪表方面保证加热炉进、出口压力表规格符合要求，灵活好用，要根据压差来判断炉结焦情况；熟悉加热炉各处热电偶的位置、量程，并保证显示准确，用以判断是否存在局部过热情况。

加热炉运行达到一个周期以后，要对加热炉进行结焦，并保证烧焦彻底。加强施工质量，确保改动管线不残留异物。装置在检修过程中，经常由于需要对一些管线进行改动，造成炉管内残留杂物，这些杂物起焦核作用，加速生焦。